华南农业大学国家农业制度与发展研究院（NSAID）系列丛书

农地确权方式：生成逻辑及其劳动力转移就业效应

罗明忠 刘 恺 唐 超 万盼盼 等 著

中国农业出版社

北 京

图书在版编目（CIP）数据

农地确权方式：生成逻辑及其劳动力转移就业效应 / 罗明忠等著 . —北京：中国农业出版社，2021.6

　ISBN 978-7-109-28374-9

　Ⅰ . ①农… Ⅱ . ①罗… Ⅲ . ①农业用地－土地所有权－土地制度－研究－中国 ②农村劳动力－劳动力转移－研究－中国 ③农村劳动力－劳动就业－研究－中国 Ⅳ . ①F321.1 ②F323.6

中国版本图书馆 CIP 数据核字（2021）第 114268 号

农地确权方式：生成逻辑及其劳动力转移就业效应

NONGDI QUEQUAN FANGSHI：SHENGCHENG LUOJI JIQI LAODONGLI ZHUANYI JIUYE XIAOYING

中国农业出版社出版

地址：北京市朝阳区麦子店街 18 号楼

邮编：100125

策划编辑：闫保荣

责任编辑：王秀田

版式设计：王　晨　　责任校对：刘丽香

印刷：北京通州皇家印刷厂

版次：2021 年 6 月第 1 版

印次：2021 年 6 月北京第 1 次印刷

发行：新华书店北京发行所

开本：700mm×1000mm　1/16

印张：15.75

字数：260 千字

定价：58.00 元

摘　要

农地确权是中国农地制度的又一重大变革，在自上而下的推进过程中，基层组织和农民进行了有益的探索，体现了中国的地区差异性和群众的创新精神。基于中国实践，研究农地确权的制度效应，尤其是其劳动力转移就业效应，将有利于拓展制度变迁理论，丰富农地产权理论，拓展劳动力转移就业行为决策理论，为农地确权的制度完善提供理论支撑，为农业、土地和就业等政府部门提出科学的决策原则和制度优化的治理思路，对加快农村劳动力转移就业，推进农业转移人口市民化有重要意义。

本研究基于效率提升和成本降低视角，分析农地确权尤其是农地整合确权方式的生成逻辑及其约束条件，并沿着"是否转移—往哪里转移—如何转移"的基本思路，分析农地确权方式对农地利用方式以及农村劳动力转移行业选择、转移距离、迁移意愿和行为的影响。

在理论分析的基础上，本研究主要采取案例分析法、问卷调查法、比较分析法以及 Logistic 半参数模型、倾向得分匹配（PSM）、二元 Logit 模型、OLS 线性回归模型以及 Tobit 模型等计量方法，重点研究以下四个方面的内容：①农地确权方式的生成逻辑。对农地确权方式的生成逻辑、特点及制度约束进行分析，尤其是农地整合确权的选择机理及其合理性。农地整合既可以降低确权谈判成本，促进确权执行，还可以降低农地规模集中成本，促进确权红利释放。②农地整合确权的约束条件。通过农地整合确权的制度成本和制度收益比较，反推制度推行的约束条件，"农地整合"的制度成本包括整合谈判成本和整合界定成本；制度收益包括确权改制的谈判成本节省和流转谈判成本节省，两者受制于村落人文特征、村落自然及交通特征以及农业生产性公共服务和设施的影响。可见，农地整合确权存在约束条件和情景依赖，进而明确农地整合确权的可复制性和推广性。③农地确权对农地利用方式的影响。分析农地确权对农户农地利用方式的影响效应，将农地利用细分为农地耕种方式和耕种作物品种选择两个方面，进而构建理论分析框架，基于问卷调查数据进行实证检验，进一步为研究农地确权对农村劳动力的转移就业效应奠定基础。④农地确权对农村劳动力转移的作用机理。基于农业生产效率和转移成本的视角，探索农地确权方式对劳动力转移的作用机理，重点分析：农地确权方式对农村劳动力转移就业行业选择、转移距离以及农村劳动力迁移意愿及行为的影响。

　　研究结果表明：①农地整合确权最大的掣肘在于农地异质性引致较高的制度变迁谈判成本，升平村在精英人物的推动作用下，将农业生产基础设施作为改制效率装置，平抑了农地异质性、消化了部分谈判成本，促进农地整合确权的成功实施。②影响农地整合确权主要有人文特征、自然及交通条件以及农业生产性公共服务和设施等因素。村落户均人口和第一大姓的团结度对农地整合确权具有抑制作用，村落每年宗族聚会和宗族祠堂数量对农地整合确权具有显著促进作用；农地细碎化程度对农地整合确权具有抑制作用，村县交通路程对农地整合确权具有促进作用；农地异质性与农地整合确权存在明显的非线性负向关系；修葺了机耕道路和灌溉设施的村落，其农地整合确权的实施概率更高。可见，农地整合确权具有一定的实施局限性和情景依赖性。③农地整合确权显著促进农村劳动力农内转移。农地整合确权让农地得以适度集中连片，提高了农地的可交易性，有利于农地地块规模扩张，降低农地经营成本，提高农地经营的预期收益，吸引农村劳动力从事农业经营，促进农村劳动力农内转移，并表现出异质性，农地整合确权对中老年农村劳动力、初中学历农村劳动力农内转移的影响程度更高；资本要素增强了农地整合确权对农村劳动力农内转移的促进作用。④农地非整合确权显著抑制农村劳动力就地转移，农地整合确权显著促进农村劳动力就地转移。农地整合确权更有利于促进农地流转，农户可以通过流转增加收入，有助于缓解农村劳动力转移的资本约束；农地流转有利于深化农业分工，增加农业产业内的就业创业机会。农地整合确权对中老年农村劳动力和文化程度较高农村劳动力就地转移的影响程度更高。⑤农地非整合确权有利于增强农村劳动力迁移意愿以及实际迁移的可能性，而农地整合确权则降低农村劳动力迁移意愿和实际迁移的可能性，这种影响在农业人口社保参与意愿中表现了一致性。农地整合确权对不同年龄农村劳动力迁移意愿均有显著负向影响，但对中老年农村劳动力迁移意愿的影响程度更高；农地整合确权对初中及以上农村劳动力迁移意愿有显著负向影响；土地要素增强了农地整合确权对农村劳动力迁移意愿的抑制作用，资本要素在农地整合确权对农村劳动力迁移意愿的影响中不具有调节作用。而且，农地确权方式对农村劳动力迁移行为的影响表现出差异性。农地整合确权对不同年龄农村劳动力迁移均有显著负向影响，但对年轻农村劳动力迁移的影响程度更高；农地整合确权对文化程度较低的农村劳动力迁移有显著负向影响。⑥农地确权不仅对农村劳动力非农就业比例产生直接的显著正向影响，而且通过农地细碎化对非农就业比例产生间接的显著正向影响：一是农地确权提高农地经营权稳定性预期，增强农地产权排他性能力，降低农村劳动力非农转移过程中的失地风险，激励农村劳动力参与非农就业；二是农地确权固化农地细碎化格局，阻碍农地细碎化问题的缓解，抑制农业生产效率提升，导致农业生产成本较高，使农村劳动力务农意愿降低，推动农村劳动力参与非农就业。

可见，①发端于基层组织的农地整合确权也许是破解农地细碎化的一种有效创新。农地确权在"虚化"村集体农地所有权的同时，弱化村集体在农地流转与集中过程的促进效应。农地整合确权很可能会成为农地细碎化严重地区促进农地规模化的主要手段。②政府需为农村的农业生产性公共设施提供更多关注和扶持。基于农业生产性公共设施的公共物品特征，政府推动农地整合确权的路径是加大对于农业生产基础公共设施的投入比例。一旦农业生产基础公共设施配套完善，村落农地连片化、规模化、产业化会自动演化，接踵而至的积极效应对于乡村振兴必将带来促进作用。③当一项具有负效应的强制性核心制度注定需要被实施时，为保证核心制度的实施和降低实施的阻力，实施主体可以扩充核心制度，利用扩充制度的效率提升弥补核心制度的效率损失。从农地整合确权的实施约束可见，合理地判断一项政策或制度的实施空间，在经济学上即转化为对一项制度的约束条件的研究，可为判断政策有效性提供指导，并对未来相关政策的优化提供借鉴。④农地确权并不必然促进农村劳动力非农转移。农地确权劳动力转移效应的发挥既要考虑确权进度，也要关注确权方式。农地确权方式是影响农村劳动力转移行业选择、距离以及迁移的重要因素，农地非整合确权有利于增强农村劳动力迁移意愿，而农地整合确权则降低了农村劳动力迁移意愿。⑤应鼓励土地向种田能手流转，激励务农经验较少的农村劳动力及时向非农产业分流。对善于务农的农户来说，通过农地流转增加家庭经营的土地面积，提高农业经营生产率；对不擅长务农的农户来说，通过转出土地可获得资金支持，为他们向城镇迁移提供资金支持，更好地实现土地资源的整合利用，实现促进土地规模化经营和农村劳动力迁移的双重政策目标。⑥应加快发展农业社会化服务，促进农业生产环节外包。农业社会化服务增加农内就业创业机会，促进农村劳动力农内转移，应重视农业社会化服务市场建设，提高农业社会化服务程度。⑦要鼓励年轻农村劳动力在农业产业内创业，为农业转型和乡村振兴提供人才支持。鼓励优质农村劳动力向农业产业内转移，为其返乡创业提供良好条件，推动农业转型升级和高质量发展。⑧支持有条件地区实施土地置换整合，降低土地细碎化程度。要探索"换地并块""联耕联种"等降低农地细碎化的有效形式，改善农业生产条件，提高农业生产便利程度。可以借鉴"整合确权"的成功案例，以乡村建设行动为契机，加强农业基础设施建设，弱化不同位置地块间的质量差异，鼓励在村庄内部对农户家庭承包土地进行换地并块。⑨充分发挥农地确权的制度红利，加快培育新型农业经营主体，推动乡村旅游、创意农业、农产品加工业等新业态发展，提高农业分工水平，促进农村劳动力就地转移。

　　当然，实践还在不断的发展，考虑到制度变迁效应的滞后性，对于农地确权的制度变迁效应，尤其是其劳动力转移就业效应，还需要我们在未来的研究中继续基于实践的发展予以深化。

目 录
CONTENTS

1　绪　　论

农地确权是中国农地制度的又一重大变革，在自上而下的推进过程中，基层组织和农民进行了有益的探索，体现了中国的地区差异性和群众的创新精神。其中，农地整合确权就是农地确权实践中的重要创新，其生成逻辑何在？对农村劳动力的转移就业效应如何？值得研究。本章的重点在于对研究背景加以介绍，对研究对象、研究思路和技术路线等予以明确。

1.1　问题提出

农村承包地确权登记颁证工作是完善农村基本经营制度、保护农民土地权益、促进现代农业发展、健全农村治理体系的重要基础性工作，是深化农村土地制度改革的重要举措，对加快乡村振兴步伐有重要的积极作用。

自 2013 年开始，在全国范围内开展的农村土地承包经营权确权工作（以下简称农地确权），其重要目的是用五年左右的时间，稳妥解决农民承包地地块不明晰，面积不准确的问题。2018 年中央 1 号文件再次强调"全面完成土地承包经营权确权登记颁证工作……促进农村劳动力转移就业和农民增收"。2019 年中央 1 号文件又明确指出，要在基本完成承包土地登记和颁证的基础上，"回头看"做好后续工作，妥善解决剩余问题，将土地承包经营权证书交到农民手中。目前，农地确权工作在全国范围内总体已宣告完成。由此，2020 年中央 1 号文件明确指出，要完善农村基本经营制度，开展第二轮土地承包到期后再延长 30 年试点，在试点基础上研究制定延包的具体办法。党的十九届五中全会通过的《中共中央关于制定国民经济和社会发展第十四个五年规划和二〇三五年远景目标的建议》则进一步指出，要"落实第二轮土地承包到期后再延长三十年政策，加快培育农民合作社、家庭农场等新型农业经营主体，健全农业专业化社会化服务体系，发展多种形式适度规模经营，实现小农户和现代农业有机衔接"。

根据顶层设计，农地确权总体上是按照第二轮农村家庭土地承包时的基数进行的（以下简称"农地确权"）。但是，中国各地的具体情况千差万别，不少地方结合本地实际，在不违背顶层制度的前提下对农地确权的具体方式进行了一系列的创新。实践中，农地确权的具体方式并不完全相同，其中"先整合后确权"模式（以下简称农地整合确权）是基层组织在农地确权实践过程中的一种创新。该模式始于广东阳山和湖北沙洋等地，是在农地确权颁证之前，通过将细碎、分散的承包土地进行置换整合，实现"按户连片"，然后，在此基础上进行指界、颁证和确权。这一做法在产权明晰的同时，也在一定程度上化解了长期以来存在的农地细碎化问题。由此，必然至少涉及以下两个问题：①农地整合确权有哪些特点？其何以能够生成？②农地确权和农地整合确权的制度效应如何？

首先，农地确权和农地整合确权两者还是各有侧重。一是从行为目的看，农地整合确权是期望通过将农户家庭承包土地进行置换实现按户连片、规模经营；而一般的农地确权则是在稳定现有农户土地承包经营权基础上，通过农地流转并最终实现规模经营。由此带来的疑问是，既然农地确权后也可实现规模经营，那么在农地确权前先对农地进行整合再确权，岂不多此一举？二是从性质看，农地确权强调维护农民土地权益，保持承包格局长久不变；而农地整合确权是要将农户承包土地重新匹配，从中获得效率，因而不可避免地会触动农民的地权权益。三是从实施时点看，农地整合确权生成于农地确权实践中，是基层组织和群众在农地确权实践中对农地确权方式的创新，两者之间是否存在必然的因果关系？哪些因素会影响农地整合确权？值得探究。

而且，农地整合确权本身也存在不低的制度成本，当且仅当农地整合确权的收益较高或制度成本较低时，才有实施的必要性和可能性，因此，农地整合确权必然存在施行局限性。那么，哪些因素会导致较高的农地整合确权制度成本并制约农地整合确权的实施？从农地整合确权实行地区数据来看，农地整合确权前，广东省阳山县农户户均地块数为 15.27 块，湖北省沙洋市农户户均地块数为 8.70 块；且广东的山地丘陵面积占比为

70%，相应地，湖北的山地丘陵面积占比为56%，是否可以由此推论，农地整合确权与细碎化程度和自然特征等客观因素息息相关？进一步地，在同一县的不同行政村，甚至同一行政村的不同自然村都存在农地整合确权与农地非整合确权的差异，农地整合确权奥秘值得探究。特别地，如果农地整合确权是一种好的制度，其何以未能得到全面推广实施？值得研究。

其次，农地确权作为一种自上而下的制度变迁，是中国农地制度的又一次重大改革，其效应如何受到社会各界的广泛关注与热议。农地确权的本质就是产权界定（罗必良，2016），农村承包地确权登记是充分保护农民的权益，维护农民在土地承包关系中的合法权益，增加农民土地承包经营权收入，提高农民财产收入，改进土地承包关系，鼓励农村土地经营权进行市场化交易的重要措施。农地确权通过依法颁证，将原本模糊的产权明晰化（罗明忠等，2017）。土地是最基本的农业生产资料，当农民已经确定他们获得了土地承包经营权，这有助于依法保护农民的承包地权益。农地确权后，土地就像拥有了"身份证"，大大削减了农民外出打工可能造成的土地流失风险，从根本上确保了稳定的农地承包经营权（李停，2016）。在一定程度上，农地确权可以有效缓解农民对土地承包经营权等具有强烈认同特征财产个性化的担忧，加强机构信任和权力保障（李江鹏，2019），提高农户的市场地位以及家庭承包经营的基本定位，有利于巩固农村基本管理体制，提供有力的制度保证。土地承包经营权给予农民后，土地既是资本又是财富。如果农民外出工作，他们可以转让承包地的经营权，交给家庭农场、农民合作社等，以换取实物或租金。

农地确权作为农地制度的重大创新，其制度效应是多重的，其中之一是对农村劳动力配置尤其是非农转移就业的促进效应（Chernina et al.，2014；Janvry et al.，2015；陈美球等，2015；陈昭玖，2016）。农地确权后，农户不会因转移而失去农地，可以增加农地流动性，减少农地对劳动力束缚，促进人口与劳动力资源的优化配置。一方面，明晰地权有利于农村资源重新配置，安全的农地产权将激励农村劳动力非农转移，降低农村劳动力配置规模（K Mullan et al.，2011），当农地产权基本稳定后，土地租出收入上升，劳动力转移到二、三产业的成本下降，劳动力非农转移数量随之上升（张莉等，2018）；另一方面，地权不明晰增加了转移成本，

抑制其转移倾向 (Mullan et al., 2011；Valsecchi，2014；钟甫宁、纪月清，2009)。但基于罗必良教授领衔的教育部创新团队项目课题组 2015 年对全国 9 个省（区）2 704 个有效样本的田野抽样问卷调查结果显示，"农地确权有利于农村劳动力非农转移就业"并非必然的一致性结果，其一，已确权农户家庭劳动力务农比例高于未确权农户家庭 2 个多百分点，表现为回流现象；其二，不同农地确权方式对农村劳动力转移就业的效应不同，采用"确股不确地"地区的农户家庭务农劳动力占比均值低于选择"确权确地"地区 8 个多百分点。

与此同时，在全国农地确权基本完成的背景下，如何发挥农地确权的制度效应成为社会各界关注的焦点问题。随着农地确权工作在全国基本完成和乡村振兴战略的提出，农业产业内就业机会不断增多，农村劳动力农内转移无论在实践中还是理论上，都将成为一个需要并值得关注的问题（罗明忠，2011）。农地确权通过促进农地规模经营提高了农业经营效率（林文声等，2018）和分工程度（陈昭玖等，2016），为农村劳动力农业产业内转移创造了条件。但现实中，农村劳动力转移面临的约束仍然不少（沈君彬，2018），农村劳动力转移桎梏依然存在。国家统计局数据显示，2007—2016 年我国非农就业人数增速下滑趋势明显，非农就业增加人数已由 1 552.6 万人下降到 575 万人，非农产业就业吸纳能力进一步降低。2018 年中国就业人数为 77 586 万人，其中城镇就业人数为 43 419 万人，城镇就业人数占就业总人数的 55.96%；2019 年中国就业人数为 77 471 万人，其中城镇就业人数为 44 247 万人，城镇就业人数占就业总人数的 57.11%。在上述背景下，探讨农地确权农村劳动力农内转移效应有重要实践价值，为进一步挖掘农内就业机会，加快农村劳动力转移提供了新思路。农村劳动力农内转移作为农民工返乡回流的基本形式，为乡村振兴提供了人才支持，对于促进农村经济增长和乡村振兴实施有重要意义。在农地确权基本完成的背景下，探讨农地确权的农内转移效应有重要实践价值，为吸引乡村振兴人才"回流"提供了新思路。

事实上，随着我国经济发展进入新常态以及产业结构的转型升级，农村劳动力转移受到的约束越来越多，农村劳动力回流趋势明显。农民工监测调查报告数据显示，2018 年全国农民工增量比上年减少 297 万人，总量增速明显比上年回落 1.1 个百分点。在农民工总量中，在乡内就地就近就业的本地农民工 11 570 万人，比上年增加 103 万人，增长 0.9%；到乡外就业的外出农民工 17 266 万人，比上年增加 81 万人，增长 0.5%。在外出农民工中，进城农民工 13 506 万人，比上年减少 204 万人，下降1.5%。同时，由图 1-1 可见，2019 年全国农民工总量达到 29 077 万人，虽然比上年增加了 241 万人，但也只是增长了 0.8%。

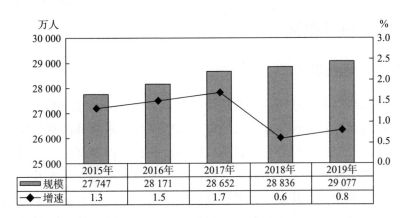

图 1-1　农民工规模及增速

　　在上述背景下，农村劳动力转移面临着两个突出问题，一是如何进一步促进农村劳动力转移；二是如何充分发挥返乡农民工的积极作用，促进乡村振兴。而农地确权为这两方面问题的解决提供了新思路。一方面，农地确权为农地流转和土地规模经营创造了条件，为农业产业化发展奠定了基础，有利于提高农业生产效率，吸引农村劳动力向农内转移；另一方面，农地确权进一步明晰了土地产权，提高了农户的地权安全性，农户不易因转移而失去农地，未来即使村庄发生土地调整或土地征用，农户的土地权益依然可以得到保护，从而稳固农村劳动力转移。由此，需要进一步理清农地确权对农村劳动力转移的作用、路径和方向，以便为优化劳动力资源配置提供新思路。

　　那么，部分已转移就业劳动力回流，是确权过程中农户临时性相机抉择还是一种常态或趋势？为什么会有不同的农地确权方式，其生成逻辑何在？农地确权方式为什么会有不同的资源配置效应，尤其是劳动力转移就业效应？劳动力转移就业效应的异质性是源于农业经营特征还是农地确权方式或者其他因素？应从理论和实证两个层面予以解释。

因此，本研究基于效率和成本的视角，结合制度经济学、产权经济学以及劳动经济学的相关研究成果，着重回答以下三个问题：①农地确权方式的生成逻辑及其特点。②农地确权方式的劳动力配置与转移就业效应及其作用机理。③农地确权方式对劳动力转移就业效应在不同个人特征、家庭资源禀赋特征、农地经营特征以及村庄经济发展水平下的差异性影响。

1.2 研究意义

1.2.1 理论意义

一是拓展制度变迁理论。农地确权是自上而下的农地制度变迁，可看作是一种强制性制度性变迁，农地整合确权则是在农地确权的实践中，基层组织的一种创新，可看作是其诱致的制度创新，而制度安排之间可能存在互补性的交互关系，一项制度安排的产生或改变可能会导致另一项制度安排的产生或改变，甚至导致整体制度结构的变迁。在制度系统构建的过程中，基于政府的有限理性和制度目标差异，上级政府的顶层制度安排具有强制性和覆盖性等特征，继而导致强制性制度变迁的不完全性特征，当强制性制度变迁的不完全性导致基层政府的社会运行效率下降时，基层政府可能建立扩充机制，使政策得以运作和落实。本研究将以农地整合确权为例，从理论与经验两个层面阐明制度交互的互补性内生逻辑，即在原有制度基础上扩充形成一套新制度安排的逻辑，拓展制度变迁理论。

二是丰富农地产权理论。将制度变迁理论引入相关利益主体的行为分析，把握农地特殊性，研究不同农地确权方式的形成条件及其生成逻辑，进一步阐述农地确权方式的生成逻辑。

三是拓展劳动力转移就业行为决策理论。引入产权界定和制度变迁因素，分析农村劳动力转移就业行为决策与农地制度变迁的关系，以揭示产权稳定对农村劳动力转移就业效应的作用机理及其传导机制；进而弥合农地产权与劳动力转移就业互动机制，研究农地确权方式的劳动力转移就业效应，以解释农地确权的推进机制及其劳动力转移就业效应的异质性。

1.2.2 现实意义

一方面，农地确权作为自上而下的制度变迁，在地域如此辽阔、人文地理特征差异性如此之大的国度，必然存在制度的兼容性和不完全性问题。因此，期望确保农地确权的政策顺利开展及其积极制度效应显现，就需要同时兼顾确权的适用性和地区的特殊性，允许一定的政策灵活性，鼓励各地因地制宜，辅以针对性、扩充性的制度安排。本研究剖析广东省阳山县进行农地整合确权的深层原因，发掘农地确权在细碎化地区可能产生的负面效应，并分析农地整合确权的影响因素及约束条件，进而剖析农地整合确权的可推广性和可复制性，为农地确权的制度完善提供理论支撑。

另一方面，研究农地确权方式及其劳动力转移就业效应，可以为农业、土地和劳动就业等政府部门提出科学的决策原则和制度优化的治理思路，对加快农村劳动力转移有重要意义。本研究剖析不同农地确权方式的生成逻辑，挖掘中国农地市场发育与改革的制度潜力，从理论与实证上考察中国农地市场改革对劳动力市场发育的溢出效应，以此对农地确权的制度完善提供理论支撑。

1.3　基本概念界定

1.3.1　农地确权

1982 年以来，中国开始实施以集体所有权为基础的家庭联产承包责任制，将农地所有权与承包经营权分离，后来又进一步将农地承包权与经营权分离。1982—1986 年，连续 5 年的中央 1 号文件都强调稳定和完善家庭联产承包责任制的重要性，为产权的资源配置功能提供了运作空间，到 1986 年年初，全国超过 99.6% 的农户参与了"大包干"，至此，家庭联产承包责任制在中国农村全面建立。但是以往在家庭联产承包责任制推行中，土地分配存在边界模糊、承包预期不稳定以及行使权能不明确等问题，很大程度上约束着农地流转交易。进入 21 世纪以来，一些学者提出，必须通过确权以提升农地产权明晰度，增强产权的排他性，赋予产权交易灵活性，以降低农地市场的交易成本，盘活农地的交易特性。2013 年的中央 1 号文件正式提出，要对农地进行确权。其实，农地确权就是将原本模糊的农地产权以法律颁证形式使产权明晰的过程（罗明忠，刘恺，2017），主要包括以下几个方面的内涵。

（1）稳定产权期限。期限界定也就是相关权利拥有者持有土地权利时间的长短。1984年中央提出，确定承包给农民的土地15年不变；1993年的中央1号文件则进一步明确，"土地承包期30年不变"；1999年通过的《中华人民共和国宪法修正案》又明确指出，"农村集体经济组织实行家庭承包经营为基础、统分结合的双层经营体制"；2002年8月9日通过的《中华人民共和国农村土地承包法》，从家庭承包的权利、义务关系、承包原则和程序、承包期限和承包合同、承包经营权的保护和流转等方面对家庭承包关系作出了详细的规定；2008年，党的十七届三中全会作出的《中共中央关于推进农村土地承包关系的通知》中，强调现有土地承包关系要保持稳定并"长久不变"，赋予了农民更加充分而有保障的土地经营权，拉开了新一轮农村土地制度改革的序幕。农地确权就是赋予农户在时间上更稳定地拥有农地的预期。

（2）明晰产权范围。在农地确权前，许多地区的农村家庭承包土地经营权（即农地使用权）存在"地块不实、四至不清、面积不准"等产权界限不清的问题。而且，经过多年的积累和发展，农村家庭承包土地的情况千差万别，决定了农村土地的产权界定具有复杂性。为此，农经发2011〔2〕号文件《关于开展农村承包经营权登记试点工作意见》中提出要妥善解决承包地块面积不准、四至不清、空间位置不明确、登记簿不健全等问题。但2014年中央1号文件亦明确指出，允许地方政府"可以确权确地，也可以确权确股不确地"。由此，农地产权范围界定就包含两层含义：一是对实物地权空间范围的界定；二是在"确权确股"的方式下，对农户土地股权的价值份额界定。确权使得农村家庭拥有的承包地边界更加清晰，一定程度解决了以往地块不实、四至不清以及面积不准等问题。

（3）赋予产权权能。按照中国既有的农地产权制度安排，农地所有权属于集体，农户只拥有农地的部分权能束，包括承包经营权、转让权、抵押权、收益权等及其各项权能行使的界限和范围。农地经营权初始是禁止流转的，随着1998年《中华人民共和国土地管理法》的颁布实施，才在制度上正式允许农地经营权市场化交易；党的十八届三中全会通过的报告中又赋予农民对农地承包经营权的抵押、担保权能。由此，农地确权颁证使农户在行使农地权能时有据可依，亦提高了权能行使的便捷性和排他性。

总之，自2013年在全国推行的农地确权，是中国农村土地制度改革的基础性工作，其具有理论和实践的双重内涵。从理论角度来看，农地确权界定也可以看成是对农地权利边界的界定，其核心内容包括所有权主体界定、农地产权范围界定，即时空范围、股权份额范围、产权权利大小界定三个方面（罗必良，2014）。从实践角度看，农村土地所有权、土地使用权和他项权利的确认、确定、登记和颁证的整个过程，依照法律、政策的规定确定某一范围内土地（或称一宗地）的所有权、使用权的隶属关系和他项权利的内容，每宗地的土地权属要经过土地登记申请、地籍调查、核属审核、登记注册、颁发土地证书等土地登记程序，才能得到土地承包经营权最后的确认和确定（罗必良，2016）。由此，结合确权实践和相关研究理论，对农地确权的概念明确如下：农地确权是通过一定的政策、法律的规定，明确农户农地各项权利边界，并采用颁发确权证书的形式，对各项权利给予合法化的承认。

从具体操作看，农地确权的权利主体一般为乡级或县级以上人民政府，土地管理部门作为人民政府的职能部门，具体承办农地确权工作，对农地确权的意见和建议，要报同级人民政府作出决定。

农地确权一般包括土地测绘、公示、签字确认以及发放证书四大步骤。测绘，即由镇、村工作组人员共同组成农户承包地指界小组，与承包户主或代理人现场共同指界确认承包户所属地块，形成有地类、地块编号、地块面积等信息的草图；公示，即集体经济组织将地块分布图、公示表盖章后进行公示，公示期限不少于 7 天，在公示期间，发包方和承包方提出异议的，工作小组会及时进行核实、修正，并再次进行公示；签字确认，即公示无异议的，由发包方、承包方（代表）在有关资料上进行签字盖章或签字按手印确认；发证，即村集体经济组织将有关资料逐级上报审核通过后，由县级农业行政部门向农户颁发加盖县级人民政府印章的农村土地承包经营权证书。

农地确权主要有五项原则：一是依法依规原则。二是便民高效原则。三是因地制宜原则。允许各地根据自身的经济、社会、技术条件和工作基础，在满足维护农民土地权益和管理需要的前提下，进一步细化政策，选择合适的技术手段。四是急需优先原则。五是全面覆盖原则。即农村集体土地所有权确权登记发证应覆盖到全部农村集体土地，包括林地、草地等。

土地权属确认的基本方法是调查、申报登记、核发证书。换句话说，农村集体土地所有权的登记和认证应涵盖所有农村集体土地，包括林地和草地。可见，继家庭联产承包责任制后，新一轮农地确权政策是农村土地制度的又一次重大创新，是集体土地确权登记颁证的延伸，对释放农村剩余劳动力、推动土地流转、实现规模化经营和保护耕地等具有十分重大的影响（李彤，2017）。

1.3.2 农地确权方式

农地确权方式是指对农户家庭承包的、用于农业生产的土地确权颁证所采用的方法和形式。现阶段农地确权工作在全国普遍展开，虽然各地做法不尽相同，但总体来看，主要有确权到户、整合确权、确权确股不确地等方式（郎秀云，2015；高强等，2016；罗明忠等，2018；陈小知等，2018）。

（1）"农地确权到户"也被称为"确权确地"方式，即按照农户二轮承包时的土地数量和位置进行确权颁证。 该方式由于具有操作简单、易被农户接受等优势，成为我国农地确权的主要方式。其既能保障农民土地权益，又没改变集体经济组织制度和性质。因此，农业部的文件主张更多地采用确权到户方式。

从权利角度看，确权到户具有三方面含义：一是按照集体成员权将土地承包权和经营权界定给农户，实现土地所有权和承包权经营权的分离；二是进一步对农户的地块、面积等产权范围进行界定，核实清楚农户现有土地的产权信息；三是确权到户后，农户既享有对农地的实际占有、使用和部分处置权，也拥有收益权，使得农民土地权利的法律地位得到进一步增强。该方式一般以第一轮或第二轮土地承包的基数为基准，对农地产权相对清晰的一般地区而言，在实际执行过程中成本较小，仅仅需要对承包经营权证书进行换发即可，农户易于接受。

对于一般地区来说，确权到户仍然延续的是以"准私有产权"形式安排的农村土地家庭承包经营制度（罗必良，2016）。土地的私有产权较重，产权结构中除了所有权属于集体外，占有权、收益权和处置权都属于农户，并且随着承包经营权期限的延长，土地私有产权强度将进一步增强，选择确权到户方式可能更符合实际情况。

当然，在实际操作中，确权到户模式也面临以下制度约束：一是土地分散和细碎化问题无法在确权过程中得到有效解决。确权到户确的仍是原有地块和面积，土地仍然分散细碎，不利于规模经营。受制于人多地少的国情以及农业弱质产业的属性，农地的权能处分方式也难以摆脱小农经济的困境、实现适度规模经营目标。二是地方政府积极性不高。确权经费有限，干部的下乡补贴减少，有些干部根本不愿意真投入，只是走过场的"程序主义"，非注重确权的"结果主义"。三是市场化打破了村规民约。农村村约是通过熟人社会、血缘建立起来的，确权背离了农户公共选择的自由，实为"地方制造"产物，破坏了原来的村规村俗和乡土人情所建立的平衡，将原先各自模糊的土地产权归属给市场，容易引发"确空权"和租金上涨，本来由乡里情缘形成的"忠诚过滤器"失效。固化了土地的使用权和收益权，农民对土地的使用权和收益权再次得到了地方认可，强化了农户土地物权属性，增强了农户对土地的禀赋效应，进而抑制农地流转。

以安徽省宿州市埇桥区为例，宿州市埇桥区是安徽省首批农地确权试点地区，同时也是完成较快的地区之一。自 2014 年农地确权开始，在短短不到一年的时间内，埇桥区就已经全面完成了建立农户登记簿工作；颁发土地确权证书 302 220 份，颁证率达到 98%；完成信息数据入库的农户数 308 381 户，信息数据入库率 100%；完成资料归档 286 860 户，资料归档率 93%[①]。相比部分地区农地确权进展缓慢，埇桥区农地确权进行如此顺利，背后有什么样的动因呢？一是埇桥区以平原为主，实行家庭承包经营制度多年，土地调整次数少，对于大部分村庄来说，农地产权清晰，农户对自家土地的面积、位置等信息都很清楚。即使一些村庄农地历史资料缺失，但在村落领域农地的实际权属是清晰的，也是被村民认可的。在这样的情况下，埇桥区农地的私有产权高，尤其在多年的稳定经营下，私有产权强度进一步提高。因此，选择确权到户的农地确权模式更被农民接受，操作相对简单，只需对农地进行再次确认颁证即可。二是从法律和政策环境看，确权到户是符合上位规定的农地确权的基本模式，为农地确权实施提供了宽松的法律环境。可见，私有产权增强与法律政策环境宽松是确权到户生成的基本逻辑。

---

①　资料来源：拂晓新闻网（http://www.zgfxnews）。

（2）所谓农地整合确权，是指在确权前，将农户分散而细碎的承包地集中且连片，并在改善基础设施的基础上再进行农地确权。该方式既能保障农民土地权益，又能在不改变集体经济组织制度的前提下促进农地流转，形成农地规模经营，是对确权到户方式的组织性创新。

在山区，虽然也遵循农村土地家庭联产承包的基本经营制度，但土地在实际经营过程中共有产权强度较强。现实中土地抛荒现象更普遍，土地产权不清晰状况十分普遍。土地大多还是由集体统一处置，然后再交给农户经营，也就是说，土地所有权和处置权归村集体，占有权和收益权归农户。可见，相对于确权到户，土地的共有产权得到了增强。由此，选择整合确权方式可能更加适合山区需求。因为，山区产权不清晰现象十分普遍，整合确权可以降低交易费用；整合确权更容易实现农地流转，进而实现农地规模化经营，促进分工和专业化生产；整合确权强化了村集体权能。以广东省清远市阳山县为例，土地租金由整合确权前的 150 元/亩增加至 300 元/亩，单位地块面积从 0.67 亩增加到 1.67 亩。

而且，从农户权利角度看，农地整合确权在农地产权主体内容的界定上并无区别，其区别在于农户间产权范围的界定上。这是由于进行了换地交易，农户的产权范围相应发生变化。农地整合确权最重要的创新就在于把农户分散的土地连片和集中，有利于机械化规模化运作。农地整合确权后，地块数减少，降低了乡镇干部的工作量。另外，土地置换本身就是土地流转的重要形式之一，经营主体流入土地涉及的农户数减少，谈判费用降低，土地产权进一步明晰，促进了土地流转。

实践中，农地整合确权主要有三种模式，一是"各户承包权不变，农户间协商交换经营权"；二是"农户间协商交换承包经营权"；三是"土地重分"。具体实施情况，以广东省清远市阳山县为例，经过农地置换整合后，每家农户所拥有的家庭承包土地地块数原则上不超过 3 块，房前屋后的农地不参与置换，鱼塘洼地不参与置换。根据广东阳山的实践，农地整合确权后，农户可以实现承包地连片耕种（罗明忠，刘恺，2017；谭砚文，曾华盛，2017）。该模式既能保障农民土地权益，又能在不改变集体经济组织制度的前提下促进农地流转，形成农地规模经营，是对确权到户方式的组织性创新（罗明忠等，2018）。农地整合确权让农地得以适度集中连片，提高了农地配置效率，可以有效防止农地频繁调整。相较于农地非整合确权方式，农地整合确权通过农田整治，使地块之间的质量及生产收益异质化程度降低。农地质量同质化和边界规整化程度提高，等同于提高了农地流转交易的标准化程度（陈小知等，2018）。

当然，现实中农地整合确权也面临一些约束。一是起初缺乏法律政策支持。顶层制度设计一直把确权到户作为主要确权模式，农地整合确权属于来自基层实践的探索，最初并没有得到上位法律政策的支持。二是换地的折算和利益补偿困难。由于不同地块的质量、价格不同，在实际置换过程中换地利益补偿难以估算。三是农地整合谈判费用较高。农地整合需要说服每个农户，谈判费用必然较高。四是个人信用体系缺乏。若置换地块的农户将劣等的地块进行包装以次充好换取他家农户的地块，如何有效地甄别一直是个难点。而且，务实"钉子户"常有。农村公共服务的完善和公共物品的供给以及农田基础设施、沟渠的修建需要征用部分农户的土地，因谈判费用的过大无法做到内部统一，常出现"钉子户"。

另外，源于农户反对力量以及协商谈判所耗费的时间和资源（谭砚文，曾华盛，2017），农地整合确权实施不得不面对一系列的难题。一是，"农地整合"可以缓解由于权属分散的细碎化格局，但其无法解决由于自然条件形成的农地细碎化，如山区、丘陵地区普遍存在的凹凸不平地域所造成的农地之间的自然阻隔。二是，机耕道路和水利设施建设是"农地整合"中不可或缺的一环，没有机耕道路，"农地整合"的制度红利就无法得到发挥和体现，没有水利设施，农地的差异性难以平抑，"农地整合"将面临巨大的谈判成本（罗明忠，刘恺，2017）。三是，"农地整合"面临着一定的改制成本，尤其是改制中存在说服动员农户接受并参与"农地整合"的谈判成本，由此，农地整合措施的执行难度受村落的人文特征影响。试想一个具有多重宗族势力，复杂关系网络以及较低凝聚力和团结度的村落，其政策执行的谈判成本必然较高（何东霞等，2014）。四是，乡村精英阶层对于推动农村政策具有关键性的作用（黄博、刘祖云，2013），同样"农地整合"亦依赖于村级干部的积极配合和推进。广东省清远市阳山县升平村之所以在阳山县率先实行农地整合确权，其重要因素之一就是时任县委书记及县委县政府一班人的积极倡导与推动，升平村村党支部书记兼村主任班贤文等村委领导对县委县政府号召的积极响应，并全力推动。同时，班贤文等一班人也确实具有较强的执行力，能够动员相关资源，让本村农户认识并切实享受到农地整合确权带来的"红利"，在利益驱使下，村民主动参与到农地整合确权的创新实践中。具体的，后文将做进一步阐述。

(3)"确权确股不确地方式"即农户拥有原承包地的经营权和收益权，农户的承包地不确定具体的位置和地界，由集体进行发包。这种确权方式，采取法律文书形式明确土地的集体所有权和农户的承包权。同时，便于将经营权集中交给相应主体，农户作为承包者并没有明确其承包土地的地界，只是明确其承包地的份额，因而有利于农业的专业化和规模化经营（罗明忠等，2018）。

从农户权利角度看，确权确股具有三方面含义：一是对农地产权主体的界定。主要是按照集体成员权将土地承包经营权界定给农户，利用土地股份合作的形式实现承包权和经营权的分离。二是对农地产权范围的界定。主要依照农户的承包面积对其进行股权份额的界定。三是对农地产权内容的界定。与确权到户方式相比，确股农户不享有对农地的实际占有、使用和部分处置权，只拥有收益权，土地股权是一种准按份共有的用益物权。可见，确权确股的最大特点就是农户无法直接对农地行使经营权，而是通过村集体经济组织权的方式对土地进行经营，以获取相应的土地收益（中国社会科学院农村发展研究所农村集体产权制度改革研究课题组，2015；张雷，2015）。

在具体的实施过程中，确权确股不确地包含两种情况：一是村集体集中管理和经营村里的土地，每个农户就像村土地股份公司的一个股东，按农户各自拥有承包地面积的股份大小平等地分享集体经营土地的收益。有些村里的土地已经被集中开发了，农户承包地的地界已经不存在，不易对每家农户的承包地进行具体的位置确界。农户只能依自己承包地大小来获取自己的利益。二是村集体对村里的土地进行集中整治分片经营，打破了原来农户承包地的地界。"确权确股不确地"具有适应性效率，一方面，愿意种地的农户可以通过包地的形式继续种地。另一方面，不愿或不能种地的农户可以把土地委托给村集体流转出去，自己则获得土地的租金。

发达地区在城市化进程中历史地形成土地的"返租倒包""股份合作"等集体经营模式。其农地的实际处置权一般归属集体，即土地的所有权、占有权和处置权都属于集体，只有收益权属于农户。这种条件下的土地共有产权强度最高，选择"确权确股不确地"方式可能更加适合。究其原因在于：首先，"确权确股不确地"避免了跟农户直接交易，降低了确权的交易成本。对村集体来说，土地的总体信息比较清晰和容易获得，采取"确权确股不确地"的方式可以降低确权的信息成本。其次，对于大部分农民来说，多年的集体经营，他们最看重的是其土地的收益权，"只在乎收益而不在乎占有"，农地确权只要能保证他们的收益权就容易得到他们的支持，由此，选择"确权确股不确地"更容易保证他们的收益权。最后，发达地区经济比较发达，集体经济组织比较完善，把农村土地交给集体统一经营更有效率，便于灌溉、机械作业等公共服务的提供，可以获得规模经营收益剩余。可见，部分地区之所以选择"确权确股不确地"方式进行农地确权，最主要是由于农地承包经营权证登记面积与农户实际承包面积不一致，历史测量面积不准、四至不清、边界模糊、人均耕地面积少以及对现有农地规模造成二次细碎风险等原因，导致对农地空间位置产权信息的界定边际成本高于确权的边际收益。加之地区经济发展使得农户对农地依赖程度较低，以及确权确地政策存在对农户既得利益造成损害的风险，进而为"确权确股"实施提供了制度需求（张雷，2015）。

当然，"确权确股不确地"由于是借助农地组织而内生推动得以开展的制度安排，至少存在以下制度约束：一是成员资格界定中的村规民约和法律法规相抵触。由于中国法律对集体经济组织成员资格并没有明确界定，这就意味着确权确股缺乏法律支撑，缺乏对于农地组织建立起来的产权制度基础的支撑。因此，在实践中多采取"一村一策"的方法由村民自主协商决定。二是确权时点难以把握。确权时点包含两个层面的含义：第一个层面是权属关系开始的时点；第二个层面是确权开始的时点。不同时点对应不同的利益分配格局，如何把握确权时点是其关键制度约束。三是内部人控制及"搭便车"行为。农户将农地让渡给农地组织，自身只具有农地股份的"份地"，不实质占有使用土地。农地组织部分领导可能将农地非农化，破坏农地经营结构，降低耕地地力；借农地占有的"搭便车"寻租损害公共资源；因内部人控制造成组织内耗而陷入"集体行动的公共主义困境"（高强等，2016）。四是非农村集体农户公共意愿。将农地以股份制形式让渡到农地组织，可能是村落强势农户集体决策的意愿，进而代表其他弱势农户"被确权"。五是难以协调不同权利关系。集体经济组织成员可以拥有三类权利：第一，经济权利，主要指包含土地承包经营权在内的农民对落实到户的集体资产股份占有、收益、有偿退出及抵押担保、继承权等权利。第二，政治权利，主要指包括选举权和被选举权在内的社区自治权利和集体经济组织经营管理的参与权、表决权。第三，社会福利，指享受计生优惠政策、教育补贴、养老补贴、医疗补助及旅游报销等社会性福利。三类权利理应具有统一性，因此，确权确股不仅是对股权的重新界定，还是对农村居民这三类权利的重新界定，故其协调成本非常之高。此外，确权确股还存在可持续的运行机制尚未构建、耕地的非粮化潜在威胁增强、农地承包经营权的融资功能实现难度增大、现有的农业补偿政策难以发挥应有的激励作用等问题（陈美球等，2015）。

以广东省佛山市南海区为例，南海区地处珠三角腹地，从 1993 年开始，南海区便开始在全区推广农村股份合作，对集体土地和其他经营资产按股份制原则进行管理和运营，实行"统一管理、统一经营、统一核算、统一分配"。多年的集体经营，使得农户对自身的地块信息早已经不清楚了，在这样的情况下，南海区抓住集体资产股份权能改革以及国务院农村改革示范试点单位的契机，在全区范围内推行"确权确股不确地"的农地确权模式，得到了基层的普遍认可，农地确权工作进展顺利。南海之所以会选择"确权确股不确地"方式，最为关键的决定因素是土地公共物品的属性，一方面，相当长时期的土地集体经营导致农地的四至不清，农地界定费用高，"确权确股不确地"避免了因农地信息不清导致的纠纷，加之农户的股权信息比较清晰，容易确定，进行"确权确股不确地"的成本较低；另一方面，从产权结构看，集体经营使得其土地的所有权、占有权以及处置权都归属于村集体，农户只有收益权，土地的共有产权强度极大，"确权确股不确地"保证了集体收益，便于实现农地规模经营。由于这种模式一般只在发达地区尤其是发达地区的城郊实施，适用的范围较窄，因此，在后文研究农地确权效应时，不做专门讨论。

总之，梳理以上农地确权方式特征可见，目前关于农地确权方式还没有一个完整的划分标准，不论是农地整合确权还是农地确权到户，抑或确权确股不确地方式，之间都存在着重叠部分。由此，如何构建农地确权方式的划分标准就显得十分重要。本研究主要以确权前是否进行土地整合为标准来划分农地确权方式，以此为标准进行划分主要基于以下考虑：一是全面性，以确权前是否进行整合划分农地确权方式可以全面概括各类农地确权方式。二是清晰性。该划分标准清晰明了，便于界定。三是相关性。农地整合确权方式是本研究的主要研究内容之一，也是本研究的特色和可能的创新之处，以该标准进行划分，更容易分析农地确权方式对农村劳动力转移就业的影响。基于此，本研究主要以农地确权前是否进行土地整合为标准，将农地确权方式划分为农地整合确权和农地非整合确权（即农地确权），并探讨其生成逻辑及其对农地利用方式和农村劳动力转移就业的影响。

1.3.3　农地利用方式

农地利用，是指农民依据农村土地的自然特征，按一定的经济、社会目标，选择一系列生物、技术手段，进行土地的长期或周期性管理和改造，是一个动态过程。农地利用是农民在土地上劳动获取物质产品和服务的经济行为。土地生产的规模、范围和特质反映了土地利用的纵向、横向发展和合理程度。

农业生产的部门布局和土地利用密切相关。合理的农业布局有利于土地利用的合理配置，构成生态系统良好的土地利用模式，提高土地利用率和生产力，以较少的投资实现更高的回报。也就是说，农地利用是指农户在其权利范围内利用土地的方式或形式。近年来，随着农村土地利用方式问题研究的不断深入，相关研究视角也在不断地创新与发展。一般而言，农村土地利用方式主要是指农民利用其承包地的类型变化，包括闲置土地、个体经营、转租、整体流转以及征用等；利用类型可分为生产用途和非生产用途。土地的生产用途，是指农民耕种土地来获取生物产品，把土地作为主要生产资料或投入对象。土地的非生产作用，是指不在土地上耕种来获取物资，而是用作活动场所或建筑物基地。从经济学角度来看，土地利用是通过优化土地资源配置来最大化当前或未来效益的过程（彭文英等，2017）。本研究的对象是农户家庭承包土地的生产性利用。

1.3.4　农户家庭劳动力配置

农户家庭作为寻求最大化效用的微观经济活动的主体，依据自身条件和外部环境合理有效地配置有限的劳动力资源，实现资源的最优配置以获取更高的收益和效益。对于农户家庭来说，改善家庭经济状况的重要方式是将劳动力资源根据自身比较优势合理配置。劳动力资源配置既有被动配置，也有主动配置，前者意味着在社会资源配置的体系中，确定资源配置优化的过程，是一种配置劳动力资源的方法，反映了物质资源最佳分配的变化；后者意味着物质资源的优化配置依赖于并反映了优化劳动力资源配置过程中形成的劳动力资源配置（陈艺琼，2017）。在中国国情下，经济体制是影响劳动力配置最重要的因素，由最初服从国家分配的计划体制开始逐渐演变为自由市场机制。计划体制的情况下，企业无法自由雇佣自己的员工，所有劳动力资源听从国家的统一派遣，都由国家分配，更没有双向选择。伴随改革开放市场经济体制的到来，劳动力分配一般按照双向选择、竞争，按照价值原则来配置劳动力资源（王鑫潼，2015）。农户家庭有权独立配置劳动力资源，并依据自身需求合理有效地配置劳动力资源。

　　劳动年龄内从事农业劳动的人数和质量的总称是农业劳动力，这是农民可以独立拥有和使用的宝贵资源（陈艺琼，2016）。国内外学者大多数是在 Becker（1965）的家庭时间配置理论基础上来研究农户家庭劳动力配置，家庭作为生存和延续的支撑，成员之间具有强大的凝聚力和向心力，贯穿每个家庭成员对其他家庭成员及整个家庭的责任感和使命感。这种传统家庭观念的存在，促使家庭因素是农村劳动力做转移决策时必须考虑的重要因素（罗明忠等，2018）。农户的家庭劳动力资源配置遵循效率、安全和流动三个原则。增加家庭收入和提高家庭的整体生活水平是提高劳动力资源配置效率的主要目的，如果每个农村劳动力都能基于自身比较优势配置到合适的行业就业，就可以充分发挥其就业优势，从而增加收入。但农户家庭可能有各个年龄段的成员，若过分追求收入效率，可能对家庭劳动能力较弱的老年人和没有劳动能力的未成年人产生负面影响，甚至会导致教育减少，增加社会负担。故农户家庭劳动力配置的第二个原则是安全。只有安全才能保障家庭老年人的生活、未成年人生活和教育问题，有利于社会稳定，可以为家庭后继有人创造条件。但因为成年人要花费时间、金钱和精力照顾老年人、抚育未成年人，在短期内收入并不能增加，与效率诉求可能相悖。流动性是指劳动力改变工作职责、办公场地的便利性，劳动力流动主要发生在行业和地区之间，越便利越能加快资源交换，对农户家庭劳动力找到合适就业优势的工作产生正向影响，从而提高农户家庭劳动力资源配置效率，调动劳动力的积极性和提高生产力来增加收入（陈艺琼，2016）。

1.3.5 农村劳动力转移就业

农村劳动力转移就业主要是在户口制度管理下基于经济目的从乡村流入城市，并且他们从事的活动也由原来的农业生产变为从事非农产业经营活动，同时包括离开本乡到外地仍从事第一产业的农村劳动力，因此，这种转移就业既有职业转换，又有地域迁移，还需要身份改变（蔡昉，2006）。之所以用转移而不是迁移，是因为中国农村剩余劳动力不一定发生迁徙，"离土不离乡"的农村工业化和就地城镇化也是中国消化农村剩余劳动力的主要方式之一。本研究把发生户籍变动的转移称作迁移以示区别。而国外有关劳动力流动的文献中（Lewis，1954；Lee，1966；Todaro，1986；Harris，1970；Hoppea et al.，2015），没有提及农村劳动力转移问题，仅包含劳动力迁移或流动。这是由于国外即使是实行二元经济体制的发展中国家，也较少像中国这样存在着严格的以户籍界定劳动力身份和社会福利待遇差别的现象。当然，这几年从上到下正在推进改革，破解城乡二元结构下的制度设计与制度安排。

从资源配置角度看，农村劳动力转移是一个劳动力资源实现重新配置的历史自然过程，一般可分为两类：一类是产业转移，亦即农村劳动力从传统农业部门（第一产业）向现代非农产业（第二、三产业）部门转移；另一类是空间转移，亦即农村劳动力从乡村向城镇转移。由于非农产业一般分布在城镇，所以农村劳动力向非农产业转移也就是向城镇转移。这就意味着，农村劳动力转移本质是产业与空间双重意义上的转移过程，也是城乡融合并逐渐实现一体化的过程。由于农村劳动力的产业间转移是工业化过程的主要内容，而农村劳动力的空间转移则是城市化的基本特征，从这个角度看，农村劳动力转移也是工业化与城市化推进中的自然历史过程。农村劳动力转移强调的不仅仅是农村劳动力在地区间、产业间和职业间的运动，更是农村劳动力在运动过程中转变为非农产业劳动力这个结果，本质上具有一定的政府干预性。

从农村劳动力转移距离看，农村劳动力转移主要包括就地转移和异地转移两种方式。就地转移有利于降低农村劳动力转移成本，比如交通成本、社会融入成本等，还可以解决照顾家人，缓和社会矛盾。但对于经济不发达地区来说，其经济发展总体水平较低，就业机会不多，导致农村劳动力就业选择空间较窄（陈昌丽，2012）。异地转移有利于提高农村劳动力人力资本，获得更多的就业机会和更高的工资，但转移成本一般较就地转移高（孔艳芳，2017）。

从农村劳动力转移方式看，可分为职业转换和人口迁移两类。二者具有不同的成本和收益。职业转换成本较低，当农村劳动力在城市就业不顺时，也可以返回农村继续务农，但其获得的城市公共服务一般不全面，如子女的教育、医疗等（殷红霞等，2104；俞林等，2016）。人口迁移有利于提高农村劳动力人力资本，获得更多的就业机会和更高的工资，但转移的成本一般比职业转换高，尤其是买房、教育等方面的支出较多，其面临的资金约束更大。对一般农户家庭来说，其进行人口迁移的可能性较低，当然，人口迁移后可能获得更高的收入和人力资本，享受更多的城市公共服务（李飞等，2017；雍昕等，2017）。

综合来看，农村劳动力转移就业包含转移产业选择、转移距离以及转移方式等多方面的内容，它们具有不同的特征，暗含着不同的成本和收益。在本研究中，需要根据不同产业、转移距离以及转移方式的特征，综合考虑农地确权方式对其的影响，不能一概而论。

1.4 研究内容与思路

1.4.1 研究内容

一是农地确权尤其是农地整合确权的生成逻辑。主要对农地确权方式的生成逻辑、特点及制度约束进行分析，尤其是农地整合确权的选择机理及其合理性，其中关键点在于，在细碎化格局下，农地确权面临的高改制成本，以及其可能引致的农地细碎化格局固化效应和集体产权弱化效应，加剧了本身就较高的农地流转成本。而农地整合确权作为一种制度创新，可以缓解农地非整合确权在细碎化地区可能存在的负面影响。因此，本研究期望通过构建实证分析模型，首先验证农地细碎化程度提高将增加农地非整合确权的改制成本，以及农地非整合确权导致农户产权强度提升，同时可能弱化村级权能，使其农地交易装置功能减弱，进而约束农地规模集中。其后，通过实证检验和案例分析，说明农地整合确权的生成逻辑，一方面，农地整合可以降低确权谈判成本，促进确权执行。另一方面，农地整合可以降低农地规模集中成本，促进确权红利释放。

二是农地整合确权的约束条件。主要通过农地整合确权的制度成本和制度收益比较，反推制度推行的约束条件，"农地整合"的制度成本包括整合谈判成本和整合界定成本；制度收益包括确权改制的谈判成本节省和流转谈判成本节省，两者受制于村落人文特征、村落自然及交通特征以及农业生产性公共服务和设施的影响。通过对广东省阳山县的 1 600 个农户和 160 个村庄，以及对较早率先实行农地整合确权并取得明显成效的升平村的案例分析，对上述三大约束条件进行实证检验与案例解剖，说明实行农地整合确权存在的约束条件和情景依赖，进而明确农地整合确权的可复制性和可推广性。

三是农地确权对农地利用方式的影响。重点分析农地确权对农户农地利用方式的影响效应，将农地利用细分为农地耕种方式、耕种作物品种和耕种手段三个方面，进而构建理论分析框架，基于问卷调查数据进行实证检验，进一步为研究农地确权对农村劳动力的转移就业效应奠定基础。

四是农地确权对农村劳动力转移的作用机理。在农地产权理论与劳动力转移就业理论基础上，基于农业生产效率和转移成本的视角，探索农地确权方式对劳动力转移的作用机理，并重点分析：①农地确权方式对农村劳动力转移行业选择的影响。主要考察在其他因素不变情况下，采用不同农地确权方式实施农地确权政策后，农村劳动力转移行业选择（即农村劳动力是选择农内还是农外就业）的变化。②农地确权方式对农村劳动力转移距离的影响。重点分析不同确权方式对农村劳动力转移距离影响的作用路径，实证检验不同个人特征、家庭资源禀赋特征、农地经营特征以及村庄经济水平特征下，农地确权方式对农村劳动力转移距离影响的差异。③农地确权方式对农村劳动力迁移意愿及行为的影响。重点分析农地确权方式对农村劳动力迁移意愿的影响，并比较分析不同个人特征、家庭资源禀赋特征、农地经营特征以及村庄经济水平特征下农地确权方式对农村劳动力迁移意愿影响的异质性。

1.4.2 研究思路

基于效率提升和成本降低视角，分析农地确权尤其是农地整合确权方式的生成逻辑及其约束条件。并沿着"是否转移—往哪里转—如何转"的基本思路，利用广东省新丰和阳山两县的农户问卷调查数据，分别分析农地确权方式对农地利用方式以及农村劳动力转移行业选择、转移距离、迁移意愿和行为的影响。且进一步比较分析在不同个人特征、资源禀赋特征、农地经营特征以及村庄经济发展水平特征下的差异；最后在实证分析基础上，提出研究启示，具体研究思路见图 1-2。

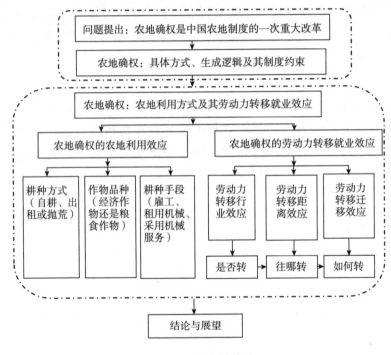

图 1-2 研究思路图

1.5 研究方法与技术路线

1.5.1 研究方法

（1）**案例分析法**。由罗必良教授领衔的课题组在阳山县升平村建立针对农地整合确权制度效应的观察点，通过持续性的每年定点进村观察其在政策、基层治理、农业生产能力、农业生产方式、农业生产格局和农地产权等方面的变化。本研究主要以广东省清远市阳山县升平村为典型案例，分析农地整合确权的特点、生成逻辑及现实约束。

（2）问卷调查法。 实地调研是获取数据的主要途径，是指根据具体研究问题设计问卷，并选取有代表性的样本进行抽样调查来获得关于研究对象的微观数据。2017 年、2018 年，罗必良教授领衔的课题组在广东省内选取了两个县作为固定跟踪观测对象，问卷内容主要包括农户家庭资源禀赋、劳动力配置、农地确权、土地流转状况等特征。为保证问卷质量，获取有效的调查数据，在实地调查开始前，课题组协同相关专家对问卷进行反复修改。

（3）理论推演法。 基于制度变迁理论，分析农地确权方式的生成逻辑及其特点，揭示不同农地确权方式的特点及其约束条件。同时，基于农村劳动力转移的相关理论和产权理论，从农业生产效率提升和转移成本降低两方面分析农地确权方式对农村劳动力转移的作用机制，探究农地确权对劳动力转移就业影响效应的作用路径，为促进农村劳动力转移提供新思路。

（4）实证计量分析。 在问卷调研和抽样方法上，罗必良教授领衔的研究团队已就农地确权相关研究主题于广东省阳山县和新丰县，利用大气噪音生成的真随机数进行无重复随机抽样，阳山县部分地区实行农地整合确权方式。团队在阳山县抽取 80 个行政村，每个行政村随机抽取 2 个村民小组（自然村），每个自然村随机抽取 10 个农户，总样本为 80 个行政村、160 个自然村、1 600 个农户。而新丰县基本采取的农地非整合确权方式，在新丰县，课题组选取了 60 个样本村，每个行政村随机抽取 20 个农户。由此观察不同农地确权方式的差异，以及对"先置换整合"再进行农地登记确权方式的做法、特点及其效应等进行研究。在计量方法上，主要使用 Logistic 半参数模型、倾向得分匹配（PSM）、二元 Logit 模型、OLS 线性回归模型以及 Tobit 模型。

之所以在传统方法之外，还要选择 Logistic 半参数模型作为研究方法。主要是因为，使用 Logistic 半参数模型拟合被解释变量为"0～1"的状况，如"是否实行农地整合确权"。一般的参数模型假设变量间的关系符合一定形式的参数分布，但在现实当中，很多的变量关系属于非参数的不规则形式。若使用参数模型对这部分关系变量进行估计，必然出现估计偏误，从而得出错误的结论。而非参数模型和半参数模型是解决这部分不规则变量关系的重要途径，但非参数模型存在"维度诅咒"和信息缺失的两个重要缺陷，因此使用 Logistic 半参数模型进行估计。

（5）比较分析法。比较分析是指通过横向或者纵向的对比分析，对不同类型的研究对象进行具体研究，揭示其差异特征，明确导致差异存在因素，为解决现实问题提供参考。首先，本研究将对总体样本进行描述分析，对比整合确权样本与非整合确权样本在农村劳动力转移上的差异。其次，从户主个人特征、家庭资源禀赋特征、农地经营特征以及村庄经济发展水平特征等方面进行多角度考察，分析不同特征下农地确权方式农村劳动力转移效应是否存在差异。

1.5.2 技术路线

本研究分步展开分析，具体如图 1-3 所示。首先，基于文献梳理与现实情况提出本研究的具体问题；其次，梳理相关文献，并基于文献梳理与理论分析视角，构建本研究的理论分析框架，包括农地确权制度效应的

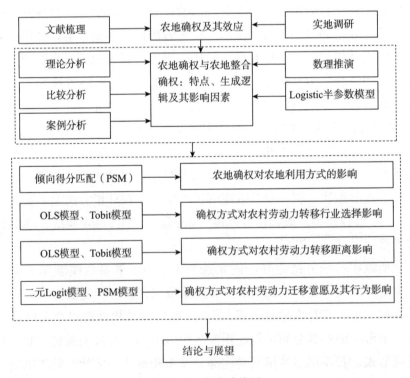

图 1-3　技术路线图

理论框架、制度交互和制度扩充理论框架以及农地整合确权约束的理论框架；再展开案例分析及基于入户问卷调查的数据进行实证检验；最后基于案例分析、实证检验结果以及理论分析提炼本研究结论，并提出具有参考价值的一般性政策建议。

1.6　主要贡献

（1）农地确权的制度效应和农地整合确权的制度效应。既有研究成果对农地确权的制度效应研究主要集中于其正面的流转促进效应、投资促进效应等，但是对于农地确权可能存在的负面效应，学者们仅是从理论上、经验上和观察中进行分析和阐述，较少使用科学的数据进行验证。本研究利用农户问卷调查数据验证了农地确权可能存在的制度效应，包括其对村集体产权弱化效应、农地细碎化固化效应和抑制农地集中效应等。进一步分析了农地整合确权的成因，回答了为什么部分地区需要在确权颁证之前实施农地整合。

（2）农地整合确权的影响因素和约束条件。本研究发现，农地整合确权存在诸多现实约束，包括人文因素、自然及交通因素以及农业生产性公共服务与设施上的约束或依赖。进一步地，分析了农地整合确权的适用性。

（3）基于产权理论视角揭示农地利用方式及其劳动力转移就业效应。本研究从农地确权前端的产权界定方式出发，基于效率和成本的视角，沿着"是否转移—往哪里转—怎么转移"的逻辑思路，验证农地确权方式暗含着农业经营效率提升和转移成本降低的双重逻辑，进而对劳动力转移可能带来促进和抑制（甚至回流）双重影响，农地产权稳定对劳动力转移可能是一把"双刃剑"。相较于以往研究，本研究发现：①不同产权界定方式具有不同的经济绩效，产权的合理安排不仅能实现产权交易，而且能激励行为主体的生产性努力。②农地整合确权让农地得以适度集中连片，有利于提高农业经营效率，在产权安全性得到保证的前提下，农户可能加大对土地的投入，包括劳动力投入，从而促进农村劳动力向农内转移。③农地确权方式对农村劳动力转移就业影响效应的发挥与农户个人特征、家庭资源禀赋特征、农地经营特征以及村庄经济发展水平密切相关，不能一概而论。

2 理论基础和文献综述

本章的重点是对研究的理论基础予以介绍，对既往研究加以梳理，进而提出本研究的切入点和研究视角。

2.1 相关理论

随着我国经济社会的发展，农民生活水平不断提高，农村的社会文化环境不断转变，农村地区逐渐进行土地流转，并且土地流转的现象也越来越普遍。理解这一现象，首先需要对农地确权的理论基础进行梳理。与农地确权理论相关的基础理论包括产权理论、制度变迁理论和分工理论，这几种理论分别在农村土地产权界定、产权演变及产权确定的视角对农地确权进行了经济解释及其理论界定。

2.1.1 产权理论

按照《新帕尔格雷夫经济学大辞典》的定义，"产权是一种通过社会强制实现的对某种经济物品的多种用途进行选择的权利"。产权的关键在所有权，包括从占有到处分整个过程中的全部权利。

马克思主义产权理论认为，产权表现为生产力与生产关系相适应的法律关系。土地产权理论包含以下几点内容：一是土地所有者拥有最终所有权及派生的权利总和，主要包括土地占有权、使用权、处分权、出租权、转让权、抵押权及收益权等。二是这些土地产权既相互结合，又独立并存。三是土地产权在市场上表现出的主要特征是能够作为商品进行交易，实现商品的交易价值。四是在拥有土地产权的基础上可以收取一定的地租。

现代产权理论是新制度经济学框架之下的理论分支，其代表人物是科斯（Coase）、阿尔钦（Alchian）、威廉姆森（Williamson）、斯蒂格勒

（Stigler）、德姆塞茨（Demsetz）和张五常等。基于科斯定理，只要财产权是明确的，并且交易成本为零或者很小，那么，无论在开始时将财产权赋予谁，市场均衡的最终结果都是有效率的，实现资源配置的帕累托最优。即产权有利于促进资源配置的有效性，产权明晰是实现产权自由转让的重要前提。阿尔钦认为产权是为社会所实行的一种强制性，用于选择某种商品的权利。德姆塞茨则认为产权是一种实现合理交易的社会工具。产权的一个主要功能是为实现外部效应更大程度的内部化提供动力。产权的改变必将对人们的行为带来影响，正如诺贝尔经济学奖获得者诺斯所言，制度框架的改变使得激励结构的变化成为必要，并且是随着时间的推移减少环境不确定性的关键条件。可见，产权确定以后意味着产权交易存在排他性；产权能够为人们在一定的社会情境下提供话语权；同时，产权是占有权、使用权、收益权、处分权、抵押权及出租权等权利综合的关键。

根据现代产权理论，在任何一项经济交易中都要满足产权清晰界定的前提。进行交易时不清晰的产权必将带来负外部性，导致社会福利降低，明确有效的产权制度是经济健康发展的前提（科斯，2013；诺斯，2009）。经济的发展中，政府会提供部分的公共领域平台让人们进行共享，发展中各方都有获得公共领域机会和租金的可能性，转化为经济主体之间的非生产性竞争。随着经济发展和技术进步，产权方面的理论政策不断完善，产权界定得更加清晰，有效地降低了因产权问题存在的交易费用。而资产的专用性、交易发生的频率及交易双方的不确定性也是影响交易费用的主要因素，在市场交易中影响交易的活跃性和交易结果（威廉姆森，2002；Dong，1996）。

研究农村土地流转问题，应该将土地产权作为整个研究的基础，因为农村土地产权是农村经济关系的权利中心。从产权视角看，产权清晰和交易费用降低也是农地确权涉及的所有权和承包权确定的关键，做好这两项工作有利于土地确权的进行，也是土地确权发展的方向。长期以来，农村土地产权不清晰、承包经营权不稳定等导致农民自身利益受到损害的同时，农民对于土壤保护和投资方面的积极性不足，导致部分地区的土壤受到严重污染，土壤质量整体下降（俞海等，2003；黄季焜、冀县卿，2012）。一段时期，农村居民很多选择进城打工，又不想放弃农村的土地，将农村土地进行出租、抛荒或者粗放经营。为了提高农村土地的利用效率，提升农村土地质量，推动农村土地流转的健康发展，中央政府针对农村面临的土地流转问题进行一系列重大部署，明确农村土地所有权及承包经营权，促进农村土地有效流转。

第一，土地所有权方面，农村土地所有者不明确现象逐渐得到改善。1986 年《中华人民共和国土地管理法》第八条对农村集体进行了明确规定，主要包括村农民集体、乡镇农民集体及村内农民集体三种类型。集体所有的土地依照法律属于村民集体所有，由村农业生产合作社等农业集体经济组织或者村民委员会经营、管理。已经属于乡镇农民集体经济组织所有的，可以属于乡镇农民集体所有。村农民集体所有的土地已经分别属于村内两个以上农业集体经济组织所有的，可以属于各该农业集体经济组织的农民集体所有。随后，为了解决集体代理人缺失的问题，《中华人民共和国土地管理法》在 2004 年得到进一步完善，其中第十条针对上述三种集体土地分别由各个村集体或者村民委员会、乡镇集体及村内集体和村民小组进行统一管理。2007 年《中华人民共和国物权法》第五十九条进一步规定农村土地所有权归集体成员所有，引申出用"成员权"界定农村土地所有者的意图。因此，从国家的立法演变看，中央政府对于农村土地一直在强调"集体"含义（钱龙、洪名勇，2015）。除此之外，政府明确农村土地产权的意图从土地规章制度及国家针对农村土地提出的相关政策演变中可以看出。国家土地管理局为了应对土地制度变更带来的土地产权模糊及历史遗留的土地纠纷，于 1989 年出台《关于确定土地产权归属问题的若干意见》。紧接着，2003 年国土资源部颁布《土地权属争议调查处理办法》。2010 年提出，3 年内各地方应该按照"权属合法、界址清晰、面积准确"的原则将农民手中的土地进行确权登记。2011 年国土资源部下发了《关于加快推进农村集体土地确权登记发证工作通知》，要求尽快完成农村土地所有权确权登记工作。2013 年中央文件指出，全面进行土地确权登记颁证工作。2018 年中央 1 号文件进一步强调 2018 年年底全面完成土地确权颁证工作。

第二，土地承包经营权方面。一是对土地承包经营权的期限从 15 年不变延伸到 30 年不变，进而继续转变到长期不变，稳定农户的长远预期。二是提升农村土地承包确权登记工作的进展速度。2006 年物权法将承包权归类为用益物权。2008 年中央 1 号文件指出，要加强农村土地承包的管理规范，加快建立土地承包经营权的登记制度。2009 年再次强调，要稳定开展土地承包经营权的登记试点。同年，农业部确定在辽宁、江苏、山东等 8 个省各选择 1 个村庄进行土地承包经营权登记试点。在总结 8 个省土地承包经营权登记试点经验的基础上，2013 年中央 1 号文件明确全国范围内农地确权的时间表，并提出用 5 年的时间基本完成农地确权登记颁证工作，妥善处理农村土地的遗留问题。2014 年和 2015 年两年，土地承包经营权登记试点工作在各个省份试点开展。到 2017 年，全国各地区、各省份均已开展农地确权工作，2019 年全国农地确权工作基本完成。

按照顶层设计，农村土地承包经营权确权登记和颁证要遵循"确实权、颁铁证"，给农民吃"定心丸"。保障农民退路的同时，促进农民外出就业和实现城市稳定生活，最终实现农村土地流转和农业适度规模经营。农地确权后，农户不会因迁移而失去农地，可以增加农地流动性，减少土地对劳动力的束缚，促进人口与劳动力资源的优化配置。一方面，明晰地权有利于农村资源重新配置；安全的农地产权将激励农村劳动力非农转移，降低农业劳动力配置规模。另一方面，地权不明晰增加了迁移成本，抑制其转移倾向。而在实践中存在多种确权方式，有确权到村集体，也有确权到户，揭示这些不同产权界定方式对于农村劳动力转移就业的影响效应，对丰富产权理论有重要的意义。

2.1.2 分工理论

分工通常被定义为生产中不同职能或操作的分离（盛洪，1994）。亚当·斯密认为，经济进步的唯一原因就是分工，分工不仅能够提高劳动生产率，同时分工还能够让专职人员有更多的时间进行发明创造，其他各方面的人员都可以各司其职，对扩大交易规模与市场范围、改善社会福利等都具有显著的促进作用（刘明宇，2004）。亚当·斯密的分工理论的意义在于这一理论一直在实践中进行应用（熊彼特，1954）。

亚当·斯密认为在生产和生活中应该进行劳动分工，也就是各项操作由不同的人来进行。劳动分工源于人们之间互通有无的倾向，但是分工受到市场规模和项目大小的限制，在斯密的研究框架中，劳动分工既是经济进步的重要原因，同时分工深化也取决于市场规模的变化。在斯密劳动分工的框架中，劳动分工既是经济进步的驱动力，同时劳动分工的深化也取决于市场规模的大小。劳动分工能够提高劳动生产力的原因，一是劳动分工能够促进工人熟练掌握劳动技术。二是劳动分工能够节约工作转化时间，提高工作效率。三是劳动分工能够促进发明创造，提高工作效率。通过将劳动分工与经济增长相结合，斯密的理论逐渐形成，进而提出增长理论（Pure Kerr，1993）。

1928 年，阿林·杨格进一步分析分工演进和市场规模之间关系的问题，将它们之间的关系视为"循环积累、互为因果的发展过程"，通过事实和理论论证市场规模与分工生产、产业间分工的相互促进及相互演进过程。杨格的分工理论超越了斯密关于两者之间关系的观点，即劳动分工受市场范围的限制（被后人称之为"斯密定理"）。阿林·杨格在《规模报酬递增与技术进步》中对分工演进和市场规模之间的互动关系进行梳理，提出"分工演进取决于市场规模，市场规模又取决于劳动分工"，这就是循环积累的一个过程，也就是"杨格定理"。市场规模是一个宏观层面的概念，微观经济主体的经济决策直接影响市场规模，相关理论研究可以看出分工演进与宏观规模之间存在一定的互动关系，但是分工演进与微观主体的规模变动之间的互动机制还需要进一步分析；农村土地规模经营在制度性瓶颈背景下，部分学者开始在分工视角下研究农业规模经营的问题，但是研究仍局限于农户行为分析，对于分工与规模经营的研究没有进一步探讨。鉴于此，本研究在分工理论和规模经济理论的基础上，以前人的研究结论为线索，对分工与农户规模经营之间的机制进行梳理。

亚当·斯密把分工划分为场内分工和社会部门分工，但是斯密没有将两者进行真正的区分，只是认为"能够进行分工的，都采用分工制，提高工作效率，行业之间进行分立，也是便于分工，提高每个行业的生产率"。马克思（1884）继亚当·斯密之后对分工和专业化对提高劳动生产力进行研究。马克思将分工划分为自然分工和社会分工，其中自然分工基于性别分工和区域分工；社会分工分企业内分工和企业间分工两种分工类型。马克思将分工看成是一种生产组织的安排方式，将经济发展看成是劳动分工演进的结果，这种劳动分工随着科学技术的变迁而演进。劳动分工就是生产组织方式的变革，专业化分工是生产组织变革的主要特征，"一个民族生产力的发展最明显的表现在该民族分工的发展程度，生产力的发展只要不仅是生产力的扩张，都会表现出劳动分工的进一步发展。"

　　但是，斯密在论证了分工对经济增长的重要性之后也提出：农业不能实现完全的分工制度或许是导致农业劳动生产力的增进总是落后于制造业劳动生产力增进的主要原因。亚当·斯密将农业劳动生产率较低归因于农业分工的有限性，这一观点为解释工农业收入比重变化提供了一种可能性思路，同时也为农业分工有限性提供了解释思路。综合来看，农业分工有限性主要包括如下方面。

　　（1）交易成本视角。交易经济学认为，农户根据自己获得的收益考虑是否进行农业分工，只有当分工收益大于交易成本时，才会考虑进行农业分工，反之，仍采取自给自足的生产方式。农产品鲜活易腐不好储存，同时农业生产周期长、季节性强推高农业生产的协调费用（Shi and Yang，1995），导致农业分工成本高，不能弥补分工成本（罗必良，2008），这也是农业分工有限并滞后于制造业的主要原因。高帆（2009）认为高交易成本抑制农业分工演进，导致农业市场规模有限，且市场规模扩大有限。同时，农产品的生产周期长，劳动投入的成本较高，也限制了农业分工的发展（杨丹，2011）。当然，在农业家庭经营逐步卷入分工经济的实践中，由农作物连片种植所形成的横向专业化及其对服务外包需求所表达的市场容量，是农业纵向分工的前提条件；而生产环节纵向分工所形成的农业机械跨区作业服务，则能够对农业的时空布局产生溢出效应，既扩展市场容量，又深化农业分工，并降低交易费用（张露、罗必良，2018）。

　　（2）农业生产特性视角。亚当·斯密（1776）指出，农业劳动具有季节性，进行农业分工，每个人只从事某项特定工作的可能性比较小，首次提出农业分工受限思想。罗必良（2009）认为除季节性外，产品保质特性、农产品市场特性及农产品生产组织等也影响农业分工。产品保质特性决定农产品在生产、存储、运输等环节的紧密连接性，任何的人员分离及环节脱节都可能导致产品成本上升；农产品的季节性导致农业分工必须是相互协调、相互联系的，如果进行分离也会导致农产品成本上升，劳动的连续性阻碍了劳动分工的深化；农产品的特点导致农产品是缺乏弹性的，产品的新鲜度和易腐蚀性导致农产品交易风险提高，农产品的同质性导致农产品市场上的排他性提高，农产品的这些特性限制了农业分工的深化。农业组织大多是家庭组织，农业生产的监督成本提高。针对农业分工受限的生产加工现状，必须通过发展农业科学技术、改变生产特性、提高商品质量和商品多样性、提高中间产品的科技含量等，以提高农业生产率。因为，农业生产环节的技术可分性与产权可分性，能够通过外包服务使小农参与到社会化分工并分享外部的规模经济。因此，农业生产环节外包，进而通过农业外部服务的规模经济替代土地的规模经营，有可能成为我国农业经营方式转型的重要线索之一（江雪萍，2014）。

（3）经济结构视角。 刘明宇（2004）认为规章制度是抑制农业分工深化的主要障碍，二元化经济不仅阻碍农民进入城市参与城市分工，同时也阻碍农民自身的分工深化。高帆（2009）认为农业分工演进与二元化经济结构刚性存在必然联系。王京安、罗必良（2003）从产权视角分析农业分工，认为市场是各个行业进行分工深化的基本条件，明确农业领域各项资源的产权边界，分析农业领域市场的发展趋势是实现市场交易、深化农业分工的重要前提条件。虽然农业分工存在天然的障碍，但是通过了解农业领域的特点，针对不同农业领域进行分工，来提高农业生产经营效率也是可能的（Greif，1994）。阿林·杨格（1928）将分工用通俗的语言进行描述，并将分工划分为三种类型：个人专业化水平、迂回生产程度和中间产品种类。罗必良（2008）提出借鉴和利用工业经济的发展，通过"迂回交易"，带动农业分工，提高农业生产效率。刘明宇（2004）则以渔网制造分工为例进行阐述，分工首先是内部分工，当内部分工取得良好成果时，就是逐渐转向外部分工的分工深化过程。高帆（2009）从多个方面对农业进行分工，大致可以分为五种类型：物质资本推动型、人力资本推动型、专业组织推动型、内部结构调整型及外部劳动流转型。杨丹（2011）认为农业分工的演进与深化主要体现为农业产业分工向农产品产品和农产品生产环节分工的过程，农业生产主体通过企业经济组织、合作社经济组织等可以加速农业分工。罗必良（2015）对崇州农业生产共赢制模式进行深入分析后，从产权角度指出了农业分工逐渐深化的路径，一方面，通过农村产权的确定和细分，提升农村资源配置的效率，促进农业分工深化。另一方面，通过内部制定合约，将外部问题内部化，降低交易费用，保障分工效率。

总之，多年来农业分工演进的研究都是在一个前提下进行的：农业分工对农户的生产、生活有促进作用。王继权（2005）认为专业化分工能够节约劳动力，同时对于积累经验、发明创造具有促进作用。Hunlan 和 Evenson（2001）采用美国农业经济发展 1950—1982 年的数据分析表明，在其他条件不变时，专业化分工对全要素生产率具有显著的促进作用；Coelli 和 Fleeting（2004）利用在巴布亚新几内亚的调查数据进行研究的结果表明，专业化种植能够提升农产品种植的技术效率；Picazo-Tadeo 和 Reig-Martinez（2006）认为劳动和资本进行外包能够提升农场的生产经营效率，而农场自身的规模与经营效率的联系不是必然的。因此，政策制定者应该通过外包与合作提高农业生产效率，提高农民的竞争力。王继权等（2005）、徐锐钊（2009）通过调查发现，不同区域农户进行专业化分工有利于促进农业生产效率；罗富民等（2013）对川南山区的农业生产进行调研分析，结果发现，该地区农业生产分工能够提高该地区的农业生产经营效率，但是县域经济发展中农产品种植分工对于生产有一定的抑制作用。Deininger 和 Olinto（2001）的研究发现，专业化能增加农户福利，农业专业化与收入和资产成正线性关系，农户农业非专业化和专业化的福利水平分别为 10% 和 36%。分工有利于发挥比较优势，提高农业生产专业化水平，三大产业之间以及各个产业内部的分工深化，是社会生产力发展的必然结果，更是农业产业链延伸拓展的重要推力（黎元生，2013）。罗必良（2002）也指出，解决"三农"问题的根本是农业分工发展。生产技术进步可以深化农业产业的分工（江雪萍，2014），随着交易效率和专业化经济程度的提高，农业分工水平也将提高（杨小凯，2000）。

2.1.3　农户行为理论

农户行为变化是农村劳动力转移变化的本质，由此，分析农地确权方式对农村劳动力转移就业的影响，首先需要理解农户的行为动机。农户的行为选择与动机是农业经济学和发展经济学领域的经典论题之一，针对该议题，社会学、历史学、经济学以及人类学等诸多学科，展开了激烈交锋，形成了丰富的理论体系。从已有研究看，农户行为理论主要包括理性小农、道义小农、剥削小农以及综合小农四个方面。

（1）理性小农。形式主义学派认为，任何个体的经济行为都以效用最大化为目标，农户作为理性经济人，也以收益最大化为目标，会根据成本—收益比较来组织生产。舒尔茨在《改造传统农业》（2006 中文版）中首次提出了"理性小农"概念。他认为，传统农业的落后并不源于农民的懒惰或愚昧，农民作为理性经济人，其资源配置和要素投资的能力并不比企业家差，传统农业的要素配置效率并不低下，也没有所谓的隐性失业，其主要原因是农民在衡量产量不确定和风险后，理性的拒绝使用新的生产要素，传统农业实现了其内在的要素均衡。同舒尔茨有类似观点的还有波普金，他认为，小农也是企业家和商人，按照利益最大化原则配置资源，在《理性的小农》一书中，波普金对实体主义学派的核心观点进行了批判，他在分析东南亚传统农民行为时，指出农民行为受家庭福利和个人利益的驱动，也会进行一些风险投资。

（2）生存小农。 生存小农是实体主义学派提出来的核心概念，经济史学家卡尔·波兰尼在《大转型：我们时代的政治与经济起源》（2007 中文版）一书中指出，市场经济行为是嵌入于社会行为中的，他对古典经济学的观点进行了批判，认为自由竞争市场是一种理想市场，仅仅从功利主义的视角来解释人类的行为动机是十分牵强的；并进一步指出，经济关系只是社会关系的一部分，只是由于资本主义的兴起，经济不再嵌入到社会关系中，而是跟社会关系进行了融合，提倡用"实体经济学"取代"形式经济学"。其思想对实体主义小农理论产生了深刻影响。在实体小农学派看来，形式主义所认同的"理性小农"背离了农业和农村生活的真实状态，农户经济不能等同于资本主义经济。在农村，农户的行为受到文化习俗、道德规范约束，农户追求生存安全，道义伦理动机排在第一位。即农户安排家庭农业生产，最为重要的是保障家庭生计，对待风险的态度是规避的。

詹姆斯·斯科特继承了实体主义传统，认为农民目前的逻辑思维还停留在"生存伦理"，贫困农民目前也是基于生存理性进行考虑。在其代表作《农民的道义经济》（1976 中文版）一书中，基于对 20 世纪 30 年代东南亚地区的农民进行深入调研后，指出一阵风浪就可能淹没本就齐颈深的小农。农民家庭没有计算收益最大化的机会，只能通过农耕养家糊口，还要祈祷不要发生重大自然灾害。斯科特认为"生存伦理"和"安全第一"是农民进行任何决策前要考虑的，意味着小农性质的农业生产是风险规避型的。农业生产中，农民关心的首先是农产品能否满足家庭的基本生存需求，而不是能够获得多少利润。因此，农民采取的一些在科学上看似不合理的生产行为，是基于生存需求的避免灾难前提的理性思考（Lipton，1968）。

（3）**剥削小农**。剥削小农理论是马克思提出的，不仅在理论界大受欢迎，在实践中也得到广泛应用。恩格斯在《法德农民问题》（1894）一书中提出小农经济的本质是孤立和分散的，小农经济的特点主要表现在：一是小块土地所有者运用传统工具进行耕种养家糊口。二是小农经济主要以家庭为基础自给自足，难以获得剩余利润。三是小农经济属于自然经济，生产力水平低下。马克思认为，小农经济的主体是被剥削的对象，生产的绝大多数产品都要以地租的形式交给地主。很多小农主体在遭遇自然灾害时入不敷出，甚至破产。同时，小农经济的主体是分散和孤立的，他们的经营规模比较小、缺乏相互之间的合作。小农经济主体因为经营规模和固有意识排斥现代化的机器设备和农业科学技术，土地利用率低下。马克思进行过预测，农民之间的合作共营，是农业规模经济发展的方向，也就意味着长远发展小农经济是必然消亡的。

马克思深刻揭示了小农经济的本质和命运，以及小农经济在未来发展中走向消亡的结果，而没有从微观视角对农户的行为动机进行深入的阐述。但是我们在马克思分析小农经济本质和命运时能够了解其背后的原因，即小农经济是依靠自我劳动进行农业生产，实现自给自足的生活现状，而不是通过社会流通实现生产利润最大化。

（4）**综合小农**。黄宗智先生是综合小农方面的集大成者。他是第一个提出综合小农这一概念的学者。黄宗智在《华北小农经济与社会变迁》（2000）中指出，马克思当时只看到小农经济的一个侧面，不能反映小农经济的整体及演变过程，更无法对中国的小农经济进行合理有效的解释。他认为中国革命前的小农经济兼具三种社会面貌，一是农户进行农业生产是根据家庭需求安排的，为自家的消费进行生产经营，有种规避风险的生产动机。二是小农经济的生产主体是理性的生产者，在自给自足的情况下也会追求利润最大化，与资本主义企业或者大型农场的生产经营具有一定的相似性。三是小农经济的生产主体处于社会的最底层，受到地主剥削，交完地租剩余的才可以自己支配。即小农经济的生产主体同时是一个利润追求者、生计维持者和受剥削者，并且不同社会阶层农户在这三个方面的侧重点不同，贫下中农更加接近马克思主义的剥削小农，富农追求利润最大化的程度更高一些，接近于实体主义描述的小农。

黄宗智在分析小农的基础上还考察了农户在人口压力背景下的行为选

择问题。他认为中国的农户过去追求家庭生计需求，农业长期处于"农业内卷化"状态。"农业内卷化"是美国人类学家吉尔茨在 1963 年提出的，吉尔茨对印度尼西亚爪哇岛的水稻农业进行调查研究后发现，当地资本及产业经营的机会有限，剩余劳动力只能进行当地有限的水稻生产，单位产量有所提高，但是整体的劳动产出率降低。黄宗智运用"农业内卷化"这一理论对华北地区和长三角地区进行分析，并对该理论通过实践进行了相关拓展。黄宗智（2000）认为，大型农场在面对人口压力时，通过解雇部分人员缓解人口压力。但是对于小农户来讲，只能在单位面积上投入更多的劳动力缓解人口压力。黄宗智在《长江三角洲小农家庭与乡村发展》（2000）一书中否定了吉尔茨提出的随着单位劳动力增加土地生产率就能不断提高的事实，指出中国水稻的产量在明清以后极少增长。

可见，主流农户行为理论从农户经济行为的动机和外在约束性两个方面进行分析，具有深刻的体会和洞察性。但是各种农户行为理论都仅揭示了农户某一个侧面的形象。事实上，农户行为决策受到农户自身条件、外在环境及内部条件改变的影响，这些因素都会导致农户行为的变迁。因而，在研究农户行为时，一定要考虑农户当时所处的时代背景。

就本研究的主要内容而言，聚焦农地确权方式对农地利用与农村劳动力转移就业的影响，但是农村劳动力转移就业也要结合当时所处的时代背景及农户所处的外部环境和内部环境。作为社会主义国家，中国拥有特殊的社会体制和经济体制，在农业生产方面，中国采取社会主义公有制和土地集体所有制的制度，不存在马克思早期提出的剥削经济。同时，通过改革开放 40 多年的发展，中国农户的基本生活需求得到解决、贫困问题大幅度缩减，到 2020 年年底打赢脱贫攻坚战，在中华民族几千年的历史中首次整体消除绝对贫困现象，成为第一个实现联合国千年发展目标中减贫目标的发展中国家（提前 10 年）。未来，进一步提高农民收入水平、改善农民生活水平、完善乡村治理工作是接下来很长一段时间的主要任务。随着土地制度改革和土地经营权稳定发展，无论是否进城谋生，农民都能依靠土地获得一些基本的生活需求，拥有了最后的退路。再加上国家对农村、农业、农民各项优惠支持政策的不断落实，农民的社会基本保障体系不断完善。因此，对于农民来讲，其生计问题的重要性不断下降。当前，我国整体经济达到世界中等收入的水平，外在环境水平和自身财富的不断提升，使得农户规避风险的动机逐渐下降。由此，越来越多中国农户的生产经营动机日趋接近营利小农或理性小农，追求满足温饱基础上的利润最大化，在风险可控的前提下进行农业生产。

2.1.4 制度变迁理论

农地确权作为一项自上而下的重大农地制度改革，是一种强制性的制度变迁，通过对制度变迁理论，尤其是强制性制度变迁理论的梳理，有助于厘清农地确权尤其是农地整合确权的存在机理和两种制度之间的交互逻辑。

(1) 制度安排与制度变迁。首先，科斯（1937；1960）和阿尔钦（1972）发现制度对于经济社会发展是重要的，不同的制度安排蕴含着不同的事物运行效率。制度安排，是指支配经济单位之间可能合作与竞争的方式的一种安排，制度安排可以是正规的或非正规的，可以是临时的抑或长久的。制度安排的作用在于：提供一种运作结构使其参与者的合作能够获得在制度外不可能获得的额外收益，或提供一种能够影响法律或产权变迁的机制，以改变个人或组织的竞争方式（Davis et al.，1971）。制度安排是在鲁滨逊模型中不存在也不需要的事物，当人在团体或社会中需要以物换物，易货贸易和用一种东西交换另一种东西的时候，制度才会出现（Smith，1937）。也就是说，当两个或两个以上的人与其他人交换商品，此时交易的结果将不仅仅取决于交易中单方面的决策行动，还取决于别人的决策和行动（Von Neumann and Morgenstern，1953）。此时，要使交换得以实现和延续，则需要一个管束个人合作和竞争方式的行为规则，否则当个人利益与组织利益相矛盾和冲突时，信息的不完全将诱致"磨洋工"、搭便车、道德风险、委托代理、逆向选择和欺骗等产权经济学界关注的问题（Olson，1965；Demsetz，1967；Alchian and Demsetz，1972；Furubotn and Pejovich，1972；Williamson，1976；1985）。为此，需要制度用于监督和执行功能，以降低过度竞争导致的租值耗散（张五常，2014）。经济主体往往会选择效率最高或交易成本最低的制度安排，但随着外部条件的变化，原有制度安排所蕴含的经济效率或交易成本可能出现改变，而另一项可选择的制度安排可能具有更优的效率，从而出现新制度安排对旧制度安排的替代，这一过程可以概括为制度变迁。

其次，制度变迁主要有三重含义：一是一个特定组织的行为变化。二是该组织与其制度环境之间的相互关系的变化。三是在一种组织的制度环境中支配行为及其相互关系的规则的变化（Ruttan，1978）。一般地，为便于研究分析，制度变迁仅指在其他外部制度安排不变的前提下，一个特定制度的变迁。农业的制度变迁对农村经济、农业生产和农户家庭的影响尤为显著。较新的研究聚焦于农业适度规模化推进对农户家庭分工卷入问题（罗必良、李尚蒲，2018），农地调整制度对地权分配问题（罗必良、洪炜杰，2019），农地调整差异对农户劳动力转移问题（洪炜杰、罗必良，2019），农地产权变化对农户产权实施和经营模式转换的转变（罗必良，2019），农地产权安全差异对农业生产种植结构的影响（洪炜杰、罗必良，2019），以及农地产权管制对农户收入问题的影响（张超、罗必良，2018）等。制度变迁可以分为强制性制度变迁和诱致性制度变迁（林毅夫，1991），两者具有不同的优势和劣势，从而导致不同的制度效应。由于农地确权是一种自上而下的强制性制度变迁，因此，本研究更加关注强制性制度变迁对经济社会所产生的影响，以及这种影响的内在传导路径。

（2）强制性制度变迁理论。 强制性制度变迁是由政府命令和法律引入后实行的制度安排的变更或替代。由于信息的不完全加之制度的公共物品特性，若制度完全由市场提供，则一个社会的制度安排供给将低于社会最优，因此需要政府干预以弥补持续的制度供给不足（Lin，1989）。但国家是否有激励和能力去设计和强制推行由诱致性制度变迁所不能提供的、适当的制度安排？至此，强制性制度变迁理论大多演变为国家政策经济学理论，主要存在三种分析理论：一是将国家看作一个人格化、具备独立价值观的组织，其目的是福利或效应最大化。二是将国家看作实现集体行动的工具，国家提供制度作为服务，个人购买服务并只对她接受的服务成本付费（Buchanan and Tullock，1962）。三是将国家看作是政党用法律的手段控制、管束和统治的工具，政党被看作是具有一致性偏好的组织（Downs，1957）。强制性制度变迁的实现逻辑，也即国家统治者提供制度安排的逻辑为：按税收净收入、政治支持以及其他进入统治者效用函数的商品来衡量，强制推行一种新的制度安排的边际收益等于统治者的边际成本（Lin，1989）。强制性制度变迁对于一个地区的发展具有决定性作用，而这种作用亦有可能存在弊端（Danson et al.，2018）。

但强制性制度安排具有一定的局限性（Lin，1989）：一是统治集团的偏好。统治者的制度设计可能出于经济、政治或文化等诸多因素，其制度目的并不一定出于国家福利最大化。例如，当国家福利与统治集团利益相冲突时，其所形成的制度安排则可能是无效率或是低效率的。二是官僚机构问题。官僚机构是统治集团执行国家功能的代理人，然而官僚机构的利益趋向常常难与统治集团相一致，基于此情景，官僚机构设计的制度安排则往往不是以统治集团的效益最大化为目标，而变为以官僚机构的效益最大化为目标。因此，信息的不对称使得官僚机构恶化了统治集团的有效理性，并进一步导致制度安排与其政策预期相违背。三是统治集团认知的有限理性，由于科学知识的束缚，统治集团并不能完全获知多种制度安排可能带来的效率改变，也无法拥有建立制度安排所涉及的一切讯息，故其难以找到并设立一种完全契合市场空缺的制度安排。因此，强制性制度变迁有可能降低社会运行效率和阻碍经济发展。此时的问题是，一个不完全的强制性制度安排是否具有被实施和运行的可能性，而不是被替代呢？从制度交互关系理论，也许可以得到一些有益的启发。

中国农业制度变革从总体而言大多属于强制性制度变迁，虽然有研究认为家庭联产承包责任制改革是诱致性变迁与强制性变迁的结合，是基层创造与政府作用的结合（丰雷等，2019）。然而，除了小岗村这类政策发源地，对于其他绝大部分农村地区而言，家庭承包制度更可能是一种强制性制度变迁。对于部分地区而言，如中山市崖口村而言，家庭承包制的强制实施对于部分地区而言不仅不能提高效率，反而可能带来效率损失（曹正汉、罗必良，2003）。

（3）制度变迁的交互关系。制度究其本质是一种合约，当其作用于横向主体关系之间时，多称为合约，当其作用于纵向关系主体之间时，多称为制度。因此，制度与制度之间的交互关系本质上就是一个合约与另一个合约之间的交互关系。制度的交互关系可与合约交互理论融会贯通。在社会运行中，制度结构是多重的，正式制度安排与非正式制度安排是同时运行的，且在不同情景下，正式制度与非正式制度之间有可能是互斥的替代关系（Corts and Singh，2004），亦有可能是互补关系，即当正式制度与非正式制度的联合使用比单独使用能带来更高的制度效益（Ryall and Sampson，2009；Poppo and Zenger，2002）。那么，制度与制度之间关系取决于什么呢？既有研究发现，当制度安排的变迁成本较低时，制度与制度之间往往是替代关系，当制度安排的变迁成本较高时，制度与制度之间往往是互补关系（吴德胜、李维安，2010）。

一项制度或合约存在缺陷，通常称之为制度或合约的不完全性，不完全合同理论对合同与企业理论具有重大影响（Grossman and Hart，1986；Hart and Moore，1990）。解决制度或合约不完全性所引致效率损失，一方面，可以调整产权配置。另一方面，可以通过叠加合约，在事前约定对事后剩余控制权的配置（Maskin and Tirole，1999）。即利用隐藏合约，通过事前设计一个事后的信息显示的机制，从而缓解合约不完全问题（Maskin，2002）。合约的叠加可以解决一项合约不可缔约或不可证实的隐藏缺陷，减少合同不完全带来的效率损失。但这种补偿机制只是一个理论上的假设，在现实中很少发现依靠合约补偿机制解决合同不完全性的案例，其缘于合约与合约间的均衡十分难以把握，具有极高的脆弱性和不稳定性（Bolton and Antoine，2009；Hart，2017）。然而，罗必良（2010）以东进公司为案例，提出以合约治理合约、以合约匹配合约，利用"补偿"机制对不稳定合约进行维护的案例，同时提示，合约"补偿"机制实际也可能暗含高昂的治理成本。曹正汉、罗必良（2003）以中山市崖口村为案例，提出"核心制度"与"边缘制度"概念，发现一套低效率的核心制度能够长期存在的原因是，社会领导集团会收缩低效率制度的覆盖范围，同时引入较高效率的制度安排，从而为低效率制度的运行创造充足的收益，形成"核心制度收缩及边缘制度创新"的制度交互逻辑。

由此，当农地确权对于一个村落是低效率但不可违抗的制度变迁时，其可能会衍生出一套较高效率的制度扩充机制——如农地整合确权，从而使得核心制度——农地确权得以运行。然而，制度的叠加可能暗含更高的成本，其取决于不同情境下制度扩充是否能带来效率的改善。不同于东进公司和崖口村案例的是，农地确权是一项自上而下强制实行的制度变迁，村落只能基于这种不可违抗的制度框架下进行制度创新，即其不能以"核心制度收缩"，而仅能以"边缘制度创新"来改善制度效率。

林毅夫等将制度变迁分类为诱致性制度变迁和强制性制度变迁，并认为强制性制度安排可以弥补市场制度供给不足，但由于统治集团的偏好和有限理性以及委托代理问题，强制性制度安排就可能面临失效。可见，制度变迁理论中讨论的制度变迁一般指在一个制度系统中，其他制度安排不变的前提下，一个特定制度安排的变迁，较少讨论到制度交互关系，尤其是针对强制性正式制度变迁与诱致性非正式制度变迁之间的交互关系，进一步地，针对顶层强制性制度安排与其衍生的基层制度安排之间的关系逻辑仍未得到有效的学术性发掘。制度交互关系理论集中于替代关系，即所谓的"上有政策，下有对策"，一项制度安排被另一项替代性制度挤出。问题是当一项不完全制度安排面临较高的制度变迁成本时，它是否依然有被执行或运行的可能性，而不是被替代或敷衍？本研究认为，在制度与制度的交互中还存在扩充和互补关系，即制度之间能够单向扩充或双向互补，使得制度交互施行比单独施行更具效率，农地整合确权即是制度扩充的一个现实演绎。

2.1.5　农村劳动力转移就业理论

劳动力转移是多门学科研究的经典议题和重大课题，主要包括经济学、人口学、经济地理学等。19世纪后期，Ravenstein（1885）以经济学为例，对欧洲人口的迁移数据进行分析，逐渐形成经典的人口流动模型。包括刘易斯、拉尼斯和费景汉、托达罗、哈里斯、斯塔克、泰勒在内的经济学家从不同的视角对农村劳动力转移动机及转移机理进行理论解释。国内外农村劳动力转移有所区别，国外农村劳动力不论是农业人口还是非农人口的转移基本上是同步进行的，而国内农村从事农业劳动和从事非农业劳动的农村居民不是同时转移的，但是在一定程度上也存在一些共性。两者的核心都是劳动力资源合理配置，达到农村居民的利益最大化。国内的农村劳动转移问题也是使用劳动力转移和非农就业两种表达形式进行，这两种表达形式意思是相近的。因此，在研究农户进行非农就业时，应该对农户就业的相关理论进行整理。

总体而言，农户就业的相关理论包括"刘易斯—拉尼斯—费景汉"模型、"哈里森—托达罗"模型以及新迁移经济学理论等。

首先，"刘易斯—拉尼斯—费景汉"模型。经典的刘易斯模型，出自诺贝尔奖获得者、著名的经济学家阿瑟·刘易斯（Lewis，1954）在《曼彻斯特学报》上发表的一篇题为《劳动力无限供给下的经济发展》的论文，现代经济学在二元框架下对农村劳动力非农就业的理论研究由此正式开启。在刘易斯模型中，经济部门被区分为两个部门，分别为"非资本主义部门"——传统的农村农业部门、"资本主义部门"——现代城市工业部门。Lewis（1954）认为，边际生产率很低，接近于零甚至为负的剩余劳动力，被大量留存在传统部门之中，只要现代城市工业部门可以提供的平均工资水平稍高于传统农村部门时，这些农村剩余劳动力就会源源不断向工业部门转移，并且传统农村部门不会因这些劳动力转移受到负面影响。劳动力向工业部门的转移决定了经济发展，经济发展过程就是将传统部门低边际生产率的剩余劳动力转移至现代部门，现代部门通过把剩余资本不断重新进行投资来获得更多资本，从而不断扩大其规模，直至剩余劳动力被完全吸收，经济结构就从二元经济转变为一元经济。

刘易斯模型对现代部门和传统部门的巨大差异进行了强调，并且因其将经济增长和结构转型与劳动力非农就业密切联系在一起，产生了巨大的理论影响。然而，该模型也因其缺陷受到广泛的批评（程名望，2007）。一是零值劳动力假设。如舒尔茨（1965）提出，农村地区并不存在零值劳动力，刘易斯模型论述的农村劳动力无限供给和零值劳动力情况不符合农村实际；二是该模型将农业静态作为现代部门的劳动力供给部门，忽略了农业的重要性；三是发展中国家的城市存在失业率，该模型假定城市不存在失业率与实际情况也不相符（Todaro，1985）；四是经验研究并不支持刘易斯模型将不变工资率、劳动与资本比例不变作为假设前提这一判断。

拉尼斯和费景汉（Rains and Fei，1961）使刘易斯模型得到了进一步发展，他们认为刘易斯模型存在两点缺陷：一是没有充分认识农业发展的重要性。二是没有意识到农村剩余劳动力转移的前提条件为农业劳动效率的提升。刘易斯模型在拉尼斯—费景汉模型中被划分为三个阶段：第一阶段，大量边际生产率为零的劳动力在农业中以显性失业的形式存在，这些劳动力的转移不会影响到农业产量，且会首先转移至非农产业，此为刘易斯第一拐点。第二阶段，在不变制度工资下，边际生产率大于零、但低于制度工资的农村劳动力继续被吸收转移至工业部门。此时，农业产量会降低，劳动力转移对农业生产造成负面影响。随后工业产品的相对价格、工人工资水平因粮食短缺而发生变化，前者下降，后者上升。这一阶段直至这部分农村劳动力被工业部门完全吸收，此为刘易斯第二拐点。第三阶段，工业部门完全吸收了农业剩余劳动力，农业边际劳动生产率工资不再低于制度工资，工人和农民都可按照劳动力就业市场原则在市场中获得工资，经济由二元转变为一元（蔡防，2010a）。

相比较易完成的刘易斯第一阶段，刘易斯第二拐点较难完成。拉尼斯和费景汉认为，农业生产效率的提升是度过粮食短缺点的关键，农业与工业平衡增长得到保障，使工业部门扩张不仅可以从农业获得劳动力供给，同时还可获得农业剩余的供给。因而经典二元结构模型因拉尼斯和费景汉的突出贡献，又被称为"刘易斯—拉尼斯—费景汉"模型。当然，刘易斯模型的一些缺陷仍被保留在拉尼斯和费景汉模型中，如与经验事实不相符的不变制度工资水平，城市失业问题未被考虑等，因而拉尼斯和费景汉模型仍不能对劳动力非农就业进行完美的解释。

其次，"哈里森—托达罗"模型。在经典二元结构模型中，都具有城市不存在失业情况，由于城乡实际收入差距农村劳动力做出转移决策的假定。托达罗是美国著名发展经济学家，他对此进行了批判，并提出了自己的理论模型。托达罗（Todaro，1969）认为，农村劳动力向城市转移，进入非农产业，并不是依据实际的收入差距，而是主要依据他们对城乡收入差距的预期。同时农村劳动力在城市中找到工作的概率、城市工作收入、农业工作收益和劳动力转移成本对这一预期具有决定作用。该模型假定农户是中性风险偏好者，会对上述因素进行理性的权衡，当预期留在农业部门中获得收入的效用低于在城市的非农产业时，农户就会选择离开农业，反之则选择留下。托达罗模型还表明，要通过将一切导致城乡收入差距的人为因素消除，重视农村发展，推进城乡一体化来解决城市中的失业问题。城市失业问题无法仅仅依靠工业扩展来解决，反而会因农村劳动力被进一步吸引至城市，导致城市失业问题加剧。

部分学者在托达罗模型基础上进行了发展，其中以哈里森的工作最为突出，托达罗模型又被称为"哈里森—托达罗"模型。在《人口流动、失业和发展：两部门分析》一文中，Harris et al.（1970）假定，城市工资率是外生决定，农村居民向非农产业转移率会因内生决定的市场工资而下降，失业率会由此降低。"哈里森—托达罗"模型虽然对劳动力非农就业从微观视角进行了令人信服的解释，但也存在一些缺陷，如假定农户是中性风险偏好者，农村中不存在失业，未考虑发展中国家城乡二元制度对农村劳动力转移的障碍作用等，在实践应用中应根据具体情境加以修正。

最后，新迁移经济学理论。传统二元结构模型从宏观视角分析非农就业和人口迁移问题，新古典模型则从个体微观视角来解读，其中以"哈里森—托达罗"为代表。而部分经济学家，以 Stark 和 Taylor 为代表，试图从家庭视角出发，尝试以家庭为基本分析单位，对农户城市迁移和非农就业问题进行解析，此即为新迁移经济学理论（NELM）。Stark（1991）认为，家庭内部劳动力在非农产业和农业产业的配置是"一组人决策的结果，或是对一组人决策的执行"，并不是个体层面的决策，而家庭这一形式即是这一组人。家庭内部做出决策后，为改善家庭福利，所有家庭成员会共同努力。新迁移经济学认为，有两个动机可以对家庭内部之所以会有一部分成员外出务工进行解释：其一是家庭收入波动风险得以分散、家庭内部消费得到平缓。农业生产风险大，农产品价格波动也较大，而留守农业的家庭成员可通过部分外出务工的成员所提供的汇款获得帮助（Taylor et al.，2003）。其二是家庭收入水平的提升。相比之下，农业收益较低，务工收入则相对较高。比起所有劳动力都留在农业领域的家庭，有部分成员务工的家庭，其收入可以提升到更高水平，农业生产中受到的信贷约束也能得以缓解，进而使家庭福利得到改善（Wouterse and Taylor，2008）。该理论认为，留守在农业的成员为外出非农就业的成员提供最后的保障，而外出非农就业的成员通过汇款来改善留守成员的福利，两者之间存在一种契约关系，共同作用使家庭效用最大化获得保障。劳动力城乡迁移和非农就业视角在新迁移经济学中得以拓展，自提出以来赢得了大量赞誉，同时在不同国家的经验研究中也得到了证实（Atamanov and Berg，2012）。

综合看，经典二元结构模型从宏观视角对经济结构转型和劳动力非农就业进行了理论阐述，"哈里森—托达罗"模型则基于微观视角考察了预期收入差距对劳动力迁移和非农就业的影响，新迁移经济学理论则突破个体层面，从家庭层面分析了农户迁移和劳动力非农就业的影响。三种理论基于不同视角对农村劳动力非农就业的动机进行解释，使相关理论更加丰富。三种理论各具特色，从理论渊源上来说，第一种理论属于结构主义范式，第二种理论为新古典范式，新迁移经济学则是对第二种理论的拓展。可三种理论也存在一定的局限性，尤其是对中国而言更是如此。例如，中国特有的户籍制度和土地制度下，人口迁移和非农就业具有独特性。但不可否认，上述理论仍具很强的借鉴意义。

就本研究而言，主要基于新迁移经济学理论（HELM）分析农地确权方式对农村劳动力转移的影响。中国城乡人口迁移和非农就业由于特殊的二元制度呈现典型的暂时性和不充分性。一部分以年轻人为主的家庭成员在城市务工，另一部分以老年人和女性为主的家庭成员留守农业，是典型农村家庭的体现，并已形成了制度化"半工半耕"的分工模式（黄宗智，2006）。且无论是在中国传统文化中，还是在乡村地区传统中，占据主导地位的均是家庭本位。要求个体服从家庭，为了家庭利益最大化而隐忍、服从大局安排，这就是家庭本位制下的伦理规范（袁明宝，2014）。新迁移经济学理论所强调的与中国情景下农户非农就业和城乡迁移十分吻合，该理论认为在家庭决策与个体决策间，前者先于后者，并得到诸多国内研究的证实（郑黎义，2011；李德洗，2014）。另外，本研究使用的是农户微观调查数据，也能对这一理论范式在中国当前背景下的有效性进一步验证。

2.2　农地确权的渊源、意义及其制度效应

2.2.1　农地确权的历史渊源

促进农业规模化分工，就必须盘活农地经营权，实行"三权分置"，而明晰产权是推进"农地三权分置"的基础，因此，农地确权是实现"三权分置"的必经之路。

中国自20世纪50年代至70年代实行国家控制下的农村土地集体所有制，不仅剔除了私人所有权，而且消灭了一般意义上的所有权。事实证明，该体制是低效率的。一方面，这种制度安排扼杀了交易的可能性，也就等同于放弃了通过市场产生的潜在效率。交易有助于资源的有效配置，便于结合并激发不同市场主体的比较优势，但是，在集体所有权的制度安排中，农村集体经济取消了权利的排他性，由此导致经济资源的排他性收益权和转让权被限制（Demsetz，1988），等于放弃了资源利用的市场交易（周其仁，2004），即放弃了通过市场交易所可能获得的潜在效率。另一方面，这种制度安排引致了生产的低效率。经济组织的所有权可看作是一种剩余索取权，正是这种剩余索取权激励产权所有者努力监督（Alchain and Demsetz，1972）。当"集体"侵入了私人所有权时，产权则会出现残缺、

剩余索取权权属不明，导致对监管者的激励不足，继而使生产效率降低。

直到 20 世纪 80 年代，伴随着改革开放的不断推进，为了吸引外资和激励生产，中国放开了一部分土地市场并开始实行家庭承包制，使得农村土地承包使用权从集体所有权中分离，开启了从"三级所有，队为基础"下的"集体经济"时代走向家庭联产承包责任制为基础的"两权分置"时代（George and Samuel，2005）。家庭联产承包责任制的推广实施，推动了农地市场发育，提高了农地资源利用效率，还促进了农户对农地的耕地保护和长期投资（Samuel and George，2003；Brandt et al.，2002）。

针对以家庭联产承包制为载体的所有权与承包权"两权分离"，既往研究发现，家庭承包的集体所有制在中国事实上表达的是多种产权结构形式，家庭土地承包经营权与集体土地所有权之间的关系正是他物权与自物权之间的关系在农地产权关系上的具体体现。承包权实质上是对所有权的分割，是所有权权能分离导致的权利主体之间的利益关系。承包合同越是长期化、固定化，承包权对所有权的分割程度就越高。只要承包权与所有权发生分离，就有承包权"蚕食"所有权的可能性，甚至使所有权完全丧失。而承包制的意义就在于通过分割所有权来使僵化的所有权"名义化"，将与"两权分离"前相联系的一系列外部成本内在化，从而提升效率（Demsetz，1967；中国社会科学院农村发展研究所，1998；申静、王汉生，2005；刘小红等，2011）。农村土地家庭承包制的推广，实现了农村土地所有权与承包经营权的分离，一方面，在保持中国社会主义制度的前提下，通过遵循市场经济逻辑，极大地促进了中国经济的增长（Gregory，2005；张五常，2008）。另一方面，也出现了一系列由"两权"权能天平倾斜所引致的制度性弊病和兼容性问题（刘凤芹，2004）。

首先，集体所有权容易产生对家庭承包权的侵蚀倾向。虽然中国的家庭承包制没有将承包权与所有权的关系固定化、明晰化，从而使承包制具备较大的操作空间，可容纳多种的产权结构设计，在实践中亦没有统一的形式，易于操作，具有较大的灵活性（周其仁，1994），但所有权与承包权二者之间存在权利主体之间地位不平等，缺乏对集体土地所有权代理主体行为的有效约束，权利之间的权能边界不清晰、配置不合理，存在权利冲突以及家庭土地承包经营权实现途径缺乏可靠保障等问题（刘小红等，2011）。由此，承包制因之包含了蜕变的可能性，其表现就是在承包权与所有权关系的人为操作中弱化承包权、强化所有权，并使土地资源的配置过程受到更多的非市场力量的控制，即由集体之外的主体（如地方政府）来支配成员集体拥有的资产，或集体成员的代理人（村干部）"反仆为主"（Peter Ho，2001；中国社会科学院农村发展研究所，1998；中国社会科学院农村发展研究所，2015）。

其次，赋予农民高度的土地权利反而不利于农户的生活保障与农地的有效利用。在农地异常稀缺的地区，依靠均分的土地资源，村社成员根本无法得到基本的生活保障，通过虚化农民集体的土地所有权来片面扩大农民个体的土地权利，只能导致农民集体的解体和多数耕种者的利益受损，反而，适当扩大农民集体的土地权利和适当限制农民个体的土地权利，能够有利于提高农业效率（郭亮，2011；王习明，2011）。

因此，2014 年中央 1 号文件提出，要"坚持农村土地集体所有权，稳定农户承包权，放活土地经营权"，对农地"三权分置"的改革方向进行了细化，使农村土地承包经营权划分为承包权和经营权，通过经营权与承包权相分离，促进农地的流转，为农业适度规模经营和农地经营权抵押的担保融资创造条件。当下亟须在农地确权基础上，促进经营权和承包权分离，并进一步发挥农地确权的制度红利，为乡村振兴助力。

2.2.2 农地确权的意义

农地确权是对农地承包经营权颁证，目的是通过提高农地产权强度来推动土地经营权流转，实现承包权与经营权再分离的目标，也是对农地所有权与承包经营权初次分离的继续。即破除初次分离下"人地不可分离"的制度局限，为多种经营主体进入农业生产提供渠道，满足农民生存与发展多层次需求，激活农户的积极性和农地的灵活性，进一步解放人和地，从要素、主体、制度、价值等四个层面释放出"改革红利"，促使农村生产力发展（张力、郑志峰，2015；陈朝兵，2016）。

一般地，农地确权具有以下几个方面的作用：其一，产权保护。由于农村土地承包权与土地承包经营权在权利主体、权利内容以及权利性质等方面存在较大差异。故土地承包经营权包含土地承包权已造成理论上的混乱与纷争，导致土地承包经营权的功能超载，影响承包人土地权益保护，故两者必须分离，实现"三权分置"，才能保障农民权益，使农民放心地实现职业转换（丁文，2015；王亚新，2015）。其二，经营权抵押流转。农地的"转包""出租""转让""入股""抵押"等流转仅限于和依赖于承包地的经营权，因此农地"三权分置"的政策导向为农地流转和农户退出土地承包经营权提供了制度基础，即土地承包权与经营权分离政策的本质就是在稳定农村土地承包经营权的前提下，使实际经营土地者可以获得一种具有物权效力和抵押功能的财产权（罗必良等，2012；朱广新，2015；李长健、杨莲芳，2016）。其三，产权细分与分工。产权细分及其交易形式的多样化，一来使地权市场成为融通性工具，突破土地流转人格化交易的限制，在更大的地域与更广泛的民众中展开（龙登高，2009）；二来通过产权细分及其匹配的合约治理机制，可创造性地将家庭经营纳入农业分工体系，发展出具有规模经济与范围经济的现代农业，进而改善家庭承包经营制度的制度绩效及其社会认同（罗必良等，2014；胡新艳等，2015）。

总体而言，一方面，通过农地确权形成的"三权分置"新型农地权利体系，既能承载"平均地权"的功能负载，又能实现农地的集约高效利用，兼顾了农地的社会保障功能和财产功能，为建立财产型的农地权利制度、发挥农地的融资功能提供了制度基础（蔡立东、姜楠，2015）。另一方面，农地确权使农村集体土地承包者能够通过土地经营权流转、入股等方式获得的财产性收益，成为农民财产性收入增加的重要来源（张军，2014；杨继瑞、薛晓，2015）。当然，从确权成本角度考虑，农地确权也可能是一种浪费（Jacoby et al.，2007），甚至在中国农地确权的实践过程中，确权政策表达也可能遭遇多方面抵制，导致确权实践的"被产权"逻辑（李祖佩等，2013）。农地确权能否按制度设计者的预期推进并得到农户的真心拥护，还有待观察（马超峰等，2014；杨庆育等，2015）。当然，通过这两年农地确权后的现实发展观察，农地确权的积极效应多于消极影响，对乡村振兴更多的是发挥促进作用。

2.2.3　农地确权的制度效应

农地确权一般可以分为农地确权确地和确权确股不确地，而农地确权确地又可以分为农地非整合确权和农地整合确权。农地非整合确权是指不改变农村现存农地产权格局的前提下，按照二轮承包产权格局或现存农地产权格局进行农地确权颁证。

（1）农地确权的积极效应。 农业绩效的实现最终源于要素配置问题（速水佑次郎，2002）。随着中国新一轮农地确权的全面推进，其制度的促进效应发散至农业生产投资（黄季焜等，2012；Yami et al.，2015）、农地流转与利用（Jiang et al.，2018；刘玥汐、许恒周，2016；林文声等，2016a；2016b；付江涛等，2016a；2016b；胡新艳等，2016a；2016b；程令国等，2016）、劳动力流动（Zhu et al.，2018；De Brauw and Mueller，2012；De Janvry et al.，2015；Do and Iyer，2008；Valsecchi，2014）以及信贷资源获取（米运生等，2015；米运生等，2018）等众多领域。

一是农地流转促进效应。土地确权引致的市场交易效应是学界关注的焦点之一，但其存在"确权促进农地流转""确权不一定促进甚至抑制农地流转"两派观点。两派观点背后所对应的分别是产权理论的解释逻辑和行为经济学的解释逻辑，二者在"确权与农地流转"问题上具有不同的解释力及其适用性（胡新艳等，2016）。

促进流转的一方认为，因为发放土地承包经营证书可以在一定程度上加强农户地权稳定，土地登记通过减少土地持有人对租赁者的担心而对土地租赁产生积极影响，即产权明晰、权益保护能够促进农户将农地流转给非亲属家庭（叶剑平等，2010；马贤磊、曲福田，2010；Yami et al.，2015；Wang et al.，2015）。首先，从国内外经验看，稳定的农地产权影响土地流转。在多米尼加共和国，稳定地权可以增加土地租赁市场活跃度，增加土地租赁 21%，租给穷人的土地上升 63%（Ma-cours et al.，2010）。在尼加拉瓜，拥有稳定产权的土地所有者更倾向于参与土地租赁市场（Deininger et al.，2003）。Bezabih 和 Holden（2006）、Holden 等（2011）认为土地确权提高了土地租赁市场的参与率，特别是那些女性作为户主的家庭更愿意出租土地。逐步发展土地市场，鼓励土地流转，发展适度规模化经营，优化农地资源配置，对实现农业现代化有重要现实意义（冯华超、钟涨宝，2019）。土地确权作为农地出租的前提和基础（周其仁，2009），安全的农地产权可帮助提高租金率，并促进农地转出（马贤磊等，2015）。土地确权通过明晰产权，减少了转出的不确定性，增加了土地转出量（程令国等，2016），土地确权能够降低农地出租谈判中的交易成本，激励农地出租（刘玥汐、许恒周，2016）。胡新艳等（2016）的研究表明，土地确权能显著提高租金率，促进农地转出；李金宁等

(2017) 指出，现行农地产权不完整、不清晰使得农地产权安全性较差，低估了农地价值，确权在一定程度上明晰农地产权，有利于提高农地流转价格，鼓励农地出租，且对 55 岁以上的户主或户主长年外出打工的农户家庭，确权的农地流转效应更大。同时，叶剑平等（2010）在 2008 年对中国 17 省的土地调查结果表明，农村土地确权颁证的确会激励农户土地流转，持有证书农地的流转价格要比无证书的明显高出 65.7%。值得一提的是，四川成都率先实施农村土地制度改革，许多学者研究了成都农地确权和土地流转的关系，发现只有土地确权后，土地才能顺利进入土地流转市场，土地确权可以加强土地产权，使土地流转的交易成本下降，土地确权和农地经营权转让之间有关系，从而促进土地流转；土地产权与土地价格有关（北京大学国家发展研究院综合课题组，2010；Li，2012；周其仁，2013；何东伟、张广财，2019）。

其次，通过农地确权，农户的土地变成农户的资产，使其可在市场上流通，同时还可作为资本进行抵押贷款以扩大农业生产规模（康芳，2015）；再者，农地确权可以减少因为权限不清、责任不明引起的土地转让纠纷和矛盾，使土地流转受到法律保护，故农地确权政策对农地流转具有正向的显著影响（刘玥汐、许恒周，2016），从而提高农户收入水平（李哲、李梦娜，2018）；但农地确权的促进流转效应对于转出户和转入户是不同的，从农户转出土地方来看，农地确权能够显著促进农地流转，其源于确权和土地流转纠纷调解机制的建立对签订正式合约的正向影响（冯华超，2019）。研究发现，农地确权使得农户参与土地流转的可能性显著上升约 4.9%，平均土地流转量上升了约 0.37 亩（近 1 倍），土地租金率则大幅上升约 43.3%（程令国等，2016）。更进一步地，农地确权不仅使农户转出农地的概率提高 6.36%，农地转出面积增加 0.538 亩，还促使农户将农地流转给非本村或新型农业生产经营主体（朱建军、杨兴龙，2019；Cheng et al.，2019）。进而提高了确权后农户经营规模（Newman et al.，2017）。但农地确权并未促进农地流转期限的长期化和规范化（罗明忠、黄晓彤，2018）。而且，在发生农地调整、村委会农地集中作用较小的村落，农地确权对农地流转的影响效应更大（冯华超、钟涨宝，2019）。但从农户转入土地方来看，韩家彬等（2018）发现农地确权对农地转入的影响是结构性的，其提高了转入面积在 0.2 公顷以下和 0.6 公顷以上农户的转入，抑制了转入面积在 0.3 公顷至 0.6 公顷农户的转入。

"确权不一定促进甚至抑制农地流转"的一方则认为，虽然就农户选择意愿而言，确权会显著促进其流转意愿，但确权尚未对农户流转行为产生显著性影响（胡新艳等，2016b）；禀赋效应、土地财产权的不完整导致了确权颁证对农户参与农地流转具有抑制作用（蔡洁、夏显力，2017；林文声等，2016）；确权引致的农地细碎化固化，极大地提高了农地流转中的交易成本及敲竹杠等风险，使内部化在集体经济组织内部的交易成本和风险重新外部化，故农地确权阻碍农地流转（杨成林、李越，2016）；农地确权甚至增加了产权的不安全感和农户间的冲突水平（Ege，2017）。张韧等（2019）研究发现，农地确权对农户土地流转意愿的确有短期抑制作用。黄佩红等（2018）更明确表示，农地确权不仅没有促进农地流转，还使农地转出可能性降低了 7.3%，户均转出面积减少了 0.66 亩。在农地转入方面，付江涛等（2016a；2016b）发现，农地确权对农地转入并不具有显著影响。Yang（1997）、Holden 和 Yohannes（2002）研究 20 世纪 90 年代中国农村土地租赁市场，也发现早期的土地出租权并不自由，农户租借土地或许会被村干部视为无力耕作土地，有被村庄收回土地的风险。与此同时，不稳定的产权也加大了租赁合同到期后收回土地的难度。在当时的历史环境下，农户出租意愿较低，土地租赁市场未得到发展（Benjamin and Brandt，2002）。同样，Deininger 和 Jin（2005）在湖南、贵州和云南的研究发现，农民的土地流转权对他们参与土地市场有重要影响。土地流转权完整可使农户租赁土地的概率明显提高 1.7%，租赁面积则提升 6.4%。而且，即便中国农村普遍土地"小调整"而非"大调整"（Kung，2000），但在不稳定的地权前提下，即便农户之间进行土地流转，也不得不限于熟人，资源配置效率不高（Jin and Deininger，2009）。

农地确权试图通过给予农民承包土地的排他权并强化其稳定预期，来激励农地流转与农业规模经营。然而，产权强化并未获得预期的政策成效（罗必良，2019）。人地关系一直是紧张的，这决定了土地和农民对生产资料与社会保障的双重影响。土地均分通常是小农户克服生存风险和安全压力的集体理性反应（Scott，1976），农地确权使保护农户权益与抑制土地流转存在可能悖论（罗必良，2016）。Jacoby 等（2006）认为，农地确权会显著影响农户对本身所具有土地的处理行为，确权以后，流转的可能性较低；黄季焜和冀县卿（2012）从生产激励效应视角出发，认为农地确权可以激发提高农民对经营承包地的积极性，农户更愿意长期投资农地，农业回报加大。因此，农地确权通过提高生产激励间接抑制了农户出租农地；土地确权进一步增强了农地对农户的禀赋效应，抑制了农地的流转（钟文晶、罗必良，2013）；胡新艳、罗必良（2016）认为，确权无疑增加了农户的流转意愿，但并未明显激励农地出租。

可见，农地确权是否促进农地出租，主要在于通过农地确权所形成的交易费用效应、价格效应和生产激励效应的累加结果，其结果具备不确定性（李金宁等，2017），目前学术界并没有形成共识。

最后，与农地确权是否促进农地流转相关的就是农地确权是否对农户农地自耕或农地抛荒带来影响呢？相关研究认为，界限清晰划分、权利主体明确的农地产权机制可促进生产要素高效配置、增进农业发展。产权具有排他性约束和交易性规范特点，在改善资源配置效率，为交易双方带来更多收益方面发挥作用。理论上看，土地具备财产特征，若转出承包地能获得部分租金收入；土地承包权具备身份特征，能够获取集体收益的一部分；土地经营权具备使用特征，耕种土地可以获得土地使用的收入部分（李江鹏，2019）。在农地产权不稳定的情况下，加上不能从法律赋权中获得排他能力，社会环境的排他能力又不具备强制性，一旦农户"弃耕"，意味着不采取任何个人排他行为，这个时候"弃耕"可能会导致农户丧失土地承包权。农户的本意并非如此，"弃耕"与丧失土地承包权性质不一样，前者指的是不再从村集体分到的承包地上进行农业生产，农地承包权长期不变还是属于自己的；后者是指退出本村的土地承包，其承包地会被村集体收回分给其他村民（罗明忠等，2017）。将抛荒的农地在确权前期或过程中重新"捡起来"是一种重要的产权保护手段，可宣誓农户的土地承包经营权，提升确权过程中的谈判能力，在产权界定中占据优势地位（罗明忠等，2018）。因此在理性人的假设前提下，考虑到农地的权属问题、各种与土地有关的涉农补贴逐渐稳步增长、农业户口的有利政策和退出非农就业后的生计问题等，农户愿意承担一定的排他成本来维持他们的农地承包权。从实际情况来看，在农村税费改革前的第二轮签约期间，一些农民自愿放弃承包地，以免不缴纳税费，造成土地弃耕，然后村委会收回对外发包或承包给其他农户。一些农户将承包地自行交给别人耕作，然而二轮承包合同并未调整。考虑到对方可能在新一轮农地确权阶段会要求确权登记颁证，为避免分歧，防止因产权模糊而产生外部性造成的农业损失和保护自身权益，"弃耕"可能变成"失地"，农户宁愿承担进行农业生产经营或出租农地的低收益甚至负利润，也不愿意抛荒农地，最为理性的选择是低成本粗放经营或低价甚至无偿出租农地给熟人或朋友（罗明忠等，2017）。

二是农业投资和信贷促进效应。农地确权通过明晰产权、稳定农户地权预期，从而达到促进农业投资的作用（Ma et al.，2013；郜亮亮等，2013；黄季焜，2012a）。其一，以农地有机肥投入为例，农地确权以后农户显著增加对承包地有机肥的投入（周力、王镕如，2019；Nguyen，2012；黄季焜等，2012b）。其二，农地确权对土地水土保持设施建设具有显著促进作用（Ali et al.，2014）。其三，农地确权后产权强度的上升使得农户更多进行房屋投资加固，提高房屋安全性（Reerink et al.，2010；Winters et al.，2019；Edward et al.，2019）。其四，政府实施的确权登记刺激了灌溉设施的投资（Bardhan et al.，2012）。其五，农地确权能够提高农业生产率和农户收入（Melesse and Bulte，2015；Lawry et al.，2017）。总之，农地稳定性的差异会显著影响农户对提升土地质量的投资（Abdulai et al.，2011）。但是不同国家和地区的研究结果差异很大，其对农地投资的影响主要取决于制度背景和农地确权实施状况（Lawry et al.，2017；倪坤晓，谭淑豪，2017）。比如，在非洲地区，农地确权对农业投资则没有显著影响（Domeher and Abdulai，2012），或者说农地确权的投资效应是不稳健的（Fenske，2011）。即使在中国，长期和中期内土地投资的影响也是有限的（钟甫宁、纪月清，2009；Sitko et al.，2014）。此外，虽然农地确权能够促进投资，但尼加拉瓜的证据显示，其亦可能造成毁林开荒的情况（Liscow，2013）。再者，农地确权对农机服务投资具有正向影响，尤其是对整地与收割环节农机服务供给有正向影响（陈江华等，2018）。此外，在农地确权与金融关系方面，农地确权能够缓解信贷配给并提高农户信贷可得性，具体而言，确权使固定资产门槛降低79.78%，收入门槛降低33.62%，交易成本门槛降低31.12%（米运生等，2018）。并且，农地确权通过提升农地产权强度和强化农地禀赋效应等，会抑制金融知识对农民农地转出行为的正向影响（苏岚岚等，2018）。

三是农地确权对农地耕种作物品种及其利用方式的影响。首先，关于农地确权与农地耕种作物品种研究。土地作为农业生产的重要因素，不同作物生产种植所需劳动强度和集中性也不一样，农户在耕种行为上既是决策者，又是实践者。农户在农业经营中作为劳动力即生产要素之一（黎红梅、李娟娟，2015），需要在土地和劳动力投入方面做出决定（高晓红，2000）。不同种类的农作物对土壤、地形和灌溉等的要求并不一致，所以不同区域农户需要因地制宜进行农业经营，土地利用方式也会存在差异。

改革开放以来，城镇化快速发展带来的食品总消费量增加和食品消费结构变化推动中国耕地种植结构发生转变（梁书民，2006）。目前，市场意识日益提高的农户自主调整耕地种植结构，而不是以前的政府主导（黄祖辉等，2005）。一派学者认为，地权的稳定对农户经济作物种植产生了显著的积极影响（齐元静、唐冲，2017），农地确权、农地细碎化和农地流转促使我国农业耕种作物品种趋向于经济作物。农地细碎化将直接影响农户土地利用行为，例如，它会降低农户的复种指数，制约了平均土地产出率的提高（刘涛等，2008）。同样地，土地细碎化影响农户的种植行为，因为农户将受到邻近农户种植行为的影响（刘学华、何巧玲，2009）。降低土地细碎化程度，提高土地利用效率，需要土地流转，但更需要以稳定的土地承包权为基础。稳定的产权使农户对未来收益有良好的预期，土地经营权出租的完善会显著提高农地绩效，促进耕地资源的非粮化趋向和非农业态势（郑晶，2009）。考虑到转入土地的经营期限短，农户将优先种植见效快的经济作物，造成粮食播种面积大幅下降，农地流转可能导致农地"非粮化"，将严重影响中国的粮食安全（冯远香、刘光远，2013；易小燕、陈印军，2010；张茜等，2014；万宝瑞，2014；王勇等，2011）。

另一派学者认为，农地确权、农村劳动力的非农转移及由此引发的农地流转，不仅不会形成"非粮化"，相反，还会促进农业种植结构"趋粮化"（张宗毅、杜志雄，2015；陈菁、孔祥智，2016；罗必良、仇童伟，2018）。他们认为，随着农业劳动力紧缺程度的加剧，农户更倾向于种植那些劳动投入较少、机械化程度较高的粮食作物，这将成为农业种植结构调整的主要方向（钟甫宁等，2016）。随着农村劳动力非农转移，农业生产经营的机会成本会逐渐上涨。于是，那些不需要太多人力投入，或者在耕作上方便采用机械化服务的农作物品种（如粮食作物），将在种植结构调整中具有比较优势；那些需要投入大量人力精心管护，或者机械替代人工难度高的农作物（如经济作物），则会在种植结构调整中不占优势。随着经营农地各环节的分工外包、相关生产性机械服务的进一步发展，农户仍会在长时间内趋向种植粮食作物（罗必良、仇童伟，2018）。

其次，关于农地确权与耕种手段研究。中国有 2.3 亿承包经营的农户，通常作为小农大量且长期存在，但并未明显排斥农业机械化（芦千文等，2019）。农业家庭经营的比较优势对促使其成为现代农业发展的积极因素与重要组织资源有着重要的实践意义（张露、罗必良，2018）。考虑到家庭经营状况和农户的异质性，农户生产经营能力的差异必然导致农地经营的差异化，进一步体现在农地经营权的流转上。那些具有农业生产比较优势的农户倾向于转入土地来扩大农地经营规模，获得自身能力与经营规模的匹配，实现最优配置。问题在于，随着经营规模的扩大，如果所有农业经营活动完全由单个家庭经营主体承担，那么现场处理的难度和强度必然超出农户的劳动可支配能力。于是，农地规模经营将不可避免地加重农地与劳动力的要素匹配及其结构性矛盾。农业生产的周期性决定了农业用工淡旺季的交替，这将不可避免地导致劳动力不足与过剩的结构性矛盾；从中长期来看，农村劳动力的非农转移将不可避免地导致农户劳动力供需结构性问题。因此，结构性矛盾可以内生地促进农业劳动力市场的发展。

值得注意的是，要想实现劳动要素与农地规模经营相匹配，意味着昂贵的交易成本。一是农村劳动力转向城镇部门必定带来农业劳动力成本持续上升；二是生产的季节性和劳动用工的不平衡性将增加农业雇工的不确定性与风险成本；三是农业的生命周期与现场处理特性，必定导致劳动质量监督难度加大，产生昂贵的检查成本。所以，伴随农地经营规模的扩张，使用机械代替人的劳动以节约生产和交易成本，改进家庭劳动力要素配置效率是农户家庭的理性选择。大部分农民有采用机械的需求和能力，大量机械租赁及服务同时在市场也有提供。然而，随之而来的问题是，受地形、地貌和地块大小等的制约，生产者采用机械的成本高或根本无法采用机械，降低了农业机械的使用（李琴等，2017）。农业机械的劳动力替代实际上突破了中国人力投入为主的传统粮食生产形式（杨进等，2018），为降低机械服务价格、提高机械服务可获得性，必须满足农业机械对土地利用的"集约性""规模性"与"持续性"要求。四是农地制度的劳动力要素配置效应。农业绩效的实现最终源于要素配置问题（速水佑次郎，2002）。而家庭生产要素在农业与非农部门间的配置很大程度上受到产权实施的影响（Ghatak et al.，2008；Tarp，2015）。随着中国新一轮农地确权的全面推进，其制度效应为各界普遍关注，研究范围超出了对农户权利问题的讨论。而且，土地状况及其相关的农地制度是农户家庭劳动力配置及其转移就业决策的重要决定因素之一（VanWey，2005）。农地确权的劳动力配置效应最终实现还要取决于劳动力的就业行为决策与实施。

第一，劳动力转移就业决策研究。传统劳动力转移就业理论更多关注宏观环境影响和人口结构变化下个体预期收益比较（Lewis，1954；Lee，1966；Todaro，1986；Harris，1970；Hoppea et al.，2015）以及人力资本投资收益比较决策（Mincer，1974；Becker，1990；Schultz，1991；Morse，2017）等；20世纪80年代兴起的新迁移经济学理论将影响劳动力流动的因素从个人拓展到家庭，认为迁移决策不只是独立的个体行为，家庭才是影响劳动力外出就业决策的基本单位，个体迁移决策是由家庭成员共同决定做出，家庭变量会对劳动力就业流动和迁移产生决定性影响，出于整个家庭的福利最大化和风险最小化目的，家庭内部会有更多个体劳动者选择外出就业（Stark，1991；Chambers et al.，1992；Hiwatari，2016；Peou et al.，2016）。而且，在传统的中国社会中，人们的家庭观念很强，尤其是深受小农经济影响的中国农村，家庭成员互帮互助，共享劳动成果；强烈的"家庭观"促使家庭成员根据家庭共同资源禀赋决定家庭生活、就业和迁移行动计划（Sharmina et al.，2010；Grande，2011；聂伟等，2014）。由此可推断，农地确权将提升农户家庭地权稳定及其收益预期，并成为家庭劳动力资源配置及其转移就业决策的重要考虑因素。

第二，农地制度对劳动力转移就业影响。劳动力转移是农地的函数，农地担当着维持生存的必需品及心理文化财产的双重角色（Dixon，1950），农地禀赋对农户家庭劳动力配置及其转移就业决策的影响是多方面的，拥有不同农地禀赋的农户具有不同劳动力转移动机（Deininger et al.，2008；Valsecchi，2014），农户土地相对贫困程度越高，其家庭劳动力转移概率越大（Quinn，2006）；拥有较多农地的农户，其转移是为积累资金，以更多地投入农地经营；拥有较少农地或无地的农户，其转移则是为生存（Eills，1998）。农户拥有地权的完整性、安全性及其流转状况，直接影响农户劳动力转移成本及其方式，有利于提升其农地投资积极性（Griffin，2002；Keliang，2009）。在不少发展中国家，女性拥有农地与获得家庭中的决策权包括劳动力资源配置权具有显著正相关（Bina，2003；Keera，2007）。而且成熟的农地市场发育与稳定的市场租赁契约有利于促进劳动力的非农流动，长期的农地租赁契约能够显著地促进劳动力的非农就业（田传浩等，2014）。

　　家庭联产承包责任制是中国农村劳动力非农就业的重要影响因素，农地分配均等化增加劳动力转移倾向，推进农村劳动力到非农就业（姚洋，2004），参与农地流转的农户能够更专注于非农就业（刘俊杰等，2015；朱建军等，2015；冒佩华等，2015）；农户自主的农地流转使农户劳动力资源得到更高效配置，人均非农业收入比政府主导下农地流转农户高出1 266元（诸培新等，2015）；家庭人均耕地面积对劳动力转移有负的影响（陶然等，2005；陈钊等，2010）。农民工不愿意放弃土地的一个重要原因是他们把农地看作是生活的重要保障（姚洋，2000；温铁军，2000）；同时，劳动力转移中兼业经营降低了农地流转效率，缺乏完善的农地流转制度和统一的农地流转市场以及成员权的存在，阻碍了劳动力流动，必须让农民所拥有的农地按市场规律流转起来，在流转中实现资本性的收益，以推进农村劳动力向非农转移（李娟娟，2011）。可见，制度优化与匹配至关重要。

　　第三，农地确权的劳动力配置效应。基于产权明晰和稳定的激励效应，现有研究普遍认为农地确权将促进劳动力非农转移就业。基于"产权—交易—分工"的分析，农地确权是农业生产环节外包的关键因素，并将推进农业从规模经济向分工经济转型，进而影响劳动力配置（陈昭玖等，2016）。对有意继续从事农业生产的农村劳动力而言，地权不明晰造成农地市场低效率，他们难以扩大农地规模实现规模经营（Otsuka et al.，2009）；明晰地权，有利于农村资源重新配置；安全的农地产权将激励农村劳动力非农转移，降低农村劳动力配置规模（Mullan et al.，2011；Kimura et al.，2011）。究其原因在于，通过赋予产权主体一系列的权能行使空间，使他们能够根据自身的默会知识追求收益的最大化（North，

1994；Hayek，1999)。

另外，农地确权后，农户不会因迁移而失去农地，可以增加农地的流动性、减少农地对劳动力的束缚，促进人口与劳动力资源的优化配置。基于斯托雷平地权改革的研究表明，农地确权提升了农地流动性、缓解了金融约束、降低了机会成本，并促进了18%的劳动力转移（Chernina et al.，2014)。基于墨西哥的研究表明，得到农地确权的家庭向外移民概率显著高于没有确权的家庭，确权改革后的墨西哥农村地区人口减少了4%，且移民中的20%是由农地确权所导致（Janvry et al.，2015)。反之，对于潜在转移劳动力，地权不明晰增加了迁移成本，抑制其转移倾向（Mullan et al.，2011；Valsecchi，2014)；由于地权不稳定，已转移劳动力会为了继续持有农地而选择回流（Rupelle et al.，2009)。

第四，农地确权对农村劳动力迁移的影响。国内外已就农业人口市民化展开了大量的研究，取得了丰富的成果。国外把农村劳动力迁移称为"城乡移民"（Davila and Mora，2001；Rijt，2013)，"农业转移人口"一词是我国特殊城乡二元制度的产物。具体来说，已有研究主要从微观和宏观两个层面展开。微观层面，主要包括人力资本（Willmore et al.，2012)、社会资本（徐美银，2018)、住房（张文宏等，2018)、职业自我效能（郑爱翔，2018)、家庭生计恢复力（杜巍等，2018)、流动动因（孙友然等，2017）等因素。具体来说，受教育程度、职业自我效能、住房、家庭生计恢复能力、教育动因以及发展动因对农村劳动力迁移意愿有正向影响，而盲目动因对农民工迁移意愿具有显著的负向影响。宏观层面，主要包括国家政策（杜巍等，2018；祝仲坤，2017；张文宏等，2018)、社会融合（Mähönen T A 等，2016)、就业变化（Molloy R 等，2017)、市民化自身（马晓河等，2018）等因素。如杜巍等（2018）认为土地确权对农村劳动力迁移意愿的"解绑"作用不明显，以土地为主体的农村制度环境对农业转移人口的迁移意愿仍形成拉力；祝仲坤（2017）认为缴存住房公积金对"80后"和在当地居留满5年新生代农民工的留城意愿影响明显，尤其对高收入新生代农民工留城意愿促进作用更大；张文宏等（2018）认为城乡社保对农业转移人口市民化影响具有明显的差异性，城市社保具有积极的推动作用，而农村社保则表现为显著的负面作用。

随着农地确权在全国的基本完成，有学者将农地确权纳入对农业转移人口市民化具有重要影响的关键因素，为我国城镇化问题提供了新的证据参考。从理论分析看，农地确权为土地要素和劳动力要素的互动提供了条件（胡新艳等，2017），一方面，农地确权有利于土地流转（李金宁等，2017；冀县卿等，2018），便于社会化服务的采用，使农村劳动力从农业中解放出来，降低了农业转移人口市民化成本。另一方面，农地确权有利于提高农地产权强度，当农地产权基本稳定后，土地租出收入上升，可以为农业转移人口市民化提供资金支持。然而，由于实践中农地确权仍然处在产权的初步加强阶段，确权家庭更倾向于留在本地进行农业生产（杜巍等，2018），对农村劳动力迁移意愿的"解绑"作用不明显（张莉等，2018）。

（2）农地确权可能的负面效应。 虽然关于农地确权的积极效应研究非常丰富，但亦有一部分研究持消极观点。因为，农地确权面临着市场经济条件下权利主体博弈造成的利益关系失衡与农地用途变更的经济性障碍，存在农村土地集体所有权不清晰、法律体系不完善和政策不协调的制度性障碍，配套机制不健全造成经营权的权能实现受限的机制性障碍，以及农村土地承包关系不稳定的结构性障碍（宋才发，2016；陈金涛、刘文君，2016）。因此，农地确权更多的是一个制度空壳，它仅会显著增加很少投资和促进少许劳动力外出，且系数皆非常小，故认为确权虽然能够"强能"，但是并不会对要素市场产生太大影响，仅仅存在强能这一有限的积极效应（Ho and Spoor，2006）。从中国农地确权情景来看，确权的积极效应亦可能无法显现，究其原因，在于农户长期生活在农村，极少出现"四至不清，空间不明"的情况，并且第二轮土地承包早已让农户吃下"定心丸"，因此，农地确权难以对农户产权预期具有影响（贺雪峰，2014；贺雪峰，2015；李昌平，2016），即使确权能够提升农地产权安全性，但确权的积极效应仅在较为富裕的经营主体上体现（Braselle，et al.，2002）。更有研究发现，产权的安全性反而会抑制农地投资（Carter and Olinto，2003）。因此，农地确权的积极效应不仅无法显现，还可能产生制度效应，主要包括以下三个方面。

一是农地确权作为"自上而下"的制度变迁，面临着确权成本、法律基础、村规民约、集体经济发展水平等多种条件约束（罗明忠、唐超，2018）。因此，农地确权可能打破了农村几十年来相对稳定的土地承包格局和秩序，激发农村隐性矛盾，进而确权的变迁成本将非常之高（王海娟，2016；周春光，2016；李昌金，2017；罗明忠、刘恺，2017）。

二是确权后，在"三权分置"的背景下，由于农地承包权与经营权分离后两权各自负载功能的差异，会导致两权在归属不同主体时容易出现"两权角力，一权虚化"的窘境。一方面，有可能使得村集体权能进一步弱化，并可能部分甚至全部丧失农地调整和调控的权能，加剧农地细碎化格局，进而阻碍农地连片规模（刘恺、罗明忠，2018）。另一方面，如果农地承包经营权人通过让渡经营权所得到的收益与未来的经营没有任何关系，则必然会出现承包权所有权人与经营者之间的利益分配问题，农地承包权与经营权分离所造成的租金和利润此长彼消的现象必然会存在，进而可能会导致机会主义行为、土地利益纠纷等问题（中国社会科学院农村发展研究所，2015；韦鸿、王琦玮，2016）。

三是受到农业客观生产条件的限制，即便通过农地确权实现了由家庭配置资源向市场配置资源的转换，由于人多地少水缺的农地现实，以及农业属于弱质产业的客观条件限制，也难以彻底摆脱小农经济的困境，农地产权的权能处分方式也难以摆脱小农经济的窠臼（秦小红，2016）。

四是在当前农地产权框架下，中国的农地经营权资本化依然面临着既有法律制度抑制、交易成本偏高、关联制度缺失以及农地流转市场清淡等现实约束（赵翠萍等，2016），即使放活经营权，容许经营权抵押，也面临现行法律法规的阻碍和实践操作的难题（郑志峰，2014）。

总之，既往研究表明，农地确权有其逻辑必然性；劳动力转移就业是个人和家庭的共同行为决策；农地确权对劳动力转移有显著影响等，为本研究奠定了良好基础，但以下方面研究仍有待深化：①确权方式生成逻辑需考量。既往研究将现有农地确权方式当作既存事实，对其内涵、特点和问题进行描述性分析，但是，农地确权方式决定因素是既有农业经营模式、资本存量还是也有二轮承包情况或其他因素？需要从历史和现实两方面，对其"有效性、合法性和正当性"的生成逻辑予以解释。②中国实践效应需验证。既往对农地确权的就业效应研究多源于它国实证，源于中国农地确权的劳动力转移就业效应还需验证，尤其是其就业效应存在滞后性，农地确权对农村劳动力务农还是非农就业、就近转移还是异地转移、职业转换还是人口迁移等方面的影响，需采取多学科视角和理性态度进行分析。③制度作用机理需挖掘。既往研究多基于产权理论视角，但现实中劳动力就业行为是多维动态下家庭成员共同决策的结果；尤其是基于"锁定效应"，农地确权方式将影响农户未来经营模式选择，决定了家庭对其劳动力资源配置可能变化，"农地确权将促进劳动力转移"的结论需在事实基础上进行分类考量，为优化劳动力资源配置提供新思路。④农地制度优化需反思。农地确权效应是多元的，需根据"真实世界"做出新研究，为实践推进提供理论武器，并在制度观念影响下设计完善有利于制度目标实现的制度装置。

2.3　农地整合确权的渊源及其效应

2.3.1　农地整合确权的历史渊源

农地整合确权产生的主要原因，一是改革开放推行的家庭联产承包制，主要依据距离远近、土质肥瘦、水源好坏来分地，这种方式虽然解决了公平的问题，但由此导致土地细碎化的弊端突出，不利于农业生产效率的提高（杨宏银，2015）。二是因为国家试图通过农地确权以盘活农地经营权，从而调动农民农业生产积极性，按照这一思路，就可能弱化土地集体所有权，同时将承包经营权物权化。在当前农地经营主体与承包主体普遍发生分离，且承包农地严重细碎的情景下，以财产权保护为核心的农地确权制度改革，将形成的地权分散、地块细碎格局以法律形式固定，有可能使得细碎分散农地更加难以整合，进而阻碍农业规模生产，带来政策实践悖论。也即是说，高度"插花"的地权状况，不仅不适应当前机械化、生产社会化服务等农业发展趋势，且增加农民生产成本和运作损耗，甚至阻碍流转与资源优化配置。正是在此政策背景下，广东阳山县和湖北沙洋县等地根据当地的实际并结合农民的诉求，于2015年探索出了在农地确权前，实施"按户连片，置换整合"的制度安排，以落实缓解细碎化问题，以规避确权可能引致的农地细碎化固化（罗明忠、刘恺，2017；贺雪峰，2016；孙邦群等，2016）。

2.3.2　农地整合确权的促进效应

农地整合确权的积极作用受到广泛褒扬，湖北沙洋县推行的"按户连片"耕种模式被写入 2016 年中央 1 号文件，"依法推进土地经营权有序流转，鼓励和引导农户自愿互换承包地块实现连片耕种"，沙洋县按户连片耕种模式成为"沙洋经验"。在 2017 年 2 月底召开的全国农村承包地确权登记颁证工作视频会议上，时任农业部部长韩长赋对广东省清远等地的做法作出了以下评价："近年来，湖北沙洋、安徽怀远、广东阳山、四川德阳等地积极探索，利用确权成果引导农民通过平整土地、互换并地、小块并大块等方式，实行连片耕作，不仅方便了农民耕种，提升了土地经营效率，也降低了农业生产成本，取得了良好的经济和社会效益。"具体而言，从湖北沙洋经验看，"农地整合"后，同样面积耕地，农户生产成本降低25%，农业投入时间损耗要减少 33%（桂华，2017；赵培景、潘博夫，2016）。2017 年，沙洋县按户连片耕种面积达 86.96 万亩，占全县耕地面积的 91%，农民种田收入增加了 1.3 亿多元（黄赛，2019）。从广东省阳山县的经验看，农地整合确权后每亩每造的运输成本、打田插秧费以及收割成本均分别下降 40 元，每亩每造增产 25 千克（罗明忠、刘恺，2017）。

总之，既往研究表明，由于政策制定者的偏好差异、有限理性等原因，强制性制度变迁具有不完全性，可能面临较高的制度成本。但问题是，一项不完全的制度是如何得以运行的呢？互补性的制度安排可能为其提供一种合理解释。由于基层组织了解群众对制度的需求，并具备条件针对顶层强制性制度安排构建扩充机制，为制度变革作用的发挥提供便利，使变革的制度效应得以释放。

农地确权可看作是一项强制性制度变迁，国内外经验显示，尽管农地确权的制度效应主要包括农地流转效应、农业投资效应和农村劳动力转移效应等，但是农地确权制度变革积极效应的显现并不是必然的，即便农地确权的积极效应也具有较大的地区差异性和一定的情景依赖。尤其在中国细碎化较为严重的地区，农地确权可能引发细碎化格局固化效应和农地产权纠纷，以及村集体所有权虚化等问题。一方面，其可能影响农地确权政策的执行实施。另一方面，可能影响农地确权政策红利的显现。在此背景下，广东阳山等地采取农地整合确权以应对和缓解农地确权引致的农地细碎化固化弊端，并取得了显著的成效，但是农地整合确权作为一项扩充性的制度安排，同样面临着制度变革成本及其相关要素约束。至少，以下问题需要并值得进一步厘清：

其一，农地整合确权的生成逻辑需要厘清。农地确权政策执行到底遇到了哪些难题，使得地方政府需要构建农地整合确权作为替代机制？农地整合确权对比农地非整合确权确地具有哪些优势和好处？通过厘清农地整合确权方式的生成逻辑，有助于厘清顶层的强制性制度变迁与基层制度的交互关系。

其二，农地整合确权的约束条件需要厘清。确权是强制性的，但农地整合确权是诱致性且可选择的，当且仅当农地整合确权的制度变迁收益高于其制度变迁成本时，其才有存在的必要。因此只有厘清农地整合确权制度变迁的关键约束，方可知晓农地整合确权的可复制性与可推广性，为农地确权的制度优化提供建议。

其三，农地整合确权对农地利用方式及其农村劳动力转移就业效应还需要做细致分析，农地确权对农村劳动力务农还是非农就业、就近转移还是异地转移、职业转换还是人口迁移等方面的影响，需采取多学科视角和理性态度进行分析。

3　农地整合确权的生成逻辑：
理论分析与数理推演

　　2013 年在全国全面推进的农地确权是中国农村土地制度的一项重大变革，虽然顶层设计对于农地确权的目的、要求及其流程等已经有明确的规定，但是，农地确权作为强制性的制度变迁，在人文地理特征差异性大的中国，必然存在兼容性问题。现实中，基层组织也结合本地实际创新农地确权的具体方式，但已有的国内外文献，主要集中在农地确权的由来、作用、矛盾、影响因素以及实践经验总结等方面，对于农地确权方式的多样性及其生成逻辑关注不够。对某一范围内土地的所有权、使用权的隶属关系进行确定是农地确权的主要内容，但在实际执行过程中十分复杂，面临着干部群众认识不统一、土地权属有争议以及经费不足等问题。而且，针对农村土地承包经营权确权登记颁证问题，2014 年中央 1 号文件明确规定："可以确权确地，也可以确权确股不确地"，而 2015 年中央 1 号文件则规定："总体上要确地到户，从严掌握确权确股不确地的范围"。"农地确权到户"与"农地整合确权"作为"确权确地"的表现形式，与"确权确股不确地"安排存在异质的生成逻辑。对农地确权方式的特点及其生成逻辑的分析，有助于把握农地确权的内在规律，更好地理解制度变迁的逻辑。因此，本章首先对农地整合确权的生成逻辑从理论上加以阐述，并通过数理推演加以论证，为后文分析奠定基础。

3.1　分析范式：制度变迁与交易成本

3.1.1　交易成本及其构成

　　首先，从土地产权结构看，主要包括所有权、占有权、收益权和处置权四个基本权利。一方面，农村土地归集体所有，具有公共物品属性，从根本上决定了农地确权方式的选择不能突破集体所有的底线（杜奋根，

2017)。另一方面，家庭联产承包责任制的"两权分离"又使农地私人物品属性得到增强，尤其在国家一再强调承包经营权稳定长久不变的大背景下，土地私有产权强度得到了极大增强，可见，农地确权方式选择又具有私人物品的特点，而不同农地确权方式具有不同的生成逻辑和制度约束（李昌平，2013；胡振华，2015a；2015b）。

其次，新制度经济学研究中，制度环境、制度安排、初级行动团体、次级行动团体和制度装置等构成了一项制度变迁所必需的五个主要因素，其中制度安排支配经济单位之间可能合作与竞争的方式，而制度装置则是行动团体所利用的装置和手段（North，1971）。成功的制度安排需要有效的制度装置来执行，不同的制度装置决定着制度安排的执行力度与期望结果，农地确权本质上是一种制度安排，而农地确权方式则是制度的实施装置，直接决定着农地确权能否顺利执行。制度装置的有效性主要取决于作为经济环境部分的基本法律概念，制度装置的选择与所处的制度环境有关，更具体地说，是与新制度安排所规制的对象性质有关。尤其当产权无法清晰划定或者产权主体之间信息不对称现象存在，致使产权无法发挥约束作用时，制度装置的合理设置是必要而且必需的，它甚至比国家法律更具有现实执行力，会带来更合理的制度变迁绩效。但这一切都是有成本的。

再次，利用价格机制是存在代价的，要实现交易和保障合约的履行务必进行谈判、缔约以及监督（Coase，1937；1960）。Arrow（1969）将其定义为市场制度的运作成本，即交易成本。茅于轼（2014）同样认为交易成本就是生成价格的代价。为使得交易成本具备可操作性，Williamson（1985）将交易成本分为缔约前和缔约后两部分，缔约前的交易成本包括合约缔约成本、谈判成本以及保障合约执行所付出的成本，缔约后的交易成本分为四种形式：合约偏离的应变成本、合约偏离的争执成本、纠纷机制建立成本以及保障合约完全兑现的约束成本。并提出关于交易成本的三个维度：资产专用性、不确定性以及交易频率。Dahlman（1979）则将交易成本分为三部分，即缔约前双方对交易物评估需要耗费时间和资源、缔约时需要谈判决定交易所产生的成本、以及在缔约后监督合约执行所付出的代价。但张五常（2014）在此基础上将改制成本，即改变产权结构所需要付出的代价，纳入交易成本的范畴，丰富了交易成本体系。张五常的理论框架是交易成本理论的一个突破，以往交易成本完全集中于考量现行制度的交易成本，即现行合约的执行成本、监督成本以及谈判成本，并由此考虑两种制度或合约替代所产生的代价。

当需要制度比较或合约对比时，经典交易成本理论往往束手无策。因此，制度改制成本的引入，使得交易成本理论可适用于研究制度或合约的比较替代问题。制度改制成本包括三个方面，一是界定成本，新制度或新合约对产权或权利重新界定、分配或划分所付出的代价。二是谈判成本或抗拒成本，为了制度或合约的更替，应对抗拒执行或谈判所付出的代价。三是讯息成本，获取不同制度或合约的施行效率所付出的代价。

3.1.2 制度变迁中的交易成本架构

基于上述交易成本理论文献，可以提炼出一个较为完善的交易成本理论框架：交易成本的第一层为现存制度的运作成本（Operation Costs）和制度变迁的改制成本（Restructuring Costs）；第二层为现存制度的运作成本可以分为合约执行成本（如交通成本）和进行交易的定价成本，定价成本包含缔约前的评估成本、缔约时的谈判成本以及缔约后的监督成本，其实监督成本亦是评估成本的一部分，因为在很多情形下，评估交易是否值价需要在合约执行时或完成后才能实现，但为方便区分，将缔约前的成本称之为评估成本，而对应缔约后的成本则称之为监督成本。改制成本可分作三类：一是讯息成本（Information Costs），即获知其他制度安排的运作方式及运作效果的成本。二是抗拒成本（Resistance Costs），即说服或强迫认为改制会受到损害的人，尤其是现存制度的既得利益者的成本，也是制度变迁的谈判成本，基于谈判成本更便于理解，故后文提及的谈判成本均为抗拒成本。三是界定成本（Definition Costs），即产权重新界定所付出的成本。由此，当改制成本为零，运作成本最低的制度被采用；改制成本不为零，运作成本较低的制度可能不被采用，且改制成本越高，现存制度越受保护；若存在较低运作成本的制度，那么是否采用则取决于改制成本与改制后的运作成本节省的比较权衡。

结合本研究内容，在分析农地确权制度效应时，分析视角重点是基于现存制度的运作成本；在分析农地整合确权制度扩充效应时，分析视角重点是基于现存制度运作成本和制度变迁改制成本的权衡比较；在分析农地整合确权的"三重约束"时，分析视角重点是基于制度变迁中的界定成本和谈判成本，交易成本的构成见图3-1。

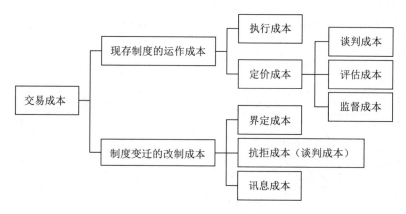

图3-1　交易成本的构成

3.2　细碎化情景下农地确权的制度掣肘

农地整合确权是一个制度结构内相互关联的两个制度安排，就现实看，农地整合先于且依赖于农地确权而实施（确权后，农地整合更加困难）。但在理论上，可以将两者分而论之，农地确权是中央政府自上而下的强制性制度变迁，农地整合确权是地方政府根据当地实际情况，为应对农地确权的制度效应而诱发的制度扩充机制。

故本研究从农地确权的制度效应和农地整合确权的制度效应剖析农地整合确权的生成逻辑（图3-2）。

3.2.1　产权纠纷诱发

（1）农地确权可能诱发农户间、村级间的农地产权纠纷，导致较高的改制成本。长期以来，中国实行的农村土地家庭联产承包责任制基本上遵循天赋地权法则，采取集体成员均分。农地"均分"的制度基因根深蒂固，且土地承包经营权的调整，绝大多数是在人地关系发生变动后对要素分配不平等的响应（Yao and Carter，1999）。然而，农地确权的本质是对农地产权的再次界定或法律认定。这种通过非市场机制配置产权、进行产权界定的制度政策，必然引致租值耗散（Cheung，1974；Barzel，1974）。

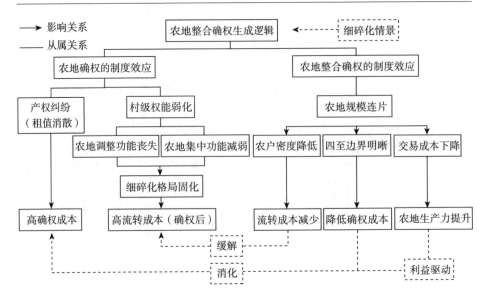

图 3-2 农地非整合确权和农地整合确权的制度效应

按照最初确定的农地确权政策，农户对农地承包权的界定权利再次落至村级集体层面，且承包权不允许以市场方式按照价高者进行，而是由农户共同协商谈判而定。由此，作为一个"理性经济人"的农户都希望处于产权界定中的优势地位，以获得数量更多、质量更好的农地承包权。与此同时，一方面，农地确权在产权界定中存在成员资格难以界定、确权时点难以确定、人户关系难以处理等问题，相当于赋予了确权主体极大的运作空间（高强、张琛，2016）。另一方面，确权过后，村集体组织对农地承包权的调控受到约束，农户间的农地承包权调整预期变得更加艰难或不复存在。由此，农地确权很可能将农村原本处在"休眠状态"的隐性矛盾显性化，使得利益矛盾激化，并可能演化成为一场农户之间的权利争夺，此时农户的谈判能力就成为其保护自身产权的关键。可见，农地确权的实施，打开了农村的"潘多拉魔盒"，可能导致农户间土地产权争夺与保护行为，并带来租值耗散。

产权争夺和保护是需要付出成本的。农地确权引发的农地资源权利争夺及保护实际上是农户间基于成本收益比较的博弈行为，其蕴含的基本逻辑是：当市价作为决定竞争胜负的准则被压制，但竞争依然存在时，那么其他替代市价的争夺准则会出现（张五常，2014）。但是，通过非市场的准则争夺资源的产权需要投入有价值的资源，当争夺资源所耗费的价值等于所争夺资源价值，争夺行为才会停止，此时所争夺资源价值被耗散，由此付出的代价则是产权安排的制度成本。正如科斯（1960）"牛麦"一例，对于农夫来讲，若养牛者不需要对走失的牛所造成的谷物损坏承担责任，那么农夫要保护谷物不受损坏则需要付出建造栅栏的成本，而且当且仅当建造栅栏的成本小于谷物的损失时，建造栅栏才具有意义，而栅栏的建造成本即是该制度安排下形成的成本。

面对长久持有农地承包权的利诱，大多数农户还是愿意承担一定的成本以增强其排他能力和谈判能力，以保全甚至争夺更多、更好的农地承包权，农户之间的这种行为模式逐渐演化成为一种替代市价的竞争方式，有能力且愿意承担较高成本的农户成为产权争夺中的优势方，反之则为劣势方，争夺、保全成本则成为市价的替代，农户和村集体为此付出的成本将演化为农地确权的改制成本。

（2）农地确权可能导致村级地权权能弱化与农地规模集中成本上升。 确权可能弱化村级地权权能，固化细碎化格局，导致较高的农地流转成本。进一步，村级地权权能的弱化可能导致其农地交易装置功能的减弱甚至消失，加之细碎化格局固化导致产权安排在"承包关系长久不变"体制下难以改变，使得农地规模集中成本上升，进一步地可能阻碍农业规模经营、分工深化以及农业技术发展。

3.2.2 地权权能的纵向角力

一方面，产权的排他性在不同横向主体之间往往是明显的，关于"物品是谁的"这个问题非常清晰。但是，当产权概念处于纵向主体之间时，产权权属则可能变得模糊，排他性亦变得不明显。如农地属于集体抑或农户，在不同的地区，集体和农户在地权权能上存在非常多元的制度关系，某些地区农地全部分配给农户承包经营，某些地区农地全部集中于村集体，统一经营或外包，亦存在部分分散承包给农户，部分集中经营的地区。可见，家庭联产承包责任制施行以来，农户和集体之间一直存在着地权权能的角力。在此背景下，农地确权的实行就像一个配置给农户的砝码，使得地权权能的天平向农户层面倾斜。

另一方面，农地确权不仅是一种产权安排的变迁，而且还是产权的纵向界定和转移。所谓产权，是资源稀缺条件下形成的人们使用资源的权利，或者是人们使用稀缺资源的行为规则。产权强度由其实施的可能性与成本衡量，是国家法律赋予、社会认同及主体行为能力的函数（罗必良，2013）。2013 年中央 1 号文件提出，要在全国推进新一轮农村土地承包经营权确权。

农地确权使得原本由村集体赋予的农户权能转变为由政府以法律形式赋权，实质上在一定程度上弱化了村集体的地权权能。"集体所有，家庭承包"的农业经营制度强调的是，以村集体名义与农户签订承包合同，并将具体位置的农地有期限地承包给农户经营，此时农户对农地的使用权是集体赋予的，获得的是村集体内部的社会认同所提供的产权强度保障。而"确权确地"则意味着将原来由村集体赋予农户的农地承包权，替代为法律层面上的赋予。在新一轮农地确权之前，虽然农地承包给各家各户，但村集体始终把持农地调控权，发挥着调整和协调农地资源的作用。然而，农地确权政策以国家之力强化了农户与农地的承包关系，虽然农户产权强度确实得到增强，农地财产权利得到保障，但村集体对农地资源配置的"干涉"将难以为继，当农地需要重新调整配置抑或规模集中时，按照农地确权后"长久不变"的原则，村集体便难有作为。

3.2.3 集体地权权能弱化及农地细碎化固化

（1）**农地流转、农地规模集中与农地确权的逻辑关系。** 首要的，必须厘清农地经营规模集中和农地流转的逻辑关系。农地流转一般而言意味着农地集中，但农地集中意味着农地经营规模集中吗？逻辑上当然是不一定的。农地流转仅是农地经营规模集中的必要非充分条件，从农地流转到农地经营规模集中还需要流转对象的统一性和流转数量的规模性。因此，农地流转与农地经营规模集中是两个相关联但不尽相同的概念。既有研究发现确权能够促进农地流转（刘玥汐、许恒周，2016；胡新艳、罗必良，2016；付江涛等，2016；程令国，2016），从农地供给角度来看，确权能够"强能"，稳定农户预期，提高其流转意愿，所以确权促进流转的逻辑应该是正确的。尽管如此，从本研究作者所在课题组的调研结果发现，62.37%的农地流转是流转期限在 3 年以下的短期化合约或"空合约"（罗必良、邹宝玲，2017），55.67%的农地流转是对象为亲戚邻居和普通农户等（邹宝玲、罗必良，2016）。可见，大部分的农地流转是一种小农复制型的流转，并不具备规模经营性质，农地确权能够促进农地流转，并不代表农地确权能够促进农地经营规模集中。从农地需求角度看，农地确权使得村集体土地权能弱化，以往依靠村集体作为交易装置的流转机制可能难以为继，在新的产权结构下，规模经营主体可能面临更高的流转交易成本。因此，农地非整合确权反而可能不利于农地经营规模集中。

（2）村集体的交易装置功能与农地确权。 农地经营规模集中具有两条可行路径，一是市场化流转集中，二是村集体行政集中。首先，利用市场化交易实现农地流转集中，就必须通过一个经营主体与众多单个农户进行交易，若当中部分交易无法达成，农地很可能无法连片，或者仅能实现"插花式"连片。因此，利用市场化交易实现农地规模所面临的交易成本非常之高，城镇拆迁征地时的"钉子户"问题就是一个相似的例子。若当村集体作为调整装置介入农地经营规模集中时，村集体先通过内部协商将辖区内农户的农地集中，再与实际经营主体交易。实际经营主体亦有可能就是村集体或本地合作社。农地规模集中方式从直接与农户多次缔约转化为村集体集中农地后的一次缔约，交易频率大幅缩减。究其本质，是将市场化交易转化为内部化协商，从而将交易成本转化为协调成本。由于村集体对农户的讯息掌握程度高、与农户利益关联性高，在该情景下，内部化协商的协商成本很有可能低于市场化交易的流转成本。因此，村集体发挥协调功能时的农地经营规模集中更具效率。

设 $F=f(A)$ 为包含了成本和收益的农户生产函数，A 为农地规模，由于家庭承包的均分制之下，农地分属农户，故可以推出函数 $A=A'(n)$，其中 n 为农户数量，即一定规模农地同时对应一定数量的农户，且细碎化程度越高，$A'(n)$ 越小。当交易成本不存在时，如图 3-3 所示，利润 $R=F=f(A)$，边际利润 $R'=f'(A)=MP$，横轴为经营规模（Scale），纵轴为收益成本，假设农业市场完全竞争，边际收益 MR 不变，而边际成本 MC 先下降再上升，此时，边际利润曲线 MP 必然是一个倒 U 形的曲线，当 $MP=0$ 时的规模为最优生产规模，总利润最大。

当市场存在流转交易成本时，利润函数由 R 变为 H：

$$H=\begin{cases} f(A)-T_1(A)，ifD=0 \\ f(A)-T_2(A)，ifD=1 \end{cases} \qquad (3-1)$$

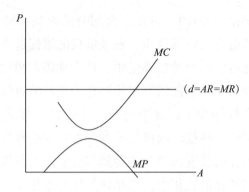

图 3-3　交易成本不存在时农业经营的一般均衡

其中，D 为交易装置，$D=1$ 时存在交易装置，$D=0$ 时不存在交易装置。

$$\max H=0 \text{ 时，} f'(A)=\begin{cases} MT_1(A)，ifD=0 \\ MT_2(A)，ifD=1 \end{cases} \qquad (3-2)$$

$$\max H=0 \text{ 时，} MP(A)=\begin{cases} MT_1(A)，ifD=0 \\ MT_2(A)，ifD=1 \end{cases} \qquad (3-3)$$

如图 3-4 所示，最优经营规模则无法达到 $MP=0$ 时的最优生产规模 A^*。此时，设定不存在交易装置时的流转交易成本为 $T_1=T_1(A(n))$，其包含了流转过程的谈判成本和流转过后的监督成本（防止农户出现机会主义行为所付出的代价），此时，交易成本 T_1 是一条随农地规模和农户数量线性上升的直线，随着转入的农地规模越大，需要接洽的农户数量越多，交易成本将呈线性上升，那么，边际交易成本曲线 $MT_1=C$，C 为常数，则是一条平行于横轴的直线。设村集体作为交易装置的流转交易成本为 $T_2=T_2(A(n))$。由于村集体的谈判优势，村集体作为交易装置参与到农地流转时，其具有一定的规模经济，故边际交易成本递减，即 $MT_2>0$，$MT_2'<0$。可见，当存在交易成本时，即使无法达到最优规模 A^*，但亦可通过产权安排降低交易成本，达到相对更优的经营规模。在没有村集体作为交易装置时，农地规模集中需要和众多农户接洽，且规模越大，接洽的农户数量越多，特别是在细碎化地区更加明显，此时可以达到的相对更优规模为 A_1。当村集体作为交易装置协调农地规模集中时，较低的交易成本使得相对更优规模处于 A_2，且 $A_2>A_1$。因此，村集体的交易装置功能可以促进农业规模集中。

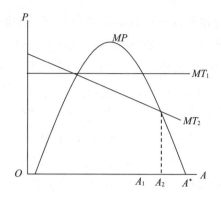

图 3-4　农业经营规模最优均衡

　　然而，确权确地会增强农户的土地产权强度，虚化集体所有权，削减集体事实权能，形成"集体弱、农户强"的产权格局。此时，村集体所发挥的交易装置功能将可能丧失或削弱。一方面，分散细碎化的农业经营格局将被固化，产权安排改变更加困难。另一方面，当村集体的协调能力被削弱，农地规模集中的交易成本将上升，可能抑制农业规模集中。

3.3　农地整合确权的生成逻辑：数理推演

3.3.1　细碎化情景下的低水平效率均衡

　　农地细碎化会导致专业化分工引入的不经济以及高额的农地交易或运作成本（何一鸣、罗必良，2012；张婷等，2017）。在细碎化情景下，农户的生产均衡是建立在牺牲分工经济前提下的低水平效率均衡。当不存在交易成本时，其生产效率水平决定于其参与市场分工程度，分工程度越深，所获得的分工经济越大，故而收益越高。但是，一旦交易就需进行定价和缔约。定价和缔约均会产生交易成本，因之市场化的分工会引致交易成本，并耗散分工经济。如农业生产性外包服务作为典型的农业分工模式之一，基于细碎化农地经营的外包策略则具有不经济性。这源于每一次的农业外包服务交易皆存在一定的交易成本，主要指交通损耗和定价成本，交易频率越高时，交易成本叠加越严重。而交易频率会以农地分散程度或农地块数作为乘数，当农地块数越多或越分散时，外包服务交易的经济性则越低。因此，在细碎化情景下，农户只能依赖家庭劳动力进行低效率的生产耕作。相对而言，大规模的农业经营则可使得分工引致的交易成本在单个量上被分摊，农地的连片可减少农业外包交易中的交通损耗和交易频率。由此，农地越细碎，交易成本越高，农户参与分工的可能性越低。

设农户的凹性生产函数是 $F(D, A)$，D 是市场分工参与程度，A 为单块农地面积规模，在家庭联产承包责任制下，村集体依据每户家庭人口数将农地分配至各个农户自主经营，且租金为零。当经营主体是农户，且不存在农地市场时（农户只耕作自己承包地），A 相当于自有家庭承包地。设 I 是分工引致的交易成本，其大小取决于分工引入程度 D，即 $I=I(D)$，假设 $I'_D>0$，$I''_D=0$，交易成本随着分工程度线性递增，且 $I(0)=0$，农户不参与分工不产生交易成本。农户的每一块农地的收益函数则由式（3-4）给出：

$$\pi=F(D, A)-I(D) \qquad (3-4)$$

在该函数中，农户需要考虑的变量是分工程度、农地规模与分工所引致的交易成本。当农户经营地块面积无法改变且一定时，求解最优的 D 可得：

$$F'_D-I'_D=0 \qquad (3-5)$$

农户在多大程度上将参与市场生产分工，取决于农户参与市场分工的交易成本增加和分工经济的比较权衡。生产的分工程度越深，交易成本和分工经济以不同斜率同时上升，直至两者在边际上相等。由式（3-5）求得最优分工程度 D^*，故在最优均衡时的收益为：

$$F(D^*, A)-I(D^*)=\pi^* \qquad (3-6)$$

基于不同的农地面积规模，但分工程度一致时。设两种农地规模，大规模 A_H 和小规模 A_L，$A_H>A_L$，两种农地规模对应的生产函数分别为 $F(D; A_H)$ 和 $F(D; A_L)$，生产收益随经营面积增加而增加，即 $F'(A)>0$。且不同规模下的交易成本相等，农地面积规模与交易成本相互独立，可得：

$$F(D, A_L)-I(D)=\pi_L \qquad (3-7)$$

$$F(D, A_H)-I(D)=\pi_H \qquad (3-8)$$

$$\pi_H^*=F(D^*, A_H)-I(D^*)>F(D^*, A_L)-I(D^*)=\pi_L^* \qquad (3-9)$$

由图 3-5 可见，当农户不参与市场分工时，分工交易成本为零，可获得 π_L 和 π_H 的收益。由于分工的交易成本不随规模变化，当农户家庭所拥有的单块承包地越大时，均衡时的收益越大 $\pi_H^*>\pi_L^*$，反之当农地细碎化严重时，单块地经营规模越小时，不参与分工的收益 π_L 将大于参与分

工的收益 π_L^*。换言之，相对较高的交易成本使得农户参与市场分工并不划算，农户因之更多实行自我雇佣的内部化生产，进而使生产维持在低水平的效率均衡。

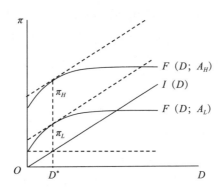

图 3-5　不同规模下的分工经济与交易成本均衡解

因而，有必要通过农地整合置换，提高农户单块农地的经营规模，一方面可以降低农业经营中分工引入的交易成本，提高农户参与市场分工的积极性，进而提高整体的生产效率水平。另一方面，可减少农地流转的交易成本，促进农地规模集中，从而最大化享受规模化伴随的分工经济。

3.3.2　农地整合确权的制度变迁效应

农地整合确权具有四方面经济效益：一是降低农业经营成本。二是降低农地流转集中成本。三是促进农地规模集中，提高规模分工经济。四是减少农地确权中的产权纠纷，降低农地确权实施中的隐性耗散。

(1) 农地整合确权可以大幅降低农业经营运作的交易成本。 分工引入和深化是提高农业生产效率的最主要手段。在细碎化情景下的农业分工引入存在相对较高的交易成本，耗散分工经济。以粮食种植为例，农户种植的地块数量越多，整地、施肥、收割等几乎所有环节均要面临承担多次往返的交通成本；若将这部分农业生产环节外包，还需面临多次评估、多次监督的成本，使得专业化分工的引入并不划算，进而抑制了农地潜在产能。而规模连片耕种能够大幅降低种植过程的租值消散，摊平分工运作过程中的交易成本，有助于专业化分工设备的采用和推行，提升农地价值。

设一个村落 M 亩农地分属 n 个农户时，村落中每个农户拥有的平均块数为 p。将一个村落农业经营运作的总交易成本设为 T，针对每一块连片农地的经营运作交易成本均相等为 t，一个村落的农地经营运作的总交易成本可以表达为：

$$T = t \times p \times n \qquad (3-10)$$

农地整合并不改变村落总耕地面积和农户数量，但可降低每个农户所拥有的承包地块数。那么假设农地整合前的农户承包耕地平均块数为 p_1，整合后块数为 p_2，且 $p_1 > p_2$。则整合前，农地经营运作的总交易成本 T_1 表达为：

$$T_1 = t \times p_1 \times n \qquad (3-11)$$

整合后，农地经营运作的总交易成本 T_2 表达为：

$$T_2 = t \times p_2 \times n \qquad (3-12)$$

农地整合确权所降低的农地经营运作的总交易成本 σ 表达为：

$$\sigma = T_1 - T_2 \qquad (3-13)$$

（2）农地整合确权降低规模流转成本。现代化农业生产必须引入分工逻辑，由于分工深化伴随交易成本，分工经济的获得在一定程度上对经营规模存在门槛要求。因此，在中国人均耕地面积仅有 2.25 亩[①]以及坚持家庭联产承包责任制基本制度内核背景下，要实现农地规模经营，一个有效措施是将分散在不同农户手中的土地集中统一，实现土地规模经营。学界通常指望通过农地流转将经营权集中，一次性解决主体分散和农地细碎问题。但问题在于细碎化情景下的农地流转面临高昂的交易成本，农户数量越多，农地转入的谈判协商、缔约定价等交易成本越高。换言之，农村土地细碎化形成的在单片农田上拥有承包权的农户数量的密集度越高和地权分散度越高，要完成土地经营权的归一需要大量的经营权转移和地权缔约，可能会完全耗散规模集中经营所能获得的分工经济效益。因此，在细碎化情景下，通过市场化流转交易实现农地规模经营，需要经营主体承担高昂的交易成本，很可能是不经济的。因此，土地细碎化不仅是阻碍农地规模经营的直接原因，还是抑制农地规模经营形成的关键因素。

农地整合确权通过农户之间的农地置换，对农户家庭承包土地进行整合连片，可相对缓解原有的细碎化格局，降低村落中权属地块数量，从而减少在农地流转集中过程的交易频率，降低规模集中的交易成本。假设一

---

① 根据中国国家统计局 2016 年数据计算显示，由总耕地面积除以农村人口所得。

个经营主体需要将村内所有农地集中流入，进一步假设每一块农地需要单独缔约，则该主体需要缔约数量与交易频率为 $p \times n$。每一次缔约或交易所产生的协商、定价等交易成本均相等为 c。经营主体流入农地的总交易成本 C 可以表达为：

$$C = c \times p \times n \qquad (3-14)$$

农地整合并不改变村落总耕地面积和农户数量，但可降低每个农户所拥有的承包地块数。那么假设农地整合前的农户承包耕地平均块数为 p_1，整合后块数为 p_2，且 $p_1 > p_2$。则整合前，经营主体流入农地总交易成本 C_1 表达为：

$$C_1 = c \times p_1 \times n \qquad (3-15)$$

整合后，经营主体流入农地总交易成本 C_2 表达为：

$$C_2 = c \times p_2 \times n \qquad (3-16)$$

农地整合确权所降低的规模流转交易成本 μ 表达为：

$$\mu = C_1 - C_2 \qquad (3-17)$$

(3) 农地整合确权可促进农地规模化经营，引入农业分工，从而获得分工经济。 农地整合确权通过降低农业生产成本和农地流转成本，吸引大规模经营主体，从而实现农地的规模化运作。农地的规模化运作一方面易于引入专业化分工，如规模农业机械替代、生产技术专业化和生产环节专业化。另一方面，规模运作有利于农业种植结构的改变，从低附加值的粮食作物向高附加值的经济作物改变，从而提高农地的生产价值。将这类由整合置换和规模化所引致的效益增长称之为农地整合确权的规模效益，其受多方面因素的影响，在不同情景下具有不一样的效益构成。

(4) 农地整合可消化和瓦解农地确权可能出现的产权纠纷。 农地整合确权实质上就是产权的重新界定过程，或者说是一次农地调整契机。农地整合不仅可以将农户农地连片，还可以一并解决历史遗留的产权纠纷，为农地确权铺平道路。试想，若在没有农地整合的前提下进行确权，农地产权纠纷依然存在，始终需要付出成本进行解决。但这种成本的付出是相对低效的，其无法带来农业经营上的效率改善。而通过农地整合契机解决潜在产权纠纷，由于农地整合的效益可见，农户更容易做出让步和妥协，产权纠纷成本可能更低。总之，农地整合不仅可以达到资源优化目的，还发挥产权纠纷解决作用，从而消化农地确权可能面临的产权纠纷，降低确权执行中的实施成本。

3.4 农地整合确权的影响因素及约束条件

从上述农地整合确权生成机理可知，通过农地的按户整合措施，可以在一定程度释放农地规模化红利。然而，农地整合确权的实施是具有制度成本和现实约束的，当且仅当农地整合确权的制度收益大于或等于制度成本时，该措施才能得以实行。农地确权实施的制度收益和制度成本受诸多因素影响。通过对广东省清远市阳山县农户和有关政府干部的调研专访，以及对阳山县升平村的案例剖析，并结合各地（湖北沙洋、广东阳山、安徽怀远）针对农地整合确权相关研究（罗明忠、刘恺，2017；谭砚文、曾华盛，2017；桂华，2017；刘联洪，2016；赵培景、潘博夫，2016；孙邦群等，2016；杨宏银，2015）、报刊[①]等材料，总结出影响农地整合确权的收益和成本的三方面主要因素，一是村落人文特征。二是自然及交通特征。三是农业生产性公共服务和设施，具体影响因素及约束见图3-6。

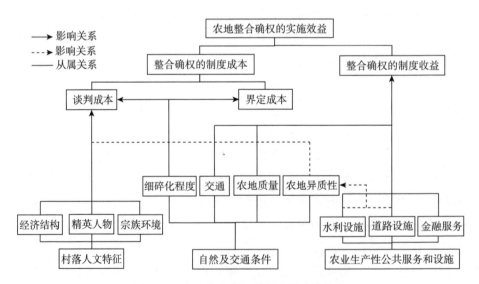

图3-6 农地整合确权的影响因素及约束

---

① 逼出来的"按户连片耕种"——湖北土地确权"沙洋模式"调查，农民日报，2015-10-20；安徽怀远县："一户一块田"实现连片耕种，凤凰安徽，2017-01-22.

· 78 ·

3.4.1 人文特征

农地整合确权的实施与村落人文特征息息相关。村落人文特征主要是指经济结构、就业结构、宗族结构、宗族势力、精英人物等因素。

一般地，当村落中劳动力大部分外出就业务工，村落农地抛荒比较严重时，农户对于农地肥瘠远近的重视程度较低，农地整合置换的谈判成本也相对较低，制度实施更加容易。当村落宗族和姓氏结构更为复杂、势力更为多元，即村内社会圈子更多时，制度实施的谈判成本更高。从运行效率的角度看，较为单一和团结的村落宗族势力和社会圈子在一定程度上能够降低政策措施执行的谈判成本，更容易促成村落中的意见一致。

村落干部的眼界见识、村内威望、执行力和凝聚力对农地整合确权的实施发挥着关键的引导作用。广东阳山县和湖北沙洋县经验均显示，由于农户进行农业生产便利以及农业生产状况与县乡村干部的政绩都没有太大关系，加之乡村干部普遍怕麻烦，无论农民要求土地按户连片的诉求多么强烈，乡村干部都是能推则推（贺雪峰，2016）。相反的是，广东省阳山县黎埠镇升平村的村支书班贤文，较早意识到农地整合置换在农业发展中的重要作用，通过逐家逐户走访协商，宣传和推进"一户一地"置换整合工作，解决土地细碎化问题。因此，缺乏精英人物的能力支持和工作中积极进取的态度，农地整合确权必然难以实施。

设村落外出务工比例为 w，村落中的宗族数量程度为 e，村落干部领导能力为 l，三者影响农地整合的谈判成本 G，函数式可以表达为：

$$G=G\ (w,\ e,\ l) \tag{3-18}$$

3.4.2 自然及交通条件

交通条件、农地质量、细碎化程度和农地异质性等方面对农地整合确权具有多方面的影响。

交通条件和农地质量影响着农地整合确权后的规模经济效益。交通条件代表着耕作的交通损耗或成本和机械的可利用程度，农地质量分别代表农地的潜在生产力，在土地贫瘠和地势偏远的地区，其农业经营成本较高和收益较低，即使农地整合确权，其农业生产仍可能是低效且缺乏竞争力的。资料显示，沙洋县年均径流量6.02亿立方米，湖泊25座，水面1.39

万公顷；中小型水库 62 座，堰塘 3.2 万口，总库容 2.24 亿立方米。地下水资源广布，储量约 5.4 亿立方米；阳山县内河系属珠江流域北江水系，境内集雨面积 100 平方千米以上的主、支河流有 13 条；怀远县境内主要是自然河流，自北向南依次有潍河、沌河、涡河、淮河、芡河、天河、泥黑河。可见，农地整合确权实施的典型地区均受亚热带湿润季风气候的影响，热量丰富、雨量充足，具有较好的水源环境和气候条件，农地质量较优越，适合农业生产种植和发展，但受制于细碎化格局，因此具有农地整合确权的必要性。

农地细碎化和农地异质性主要影响农地整合确权的谈判成本和界定成本。农地细碎化在很大程度上是由农地异质性导致。二轮承包时期，基于均分原则的土地分配，在面对较大的农地异质性时，村集体通常采取的是根据农地肥瘦、水源、地形分类后再进行均分，从而导致许多村落和地区农地细碎化程度严重。并且，村落农地异质性越大，相对而言其农地细碎化程度可能更严重。在机械化耕作仍未普及的时代背景下，均分原则下的零散化分配对使用劳动力型耕作的效率影响较小。但随着农业机械化发展，细碎化农地格局显然不适应规模化的生产需求。而农地整合就是将农地经营从细碎到连片、从低水平效率均衡推向高水平效率均衡的突破口。然而，原有的细碎化程度和异质性程度成为阻碍农地整合确权的最主要因素之一。这是由于农地整合实际上无法消除农地肥瘦差异和远近差异，大部分村民更多看到的是眼前肥瘦远近均分模式的合理性而无法预估农地规模所可能引致的分工经济。因此，细碎化程度越严重、农地差异性越大的地区，历史的利益格局越难以被打破，农地整合的谈判成本则越高。此外，农地细碎化决定农地整合确权的界定成本，细碎化越严重，农地产权界定的工作量越大，成本越高。

设村落交通条件为 j，村落农地质量为 q，细碎化程度由每亩地农地块数表达，即为 p/M（M 为村落总耕地亩数，p_1 为整合前村落总耕地块数），农地异质性为 d，村落交通和农地质量影响农地整合确权的制度收益性，农地细碎化程度影响农地整合确权的谈判成本 G 和界定成本 D，农地异质性影响农地整合确权的谈判成本。那么在式（3-18）的基础上，谈判成本和界定成本的函数式更新为：

$$G = G\left(w, e, l, \frac{p_1}{M}, d\right) \qquad (3-18)$$

$$D=D\ (\frac{p_1}{M})\qquad\qquad (3-20)$$

综合式（3-13）和式（3-18）对农地整合确权制度收益的分析，农地整合确权的制度收益 R 的函数式可以表达为：

$$R=R\ (\sigma,\ \mu,\ j,\ q)\qquad\qquad (3-21)$$

3.4.3　农业生产性公共服务和设施

（1）水利设施和机耕道路可平抑农地差异性，降低农地整合的谈判成本。 农业的生产特性决定了其对水源环境和交通运输的双重依赖。在缺乏现代化水利设施和机耕道路的情况下，靠近路边和灌溉水渠或水井的耕地具有更高价值，其耕作难度和成本更低，而远离路边和水渠的地块由于交通和灌溉不便，容易被遗弃和抛荒。因此，在置换整合中，没有村民愿意接纳一块交通和灌溉不便的农地，即使是连片的。因此，临近水源（且不易被淹）的农地以及靠近路边的农地成为农户必争之地。若不降低农地异质性则整合措施将难以为继。此时，建设高标准农田设施，让机耕道路和水利沟渠铺经每一块农地，可以基本平抑农地远近差异和灌溉便利差异。故机耕道路和水利设施成为减少农地整合确权谈判成本的关键因素。

设水利设施投入为 i，机耕道路投入为 r，r 和 i 为二元"有"和"无"选择变量，用"1"和"0"表示"有"和"无"，金融服务为 f，在式（3-19）的基础上，谈判成本函数式最终表达为：

$$G=G\ (w,\ e,\ l,\ \frac{p_1}{M},\ d\ (r,\ i))\qquad (3-22)$$

其中，机耕道路和水利设施对谈判成本的影响是基于"有"和"无"的二元情景差异。只要 r 和 i 等于"1"，则代表存在机耕道路和水利设施的投入。当 r 和 i 等于"0"，代表不存在机耕道路和水利设施。

（2）水利设施和机耕道路还有助于农业机械设施的进入和规模经济的发挥，进而提升农地整合后的分工经济。 农地整合的制度收益主要来源于运作成本的节省和分工效率或分工经济的提升，并且分工效率来源于专业化的社会分工，包括专用性的机械设施的使用和专用性人力资本的形成。若缺乏机耕道路，机械设施的运输和运作将伴随较大的损耗和成本，导致机械设施的使用并不划算，则农地整合的规模经济将难以发挥。若缺乏现代化水利设施，农业灌溉就面临瓶颈。故水利设施和机耕道路影响着农地整合后规模化运作收益。

农业金融服务对于农地整合确权后的规模化运作具有不可忽略的重要作用，其在于规模化生产必须依赖于大型机械化生产工具的投入，农地投入以及其他生产要素的大量投入，都需要金融资本的大力扶持。基于农业生产的周期性和季节性，尤其在农地规模化生产的初期，更加需要金融资本的支撑。因此，农地整合确权后的规模经济在一定程度上需要依赖生产性的金融服务。

基于此，在式（3-21）的基础上，农地整合确权的制度收益 R 的函数式最终表达为：

$$R=R\ (\sigma,\ \mu,\ j,\ q,\ r,\ i,\ f) \qquad (3-23)$$

3.5　农地整合确权实施的成本收益分析：数理推演

构建一个关于农地整合确权（Integration and Titling）的成本收益模型，从制度成本和制度收益出发，当且仅当制度收益大于制度成本时，整合确权才具备实施必要性。

3.5.1　农地整合确权的制度收益函数

农地整合确权的制度收益及其延伸效益包括三部分，一是农地整合后带来的农业运作交易成本下降。二是农地流转集中的交易成本下降。三是农业规模化运作带来的分工经济。根据式（3-23）中农地整合确权的函数表达式，σ 对应的是农地整合确权后降低的农业经营运作交易成本，μ 对应的是农地整合确权后降低的农地流转交易成本，而整合确权后的规模效益提升作为潜变量，受村落交通条件 j、村落农地质量 q、水利设施每亩投入成本 i、机耕道路的每亩投入成本 r，以及金融服务 f 等多个因素影响。

将式（3-23）展开可得：

$$R=R\ [(t\times p_1\times n-t\times p_2\times n),\ (c\times p_1\times n-c\times p_2\times n),\ j,\ q,\ r,\ i,\ f]$$

$$(3-24)$$

进一步化简可得：

$$R=R\ [(t\times n(p_1-p_2)),\ (c\times n(p_1-p_2)),\ j,\ q,\ r,\ i,\ f]$$

$$(3-25)$$

设整合置换后的农地块数减少为 p^*，则 $p^* = p_1 - p_2$，那么式（3-25）进一步推导为：

$$R = R(t \times n \times p^*, \ c \times n \times p^*, \ j, \ q, \ r, \ i, \ f) \quad (3-26)$$

其中，R 为农地整合确权的制度收益，t 为针对每一块连片农地的经营运作交易成本，n 为农村农户数量，p^* 为整合置换后减少的农地块数，c 为每一次缔约或交易所产生的协商、定价等交易成本，j 为村落交通条件，q 为村落农地质量，i 为水利设施投入、r 为机耕道路的投入，f 为金融服务。

农地整合确权制度收益更多讨论的是整合置换的积极效应。原因在于，基于细碎化情景和农地确权的制度效应，农地确权可能存在的农地流转激励效应、投资增加效应等积极效应，很可能会被完全抑制和无法显现。换言之，农地确权在细碎化情景下并不会产生非常显著的积极效应。

3.5.2 农地整合确权的制度成本函数

农地整合确权的制度成本可分为谈判成本 G、界定成本 D 和讯息成本 I，谈判成本（谈判、协商得到一致同意意见所需要付出的代价）是农地整合确权能否成功实施的最关键因素。基于式（3-20）和式（3-22），农地整合确权的制度成本 S 表达为：

$$S = D\left(\frac{p_1}{M}\right) + G\left(w, \ e, \ l, \ \frac{p_1}{M}, \ d \ (r, \ i)\right) + I \quad (3-27)$$

农地整合确权可能需要水利设施和机耕道路的投入，那么必然延伸出农业基础设施的投入成本，农业生产基础设施建设的资金来源主要有三：一是财政资金扶持。二是村集体内部资金。三是村民自发集资。在实际操作过程中，三者可能会按照不同比例同时存在。农地基础设施的建设成本可以表达为：

$$F = F(M, \ k, \ h, \ r, \ i) \quad (3-28)$$

其中，M 为村落的农地耕地总数量，村落农地越多，农地基础设施的建设成本越高。k 和 h 分别为机耕道路和水利设施的建造单位成本或每亩农地对应的建造成本，当没有水利设施和机耕道路的投入，即 $r, \ i = 0$ 时，F 则为零。当存在水利设施和机耕道路的投入时，其投入总成本 F 受制于村落总耕地面积和机耕道路和水利设施的单位面积成本等，即：

$$F = M \times k \times r + M \times h \times i \qquad (3-29)$$

3.5.3 农地整合确权的效益均衡

基于农地整合确权的制度收益和制度成本，农地整合确权的实施效益 γ 用数理公式表达为：

$$\gamma = R - S - F \qquad (3-30)$$

展开式（3-29）可得：

$$\gamma = R\ (t,\ c,\ n,\ p^*,\ j,\ q,\ r,\ i,\ f) - D\left(\frac{p_1}{M}\right)$$

$$- G\left(w,\ e,\ l,\ \frac{p_1}{M},\ d\ (r,\ i)\right) - F(M,\ k,\ h,\ r,\ i) - I^{①}$$

$$(3-31)$$

村落目标函数是最大化农地整合确权的实施效益：

$$\max\gamma\ (t,\ n,\ p^*,\ p_1,\ j,\ q,\ k,\ h,\ r,\ i,\ f,\ M,\ w,\ e,\ l,\ d)$$

$$(3-32)$$

其中，在影响农地整合确权实施效益的因素当中，农地细碎化水平、机耕道路以及水利设施对农地整合确权的影响相对更加复杂和多维，有必要在理论上对其进一步解构。

（1）解构农地细碎化程度于农地整合确权的效益均衡。 令整合确权实施效益 γ 对整合确权前的农地块数求偏导可得：

$$\frac{\vartheta\gamma}{\vartheta p_1} = \frac{\mathrm{d}R}{\mathrm{d}p_1} \times n \times (t+c) - \frac{1}{M} \times \left(\frac{\mathrm{d}D}{\mathrm{d}p_1} + \frac{\mathrm{d}G}{\mathrm{d}p_1}\right) \qquad (3-33)$$

令式（3-31）等于零可得：

$$\frac{\mathrm{d}R}{\mathrm{d}p_1} \times n \times (t+c) = \frac{1}{M} \times \left(\frac{\mathrm{d}D}{\mathrm{d}p_1} + \frac{\mathrm{d}G}{\mathrm{d}p_1}\right) \qquad (3-34)$$

其中，$\dfrac{\mathrm{d}R}{\mathrm{d}p_1} > 0$，整合前细碎化程度越严重，整合后制度收益越高；

---

① R 为农地整合确权的制度收益，G 为农地整合确权的谈判成本、D 为农地整合确权的界定成本，I 为农地整合确权的讯息成本，t 为针对每一块连片农地的经营运作交易成本，n 为农村农户数量，p^* 为整合置换后减少的农地块数，c 为每一次缔约或交易所产生的协商、定价等交易成本，j 为村落交通条件，q 为村落农地质量，i 为水利设施投入，r 为机耕道路的投入，f 为金融服务，p_1/M 为农地整合确权前的农地细碎化程度，农地异质性为 d，设村落外出务工比例为 w，村落中的宗族数量程度为 e，村落干部领导能力为 l，k 和 h 分别为机耕道路和水利设施的建造单位成本或每亩农地对应的建造成本。

$\dfrac{\mathrm{d}D}{\mathrm{d}p_1}>0$，整合前细碎化程度越严重，农地整合确权界定成本越高；$\dfrac{\mathrm{d}G}{\mathrm{d}p_1}>$

0，整合前细碎化程度越严重，农地整合确权谈判成本越高。

通过式（3-34），可以得到农地整合确权的最优农地细碎化程度，即在农地最优细碎化程度下，农地整合确权效益最优。最优农地细碎化程度受制于村落农户数量、村落农地总规模数量、针对每一连块农地的经营运作交易成本以及每一次农地流转缔约交易成本等多因素。

（2）解构机耕道路、水利设施于农地整合确权的效益均衡。 令整合确权实施效益 γ 对机耕道路投入求偏导可得：

$$\frac{\vartheta\gamma}{\vartheta r}=\frac{\mathrm{d}R}{\mathrm{d}r}-\frac{\mathrm{d}G}{\mathrm{d}d}\times\frac{\mathrm{d}d}{\mathrm{d}r}-\frac{\mathrm{d}F}{\mathrm{d}r} \qquad (3-35)$$

令式（3-35）等于零可得：

$$\frac{\mathrm{d}R}{\mathrm{d}r}-\frac{\mathrm{d}G}{\mathrm{d}d}\times\frac{\mathrm{d}d}{\mathrm{d}r}=\frac{\mathrm{d}F}{\mathrm{d}r} \qquad (3-36)$$

其中，$\dfrac{\mathrm{d}R}{\mathrm{d}r}>0$，表示机耕道路的投入可以增加农地整合确权的制度收益；$\dfrac{\mathrm{d}G}{\mathrm{d}d}>0$，表示较大的农地异质性会导致较高的农地整合确权谈判成本；$\dfrac{\mathrm{d}d}{\mathrm{d}r}<0$，表示机耕道路能够降低农地异质性。因此，$\dfrac{\mathrm{d}G}{\mathrm{d}d}\times\dfrac{\mathrm{d}d}{\mathrm{d}r}<0$，表示机耕道路投入通过平抑农地异质性，降低农地整合确权的谈判成本；$\dfrac{\mathrm{d}F}{\mathrm{d}r}=M\times k\geqslant0$，其表达机耕道路投入的建造成本始终大于等于零。

同理可得：令整合确权实施效益 γ 对水利设施投入求偏导可得：

$$\frac{\vartheta\gamma}{\vartheta i}=\frac{\mathrm{d}R}{\mathrm{d}i}-\frac{\mathrm{d}G}{\mathrm{d}d}\times\frac{\mathrm{d}d}{\mathrm{d}i}-\frac{\mathrm{d}F}{\mathrm{d}i} \qquad (3-37)$$

令式（3-37）等于零可得：

$$\frac{\mathrm{d}R}{\mathrm{d}i}-\frac{\mathrm{d}G}{\mathrm{d}d}\times\frac{\mathrm{d}d}{\mathrm{d}i}=\frac{\mathrm{d}F}{\mathrm{d}i} \qquad (3-38)$$

其中，$\dfrac{\mathrm{d}R}{\mathrm{d}i}>0$，表示水利设施投入可以增加农地整合确权的制度收益；$\dfrac{\mathrm{d}d}{\mathrm{d}i}<0$，表示水利设施能够降低农地异质性。因此，$\dfrac{\mathrm{d}G}{\mathrm{d}d}\times\dfrac{\mathrm{d}d}{\mathrm{d}i}<0$，表示水利设施投入通过平抑农地异质性，降低农地整合确权的谈判成本；

$\dfrac{\mathrm{d}F}{\mathrm{d}i}=M\times h\geqslant0$，其表达水利设施投入的建造成本始终大于等于零。

式（3-36）和式（3-38）表达的含义是，机耕道路和水利设施投入所引致制度收益上升，加之其通过平抑农地异质性所引致的谈判成本减少，要在边际上等于其两者本身的建造成本。因此，在理论上，只要机耕道路和灌溉设施带来的谈判成本节省加之农业基础设施的效率提升能够大于农业基础设施的修建成本，便有利可图。

4 农地整合确权的生成逻辑：
阳山县升平村例证

4.1 升平村概况和制度实施背景

4.1.1 清远市农地资源概况

清远市地处广州市北部，是广东省的农业大市。全市有耕地面积28.9万公顷。清远市农户家庭承包经营农地面积户均3.5亩，土地户均规模小，分布分散。全市常年撂荒和季节性撂荒耕地面积约占常用耕地的8%，全年只种一季耕地占常用耕地的17.9%。2017年年底，全市农地流转面积占承包经营耕地总面积的18.1%。其中，农民自发流转20.6万亩，占流转面积的51.6%；委托村集体流转19.3万亩，占流转面积的48.4%。

4.1.2 升平村资源禀赋与农村劳动力配置状况

升平村位于广东省清远市，属阳山县黎埠镇管辖，距圩镇约4.5千米。设村民小组18个（分别是四新、前锋、联合、东风、中心、东方红、上车、河边、下车、前进、和平、光辉、永兴、永新、圳边、瓦潭、朝阳、红星），全村总面积约17 486.56亩，耕地面积为3 369亩，其中水田面积为1 588亩，水稻播种面积约为800亩，山地面积为6 670亩，经济林面积为1 000亩；农地确权前已经流转的农地面积为600亩。农地整合确权前的出租租金约为150元/亩。全村共有712户农户，人口共约3 500人，共有5个祠堂，分属5个姓氏，2015年人均收入约为18 000元。资源特点是：地质好、土地肥沃、水源充沛。村里已铺设水泥硬底化公路，交通便利，地势平坦。村民经济主要来源于种植与养殖，从事农林牧渔业的劳动力比例达70%，主要种植粮食和柑橘；在非农领域就业的劳动力占全村劳动力总数的30%。

4.2 升平村农地整合确权的实施背景和缘由

4.2.1 农业发展中的土地细碎化制约

农地细碎化严重抑制中国农业生产效率的提升。就农户自身耕作而言，分散化的地块使得农户耕作的交通损耗较高；零碎化农地格局使得部分农地的打田、收割机械的进入需要经过别人的田地，而且灌溉也要顾及临近农地状况，非常容易引起纠纷；细碎化农地往往缺乏高标准的机耕道路和水利设施，田埂狭窄、沟渠容易损坏，农机进入和灌溉的成本非常之高。就农地流转集中和规模经营而言，在细碎化情景下实现农地规模经营的目标，运作成本较高，主要体现在以下三方面：一是要依靠市场力量完成农地集中与整合，形成土地规模经营，需要付出极高的流转谈判成本。二是如果农地质量参差不齐，还需要付出极高的评估成本。三是即使农业经营主体通过农地流转扩大了农地经营规模，由于农户拥有对土地承包经营的终极控制权以及在地理位置的垄断权，一旦农户实施机会主义行为，农地转入方还面临较高合约执行成本。可见，细碎化的产权结构下，利用"无形之手"集中农地达到农地规模经营的目的，交易成本明显较高。

由此，需要也应该有其他途径实现农地的规模经营。而升平村的实践就提供了一种可借鉴的经验。自 2005 年以来，升平村未曾对农户家庭承包土地进行过调整，每家农户承包的土地少则 5～6 块，多则达到 30 多块，每块土地的面积大的仅一亩左右，面积小的地块只有 2～3 平方米，土地细碎化程度较为严重。直至 2015 年，为了最大限度解决农地细碎化问题，阳山县借新一轮农地确权的契机，推行先进行农地置换整合再确权的农地确权实施方案。根据阳山县的农地确权方案，在征求广大农户同意的基础上，升平村决定对现有农户承包土地先置换整合后再确权，基本原则是每家农户的承包农地块数控制在 3 块以内（实际操作中是尽可能实现每家农户 1 块承包地）。2016 年，升平村首先选择了村落最南边连片的 5 个村小组（前锋、四新、联合、东风、中心）作为试点，5 个试点村小组共有 175 户 845 人，共有承包土地总面积 289.2 亩。前后耗时 6 个多月，将原来零散的 430 块整合成为 224 块，每块农地的平均面积由原来的 0.67 亩提高到 1.24 亩，之后依据置换整合后的人地承包经营权属关系进行确权颁证。在试点成功后，于 2017—2018 年，以同样的模式对剩余 13 个村小组实施农地整合确权。

4.2.2　农地确权中的土地细碎化制约

在细碎化情景下，农地确权不仅面临非常高的界定成本和谈判成本，还会抑制农地流转集中。时任清远市委书记葛长伟早在 2014 年 5 月 8 日召开的全市农村工作会议①上就指出，清远市存在农村土地细碎化、涉农资金零碎化、支农力量分散化等问题。他从阳山县确权试点发现，直接将农户的细碎化农地进行确权，既无法提高耕种效率，又不利于进行流转或抵押；而且在细碎化情景下，土地丈量工作量大，一户的土地可能需要丈量几十次，导致土地确权的界定成本非常高。因此，提出要从清远市的实际出发，在土地确权的基础上，坚持农村土地集体所有制不动摇，争取在确权工作全面实施前，积极引导相对细碎化地区实行农地整合确权，推动确权工作顺利开展。

4.3　升平村农地整合确权中的核心掣肘和主要做法

4.3.1　农地整合确权的核心掣肘

农地异质性是农地整合确权最核心的掣肘。中国土地承包责任制建立之初，为确保村庄内每个成员公平拥有村内土地承包权，大部分村庄采用的是以村集体成员均分为基础，根据农地肥瘦程度、离道路远近程度以及离村庄核心区域远近为原则的多维度的分配模式。这种分配模式实质是将村落农地分为不同类型，包括良田、瘦田、水田、旱地、平坦田地、不平坦田地（梯田、山地）、靠近路边田地、远离路边田地以及村庄中心田地和村庄外延田地等，再将不同类型农地分割成为若干块，分配于不同的农户。此分配模式引致的则是农地细碎化问题。可见，农地细碎化主要原因是农地异质性存在，要解决农地细碎化问题务必首先解决或缓解村落农地异质性。

---

① 清远网络广播电视台，http://www.0763f.com/folder2/folder669/2015 - 06 - 25/89766.html，2015 - 06 - 25。

农地异质性对农地整合确权的影响主要体现在农地置换分配的谈判成本上。若以同面积置换整合为原则，农户必然更加偏好于土壤状况好、交通便利的连片农地，而土壤条件和交通条件较差的农地必然价值较低。由于农地异质性无法通过农地置换连片得到解决，因此，农地异质性导致的农地价值不均衡在很大程度上会损害农地整合置换的公平性，其必然成为农地整合确权实施的巨大阻碍。就农地整合确权而言，该制度实质上在挑战土地承包分配制度背景下构造的、已形成的公平性体系。根据农地土壤交通质量好坏作为公平分配依据的思想对于老一辈农户而言根深蒂固。恰恰当下农村主要是老一辈农户倪留，因此，如何打破固化的旧式农地分配思想，让老一辈农户理解农地整合确权的效益、接受农地整合置换改革亦是其制度实施成功的关键。

4.3.2　以农业基础设施建设为主要手段

为了解决农地置换整合中存在的农地质量、灌溉条件、交通条件差异和面积减少等普遍存在的难题，争取最广大农户的支持，升平村主要采取以下措施。

（1）争取外部资金投入，搞好农业基础设施建设。为了最大限度地减少农地质量和交通条件的差异，村委会通过多种渠道，整合了各项涉农项目资金（阳山县也明确将各级财政支农资金集中使用）25.39 万元，村委会现金投入 5 万元，村民投工投劳折资 16 万元，总计投入 46.39 万元，在升平村 5 个村小组建成 11 条 2.5～3.5 米宽总长 1 665 米，基本由村民自己规划设计的环村机耕路，建成 15 条 0.7 米宽总里程 3 180 米的环绕型"三面光"灌渠，且尽量拉直线不弯曲，两项加总后，每百亩土地投入成本超过 16 万元，即每亩地农业基础设施投入成本约 1 600 元。基于 5 个试点小组的经验，升平村其他 13 个村小组也是于 2018 年至 2019 年陆续修建环村机耕道路和水利沟渠。在农业基础设施修建完成后，升平村的农地基本不存在交通条件和灌溉条件的差异问题，农地异质性大幅度降低。

（2）合理解决农业公共基础设施建设公用面积的分摊问题。升平村经过测量确定，5 个试点村小组修建机耕路及水利设施总共需要占用 7.2 亩土地，经过集体讨论决定，修建农业基础设施所占用的土地采取平均分摊办法解决，即每亩承包地平均分摊 0.03 亩，即经过整理后，农户每一亩承包土地实际到手的面积为 0.97 亩。在这基础上，当机耕道路和水利设施占用农户农地时，设施占用了农户的农地面积，村组织集体会按照同等数量面积在别处进行补足（村集体拥有一定的田地作为机动性分配）。由此，升平村有效解决了由于农业基础设施投入造成的农地面积减少的问题。

4.3.3　科学合理的农地置换与分配

（1）解决"插花地"问题，坚持"三不变"原则。 首先，面对"插花地"问题，村民商定要抓住这次"一户一地"的机遇，实现一村组一片地耕作，在村小组之间同样进行土地置换调整，解决村小组之间的"插花地"问题。其次，坚持"三不变"原则（即房前屋后地块不变、果园不变、鱼塘不变），以其为中心确定划分各户的地块，同时几兄弟间的土地可连片分配；经过上述措施，到 2016 年 11 月底，升平村已基本完成农地确权颁证工作，农地测绘公示全部完成，处于登记证制作阶段。

（2）第三方抽签的农地再分配模式。 在具体实施土地置换过程中，村农地确权小组首先将信息分类为村落土地地块面积和农户承包地总面积两类；然后，为了避免本村"内部人控制"的嫌疑，专门邀请镇农地确权办的工作人员作为第三方，将土地地块与农户承包地进行关联匹配，镇农地确权办工作人员在完全不知每个农户身份信息的情况下，以类似拼图的方式，根据不同农户的承包地面积，找寻村中能够与其承包土地面积契合的地块（连片）进行关联匹配。通过匹配，农户分到的承包土地无论是好是坏，都必定是连片的，以确保每家农户的承包土地尽可能是 1 块，同时承包地面积不变。

4.4　升平村农地整合确权成功推进的理论解释

前文构造了一个关于农地整合确权效益函数，即式（4-1）：

$$\gamma = R - D\left(\frac{p_1}{M}\right) - G\left(w, e, l, \frac{p_1}{M}, d, r, i\right) - I - F(M, k, h, r, i)$$

$$(4-1)$$

上式推导出影响农地整合确权的因素，除了农地整合确权制度收益，还包括制度变迁内含的界定成本、谈判成本、讯息成本以及辅助性手段农业基础设施建设的投入成本。并且，函数中推导出可能影响农地整合确权的各种客观因素和变量。同时，还有诸多影响农地整合确权的主观因素无法量化以及通过函数式进行表达。通过对案例的深入分析，可以对各种影响农地整合确权的主观因素和客观因素进行解释和叙述，以此说明农地整合确权是如何发生，以及这些因素具体如何影响农地整合确权。在主观因素方面，主要阐述精英人物对农地整合确权的推动作用。在客观因素方面，主要阐述机耕道路和水利设施建设对农地整合确权的推动作用。

4.4.1 精英人物的推动作用

农地整合确权在升平村的顺利实施离不开精英人物的推动作用。制度变迁是具有讯息成本的，制度变迁的实施者和推动者以及制度变迁的相关利益方，即村集体和农户并不知晓农地整合确权是否能够带来效率提升，以及能够带来多大程度的效率提升。即使能够确定农地整合确权必然带来效率提升，但执行过程依然极其烦琐和存在各种不确定因素。因此，农地整合确权的实施除了利用农业生产基础设施降低农地异质性和制度执行的谈判成本外，还需要政策制定者具有较强的创新意识、分析能力以及洞察能力，政策的执行者必须具有较强的执行意志、沟通能力以及协调能力。时任阳山县委书记李欣，自2013年开始进行新一轮农地确权试验，就力推借鉴湖北沙洋的做法，探索符合山区实际的土地整合置换模式，在阳山县宣传、鼓励和推动农地整合确权方式。2014年年底，阳山县已有668个村小组共超过6万亩土地在确权过程中完成调整置换。

农地整合确权顺利实施的难点在于措施的落实和执行。由于升平村是阳山县实施农地整合确权的第一批村落，缺乏相应的示范案例和实施经验，由此，农地整合确权中烦琐复杂且重复的游说、协商和谈判所引致的讯息成本和谈判成本是整合确权实施的最大桎梏。整合确权制度变迁的讯息成本和谈判成本主要表现为，让每一个村民都参与进来，使其接受和支持农地整合确权的实施，以及化解农地整合过程的各种矛盾和纷争所付出的代价和成本。具体而言，农地整合确权中的讯息成本是指让每个农户了解和获知农地整合确权的制度效益，使得每个农户都支持参与农地置换整合中所付出的代价和成本；谈判成本是指农地整合确权中的地块分配协商谈判所付出的代价和成本。

整合确权的高额制度成本使得大部分村落村干部望而却步。因此，村级干部的执行意志力、协调能力、办事能力及其为人民群众服务意识对于农地整合确权的执行至关重要。阳山县黎埠镇升平村党总支书记班贤文经常以"做官先做人，万事民为先"的人生格言勉励自己，坚持"从群众中来，到群众中去"的办事原则，努力维护村内平安稳定。班贤文为群众解决了众多的矛盾纠纷，真正做到"小事不出村，大事不出镇"，努力把矛盾纠纷解决在萌芽状态。因此，他在村内具有较高的威望，为后来升平村农地整合确权的顺利实施打下坚实的人际基础，成为启动和推动的农地整合确权的核心关键。

（1）班贤文的经济基础和乡村情怀。班贤文书记是升平村本村人，1999—2006 年在中国香港从事商业经营，年收入达到几十万元。2006 年，由于其父亲生病，班贤文才放下生意回到阳山县升平村。由于村支书这个职位工资低、事情杂而且吃力不讨好，排开部分人员谋私利的动机，实质并没有很多人愿意担任。班贤文回到升平村，看到家乡的贫穷与破败后，希望为村落做一些贡献，让家乡脱离贫穷、走向富裕。正是因为这种"造福家乡，服务乡亲"的情怀，激励他在 2015 年不顾家人的反对，坚持竞选担任升平村的村支书，上任之初其工资仅有 490 元一个月，直到 2019 年也仅上升为 2 000 多元一个月。班贤文早年在村里面务农时，发现村里细碎化、分散化的农地耕作的不利和不便，故而早已萌生将农地连片的想法，加之遇上农地确权契机。因此，班贤文上任后需要施行的第一件大事就是农地整合确权。

（2）农地整合确权措施的启动和游说工作。由于村支书在外工作多年，拥有较广阔的见识，更能理解和预期农地整合置换的好处。然而，对于大部分农户，尤其是老一辈农户，他们更多注重哪一块田肥、哪一块田瘦，并不理解农地整合确权的潜在效率提升，而且农地整合确权又恰好与农户们的传统农地分配认知相违背。因此，升平村的农地整合确权制度变迁暗含非常高的讯息成本。在升平村农地整合确权启动宣传伊始，几乎所有村民均反对班贤文所提出的农地整合置换，参与积极性不高，甚至有部分村民存在抵触情绪，对农地整合确权这个新生事物抱着不理解、不支持、不配合的态度。更有甚者，天天跑到田间地头，对着辛苦丈量土地的村支书、村干部大声谩骂，并弄坏、捣毁地块标志物。这种反对意见不仅来自村民，还来自许多村干部的家属。班贤文带领下的村干部班子不仅要面对村民的责备谩骂，还要忍受家庭中其他成员的不理解和反对。

对此，班贤文的做法主要有二：一是基于外出务工年轻一辈接受新鲜事物能力强和在外见过世面，更加能够理解农地整合确权可能带来的好处，班贤文就想办法借助外出务工的年轻一辈的力量，先做通年轻一辈的思想工作，让他们认识到农地整合确权可能获得的收益，再让他们回来劝说家庭中在村内居住的老一辈农户支持农地整合确权工作。二是对于部分思想观念难以转变的群众，班贤文利用晚上休息的时间，带着村干部们深入农户家庭，逐户地耐心地做思想工作，解答农户的质疑。

在此期间，为了向村民表达农地整合确权的利益所在，树立村干部推进农地整合确权工作的信心，并展示其推进农地整合确权的决心，班贤文书记甚至在村组会上明确向大家表示，如果升平村的农地整合确权最后无法推进，他个人将承担整合过程中发生的所有高达几十万元的成本。通过村干部一班人日夜不断的沟通工作，推进农地整合置换，实现共同致富的观念深入每个农户，升平村的农地整合置换工作终于得以顺利开展。

（3）置换整合中的农地再分配工作。 如上文所述，农地异质性导致农地整合后的分配需要高昂成本进行谈判协商。通过机耕道路和水利设施的建设可以大幅度减少农地异质性进而降低谈判成本。然而，机耕道路和水利设施建设的资金来源成为一个关键问题。升平村的做法是，一方面，将农业综合补贴整合用于农业基础设施建设；另一方面，向上级政府部门作游说工作，争取部分资金扶持，剩下不足部分组织村民进行筹集。最终，升平村整合了各项涉农补助资金 25.39 万元，村委会现金投入 5 万元，村民投工投劳折资 16 万元，总计投入 46.39 万元。在组织村民集资过程中，很大部分村民不愿意分摊费用，一旦农地整合措施失败，这些投入将无法收回。此时，班贤文对村民承诺，他自己对农地整合置换的风险全部承担，若整合置换失败，那么前期所投入的全部成本将由班贤文一力承担。因此，村民才毫无顾忌地参与到农业生产基础设施建设和农地整合置换中来。

虽然农业生产基础设施建设可以解决农地的交通条件和灌溉条件差异，但是农地的肥瘦质量差异依然存在。瘦的田块即使连片亦没有村民愿意接手。班贤文的做法是除了以身作则将别人不要的田地自己承担外，还动员党员发挥先锋模范作用，勇于接手别的村民不要的农地，吃一点亏完成大事。其中，最为典型的是，他把曾经担任过村干部的"发小"江建青也动员回村。江建青早年在村里担任村干部，此后在外打工、经商，而且还作为外派人员到国外公司工作，有丰富的经历，也积累了一定的财富，对村里有深厚的感情，也希望把村里建设好，自己将来也可以在村里安度晚年。所以，一接到班贤文书记的邀请，江建青就辞去了外面的工作，回到村里开始了莲子种植，为村里的工作也出钱出力。在村里有个别农户不愿意接收所谓的"距离远、土地肥力差"的土地时，江建青主动第一个表示在全村所有人挑完后剩下的那块地就是他家里的承包地，帮助村委一起化解了因为土地肥瘦等原因带来的矛盾。与此同时，江建青在村里筹建农业企业，种植莲子、猕猴桃并从事加工销售，他努力从农户手中按照统一租金流转土地，让农户看到农地不存在肥瘦差别，关键是在地上种什么作物。另外，江建青还主动建立了"扶贫车间"，接受村里50岁以上甚至70多岁的有一定劳动能力的劳动力到企业来上班，做一些力所能及的工作，比如剥莲子（虽然也可以用机器剥莲子，但江老板为了让村里的年龄大劳动力有活干，采取先人工后机器的原则安排相关工作），让村里的老人有了一份有收入的工作，赢得了村民的支持，也帮助村委推进了相关工作。由此，农地置换整合中的农地异质性问题基本得到解决。

总之，农地整合确权暗含的讯息成本、谈判成本及相应风险在很大程度上由班贤文及其带领下的村干部班子们独自承担。若从经济学理性人的角度分析班贤文行为的成本收益，很有可能是负值。可以说，若不是班贤文书记等村干部一班人为了一份责任和情怀而愿意承担一部分整合置换的成本，升平村整合确权的实施可能性将变得非常之低。升平村在整合置换再确权中所取得的丰硕成果凝聚着班贤文书记及其带领的村干部一班人的辛劳和付出，他们为升平村的发展所作的贡献有目共睹。班贤文书记勇于奉献的精神、较强的执行能力和在群众中较高的威信是农地整合确权在升平村成功实施不可或缺的条件，他本人也因此获得2019年广东省百名优秀基层党组织书记荣誉称号。

4.4.2 农地整合确权模式的选择逻辑

面对新一轮农地确权的要求，升平村存在两种可能的选择：一是不采取任何土地整合措施，直接依据第二轮土地家庭承包时每家农户的承包地面积、位置等信息进行确权。二是在没有农业生产基础设施投入的前提下，实施农地置换整合再确权。三是争取外部资金投入，建设农业生产基础设施（机耕道路、水利沟渠）基础上，进行农地置换整合再确权。假设村落人口数量、土地面积相对不变，不同确权模式隐含着不同的改制成本。

（1）不改变原有产权格局的农地确权确地模式。 在农地确权的制度变迁成本中，由于农地在确权中重新界定的成本即确权的外业测量成本主要由政府承担，故村集体在确权中主要承担的是解决产权纠纷的协商谈判成本。如前文所述，在细碎化产权格局下，农地确权并不能产生任何的收益，还可能造成农地细碎化固化和抑制农地集中。此外，在细碎化格局下的农地确权存在较多的产权纠纷，表现为较高的谈判成本。因此，对于农地细碎化较为严重的村落而言，虽然农地确权指界成本由政府承担，但村集体依然需要承担产权重新界定引致的谈判成本，显然是不经济的。这也可能是许多地方村级组织对于农地确权缺乏积极性和消极对待，确权工作进展缓慢的主要原因之一。

（2）无农业生产基础设施投入下的农地整合确权模式。 由于直接的确权确地不经济性，许多村落选择另辟蹊径，期望利用确权确股模式，降低谈判成本。在阳山县开展农地确权初期，许多不符合条件的村落都选择确权确股模式。因此，阳山县政府严控确权确股模式，故县内村落无法实施确权确股模式。农地整合确权则成为县内各村的另一选择。假设机耕道路和水利设施的投入为零，那么农地整合确权的效益表达为：

$$\gamma_1 = R_1 - D\left(\frac{p_1}{M}\right) - G_1\left(w,\ e,\ l,\ \frac{p_1}{M},\ d\right) - I^{①} \quad (4-2)$$

其中 R_1 为没有投入农业生产基础设施，即 r 和 i 皆为零时的整合确权制度收益，G_1 为没有投入农业生产基础设施时，即 r 和 i 皆为零时的整

---

① R 为农地整合确权的制度收益，G 为农地整合确权的谈判成本、D 为农地整合确权的界定成本和 I 为农地整合确权的讯息成本，t 为针对每一块连片农地的经营运作交易成本，n 为农村农户数量，p^* 为整合置换后减少的农地块数，c 为每一次缔约或交易所产生的协商、定价等交易成本，j 为村落交通条件，q 为村落农地质量，i 为水利设施投入，r 为机耕道路的投入，f 为金融服务，p_1/M 为农地整合确权前的农地细碎化程度，农地异质性为 d，设村落外出务工比例为 w，村落中的宗族数量程度为 e，村落干部领导能力为 l，k 和 h 分别为机耕道路和水利设施的建造单位成本或每亩农地对应的建造成本。

合确权谈判成本。

利用农地异质性程度对农地整合确权效益的关系图解释（图4-1），在没有投入农业生产基础设施的前提下进行整合确权的可能弊端。设 d_1 为一个村落整合确权前的农地异质性程度，在 d_1 农地异质程度下，农地整合确权制度收益不随其变化为 R，农地整合确权的谈判成本为 G，总制度成本为 $G+D+I$，整合确权的效益为 γ_1。若农地异质性较高，其农地整合的谈判成本和总制度成本亦相对较高，可能导致制度收益低于制度成本，制度变迁的总效益为负的不经济状况。可以推导，在没有投入农业基础设施建设的前提下，农地整合确权的制度成本会非常高，主要源于不同片区农地耕作环境存在巨大差异，村头与村尾存在差异、地势平坦与地势不平存在差异、靠近水源与远离水源存在差异、靠近与远离主路差异等。对于异质化产权的调整，村民反对情绪之深，抗拒力度之大可想而知，村组织和村民需付出大量时间和成本进行谈判和协商，要说服农户接受先置换整合再确权，几乎没有可能。事实上，本课题组在阳山的调研也证明，大部分村民都要求必须在建设农业公共基础设施的前提下，才愿意接受先置换整合再确权的农地确权方式，不然就保持原有的农地分散确权方式。

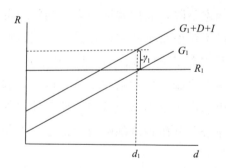

图4-1 农地整合确权制度效益与农地异质性

（3）建设农业公共基础设施，先置换整合后再确权。 农业基础设施建设是实现土地先置换再确权的关键。投入农业生产基础设施下的农地整合确权制度效益函数可以表达为：

$$\gamma_2 = R_2 - D\left(\frac{p_1}{M}\right) - G\left(w, e, l, \frac{p_1}{M}, d(r, i)\right) - F(M, k, h, r, i) - I$$

$$(4-3)$$

其中 R_2 为投入农业生产基础设施前提下，即 r 和 i 皆为1时的整合确权制度收益。当投入农业生产基础设施的农地整合确权的制度效益大于没有投入农业生产基础设施的农地整合确权的制度效益时，农业生产设施才有投入必要性，其可以表达为：

$$\gamma_2 - \gamma_1 = R_2 - R_1$$
$$- \left[G\left(w, e, l, \frac{p_1}{M}, d(1, 1)\right) - G\left(w, e, l, \frac{p_1}{M}, d(0, 0)\right) \right]$$
$$- F(M, k, h, 1, 1) \tag{4-4}$$

令 $\gamma_2 - \gamma_1 > 0$ 得：

$$R_2 - R_1 > G\left(w, e, l, \frac{p_1}{M}, d(1, 1)\right) - G\left(w, e, l, \frac{p_1}{M}, d(0, 0)\right)$$
$$+ F(M, k, h, 1, 1) \tag{4-5}$$

当式（4-5）成立时，证明投入农业生产基础设施下的农地整合确权更加可以带来效率改进。农业生产基础设施具有两方面作用，而且不同基础设施在农地整合确权中的作用机理也不同：

一是修建机耕路和水利设施，平抑地质差异，降低谈判成本。如上文所述，异质化产权的分配存在较高的制度成本，而机耕道路和水利渠道的建设使得农地耕作环境差异大幅减少，产权价值趋同。故而争夺资源可能引致的租值耗散会随之下降，农地置换中农户的纠纷随之减少。此外，当农户能够预见基础设施建设带来的租值提升时，其置换整合意愿和配合程度必然显著增加，从村组织的"求你置换"转变成农户的"我要置换"，特别是在农业公共基础设施主要由财政出资建设时，农地整合对升平村的农业生产促进作用更是产生显著示范效应，使其他村的农户参与农地整合的积极性提高，农业公共基础设施的财政资助建设甚至成为其参与农地整合确权的必要条件。

二是修建机耕路和水利设施，降低经营运作成本，提升整合确权制度收益。机耕道路不仅可以平抑村落农地交通运输条件上的差异，还有利于现代化生产机械的进入，从而降低农地经营运作成本。在缺乏机耕路的耕作环境下，即使连片规模经营，大型机械亦难以进入，进入作业的时间耗散相对较高，故会增加经营成本，约束规模化的实现。机耕路的投入可以有效降低经营的运作成本，进而转化为土地租值。而水利设施的建设不仅可以大幅度降低农业浇灌成本，而且可以提升农地经营潜在产出。

基于以上两点，农业生产基础设施建设，不仅可以降低整合确权制度变迁中的谈判成本，还可以提高整合确权后的农业经营效率。可见，由政府为主导投入建设的农业生产基础设施是一种改制装置，发挥着推动产权结构改变和制度变迁的作用。具体来看，机耕道路和水利沟渠不仅是改制的效率装置，还是改制的平衡装置。两者共同促进更优制度安排的形成。

　　然而，农业生产基础设施是具有建设成本的。因此，如图 4-2 所示，农业生产基础设施建设对整合确权具有三个影响：一是整合确权制度收益增加，由 R_1 升至 R_2。二是整合确权谈判成本降低，由 G_1 降至 G_2。三是农业生产基础设施的建设成本 F 的增添。当投入机耕道路和水利设施的效益提升 $\gamma_2 - \gamma_1$ 大于零时，投入农地生产设施进行整合确权的效益更高。在升平村的案例中，基于升平村属于贫困村，政府扶持资金较多。其农业生产基础设施的建设资金中，54％来源于政府、34％由村民分摊、12％来自村委会。因此，升平村农业生产基础设施的成本是较低的，从而成为推动整合确权顺利实施的重要一环。

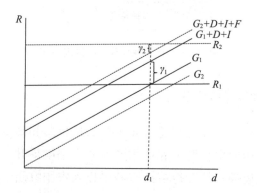

图 4-2　农地整合确权制度效益与农地异质性（投入农业生产基础设施）

4.5　升平村农地整合确权的制度效应

　　升平村在班贤文书记带领下，通过农地置换整合实现了"一户三地"以下，极大地缓解了农地细碎化问题，实现土地"由散到整"、机耕路"从无到有"、水利灌渠"从曲到直"、村组间插花地"从有到无"、土地产出效益"由低到高"、邻里纠纷"由多到少"的六大变化，并进一步在此基础上顺利推行农地确权颁证。农地整合确权至少存在四个逐步响应的制度效应，以发生顺序进行排序，依次为：农地运作效率提升效应、农地流转与集中效应、种植结构转变和产业升级效应、乡村建设及劳动力就业促进效应（图 4-3）。

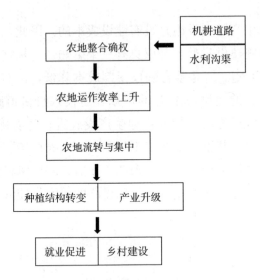

图 4-3　农地整合确权的制度效应

4.5.1　农地经营效率提升

农地整合确权后，加之修建了 3 米宽的机耕路和修整了"三面光"水利沟渠，农业机械使用程度和农业生产效率大幅度提升。一是降低运输成本。之前靠肩挑运输，平均每亩每造需要投入农用物质及收成作物运输成本是 60 元，现在利用运输工具，每亩每造的运输成本下降为 40 元。二是降低耕作成本。每亩地的打田插秧成本从 130 元/亩/造降至 90 元/亩/造，每亩土地的收割成本从过去的 130 元/亩/造降至 90 元/亩/造，一年两造共节省 200 元/亩/年。三是提升了农地产量。之前由于农地细碎、排灌不畅和农业机械无法进入，平均每亩单造水稻产量仅有 400 千克，整合确权后，每亩每造产量增至 425 千克，一年两造计增产 50 千克/亩，折款 150 元/年/亩。可见，由于农地整合置换加之农业公共基础设施投入，粮食生产每年共可以节省 350 元/亩。当地村民表示："原来家里有 2 亩多田地，大大小小共 20 多块，四面八方到处都有，本来就只有两个老人在家忙活的，春耕时要来回地跑，人工都花不少，耕田划不来，现在好了，新规划出来的一户一田，解放了劳动力。"

4.5.2 农地规模流转与集中

升平村的整合确权使得每家农户的承包土地块数从原来的 5～8 块减少至 1～3 块，为农地确权后的农地流转与集中创造了更为良好的条件。

（1）对于农地承包主体农户而言，农地整合连片加之机耕道路、水利设施使得农地运作效率大幅度提升。整合确权前的很多农地，尤其是地势偏远、远离主路、灌溉不便的农地即使免费也没人愿意承租，农地抛荒率非常高，农地流转率基本为零。农地整合确权后，农户的农地耕作更加便捷、收益更高，即使不亲自耕作而是流转出去也可以获得 400 元/年/亩的收益。因此，农地整合确权后，抛荒农地基本消失，农地流转量由整合确权前的 0 亩上升至 1300 亩，即整合确权后的农地流转率增长至 38.58%（升平村总耕地面积 3369 亩）。

（2）对于农业经营主体而言，农地置换整合后，不仅农地生产价值提升，而且流入同等面积农地所需要接触的交易对象显著减少。为了发挥农地更大价值，将村落农地集中规划利用，班贤文一方面号召在外创业成功的乡贤们回乡发展，另一方面召开农户代表大会，动员农户们将农地流转出去。此外，为了进一步吸引投资，班贤文决定实施土地入股制，即对大规模流入农地的经营主体首年免租，前 4 年中的另外 3 年虽不免租但亦不拿租金。4 年后，若经营主体获得盈利，那么盈利的 15% 作为农地租金，若经营主体亏损，则按照 400 元/年/亩的价格支付农户 3 年的农地租金。由此使得农地规模经营主体的经营风险降低、资金负担减少、投资积极性提高。此外，为保证村集体具有更强管理运营能力和保持行动持续性，村集体每年会从农地租金中收缴 50 元/亩/年作为中介协商成本。这种模式激励了一批具有乡村情怀的乡贤回到升平村进行农业投资，以前在国外承包工程建设，现为黎埠镇政熠家庭农场负责人的江建青就是一个典型例子，他在班贤文的簇拥和感召下，毅然决定将多年储蓄投资到升平村农业发展中。从农户手中流转了 400 亩农地种植莲花、构树、猕猴桃、沙田柚以及黄金蜜柚等经济作物。升平村 1 300 亩流转农地中 90% 都是这种乡贤主导的集中连片的大规模流转。

4.5.3 种植结构转变和产业升级

成功实现农地整合确权后，班贤文为进一步地利用置换整合后的农地，通过鼓励农户转出农地、感召乡贤回村发展，促进升平村种植结构转变和产业升级。

(1) 种植结构转变。 升平村在整合确权前，主要种植水稻、玉米、花生和红薯这类技术要求和附加价值不高的粮食经济作物。整合确权后，由于农地经营主体由传统小型农户向大规模经营主体演化，种植作物也逐渐从低技术含量、低附加值作物向高技术含量、高附加价值转变。升平村大规模流转农地主要种植沙田柚、黄金蜜柚、莲花、构树、猕猴桃、火龙果等，虽然至今经济效益仍未显现，但不可否认整合确权后的种植结构具有更强大的经济潜力。

(2) 产业升级。 升平村在整合确权后的产业升级主要围绕新兴作物莲子和构树进行。升平村现阶段莲子的销售主要有两种方式，一是当作"水果莲"直接销售。二是进行加工、烘干和包装后进行销售。为了莲子的加工销售，江建青设立了莲子加工包装车间。此外，为了避免莲子和其他果类作物可能存在的，季节性供应过大引致的滞销问题，江建青正在进一步建设冷藏储存车间，使其蔬果作物不易腐烂，更少地受制于销售的季节限制。升平村构树的销售亦存在两种方式，一是当作药材直接销售。二是加工成为茶叶进行销售。为了将构树加工成为茶叶，江建青等几个升平村的合作社购置了茶叶制作、烘干和包装设备，致力于将构树打造成为一款具有养生功能的茶叶进行销售。

4.5.4 乡村建设和就业促进

(1) 乡村建设。 随着升平村整合确权后，机耕道路水利设施投入、农地规模连片、种植结构和产业升级等一系列变化，村落样貌得到大幅度的改善。又恰逢国家乡村振兴、建立美丽乡村的大幅度补贴，村民纷纷集资建设农村基础设施，升平村道路、路灯、公共洗手间、娱乐锻炼设施以及跳舞广场等都变得更加完善和现代化。原先散乱的农田现在坐落有序，一片片莲花、一片片柚子树、猕猴桃树等吸引了许多游人参观。此外，升平村更是借势大力发展旅游产业，与碧桂园合作，沿着河边建设了碧桂园十二车绿道，供村民和游客休憩、散步、划船和观光。

（2）**就业促进**。升平村农地整合确权前，由于农地耕地成本较高，收益较低，许多村民都不愿意种田，或只耕作一小部分良田。由于留居农村的绝大部分为老一辈农民，平均年龄高于55岁，故绝大部分留村劳动力缺乏外出务工能力。因此，其终日无所事事，经常聚集在小卖部门口打牌消遣，村落整体风气较差。在整合确权后，一方面，农地运作价值提升，农户值得投入更多时间进行农业耕作。另一方面，种植结构和产业升级，合作社需要大量劳动力从事种植和生产工作。如江建青合作社雇佣50～60岁的劳动力从事莲子和果树种植和采摘工作，一般为100元/天，雇佣其他较为弱质劳动力从事剥离莲子等简单工作，一般为50元/天，雇佣贫困户从事莲子加工工作。因此，种植结构和产业升级极大地带动了村落老龄化和弱质化劳动力的就业。升平村现阶段的小卖部门口门庭冷清，除了下雨天，已无人聚集打牌，民风民俗得到极大的改善。

正因为农户从现实中发现了农地置换整合确权的积极效应，所以在本研究完成初稿进行修改之际，本研究作者与课题组成员一起于2019年暑期，带着"既然农地整合确权是一种好制度，是否会产生示范效应被效仿？"的问题又重新到阳山县黎埠镇进行调研，调研中发现，至少在黎埠镇"农地整合"已经发挥了示范效应，以与升平村一河之隔的保平村为例，调研中，许多村民小组长表示，他们村小组原来没有实行"先置换整合再确权"，是按照第二轮农地承包时土地承包进行确权，现在，许多农户村小组长反映：要求村小组长找村书记主任，即使在农地确权已经完成后，还是要村委帮助推进农地置换整合，即使要由农户承担部分农地置换整合的成本也可以。真正从原来的"你要我推进农地置换整合确权"，转变成为"我要你推进农地置换整合"，目前，保平村已经决定在2019年年底前再次推进"农地置换整合"。

4.6　进一步讨论与提炼

（1）**农地细碎化是阻碍中国农业现代化发展的重要因素**。土地整合的效率来源于规模经济性，规模经济的本质是分工经济，分工程度受交易成本约束。阳山县黎埠镇升平村抓住新一轮农地确权的机会，通过农地置换整合破解土地细碎化难题，极大降低了农地规模经营推进过程中的农地流转交易成本。但是，农地置换整合也带来了相当高昂的尺度成本，因而需要引入效率装置（即机耕路）和平衡装置（即水利沟渠）等一系列农业基础设施，以大幅提升农地置换整合后的规模经济性和降低置换过程中的制度变迁成本。而且，借助政府的政策导向，充分发挥政策红利，积极争取财政资金及其他外部资金的投入，建设农业公共基础设施，在弱化不同地块间质量差异的同时，使农户以最小的成本获得稳定的规模经济预期，进而激励农户支持并主动参与农地置换整合。农地整合确权又进一步促进了农地规模集中、种植结构转变、产业升级、乡村建设以及劳动力就业。可见，制度变迁成本的存在是约束制度变迁的重要变量，如何降低制度变迁成本成为促进制度结构优化的关键。总结升平村的案例可知，改制手段的运用，一方面，提供了效率装置，通过提高新制度运行效率，制造更优制度取缔现存制度。另一方面，提供了平衡装置，通过平衡各主体的利益损害，降低其抗拒程度，减少谈判成本，为制度变革铺平道路。

此外，本章还提出了一个推动和约束农地整合确权的关键因素——精英人物。一个高效率政策的提出和顺利实施蕴含着政策制定者的智慧和政策执行者的能力。农地整合确权在清远阳山升平村的顺利实施和执行展现了升平村村支书班贤文勇于奉献的精神、强大的执行意志力、群众沟通能力和执行能力。

（2）从该案例中归纳提炼农地整合确权存在的约束条件。首先，我们发现农地整合确权对农业生产性公共服务与设施和精英人物具有较大的依赖。当然，如果升平村不进行土地置换整合，仅仅进行农业公共基础设施的建设，是否有可能通过市场交易实现土地整合和规模经营？一个可能的答案是，面对规模经营可能产生的潜在收益的刺激，人们也许会考虑通过农地流转和置换扩大农地经营规模。于是，为了分担或降低农地流转市场高昂的交易成本，类似土地股份合作社这样的交易装置便应运而生，通过合作社的合约安排，配套相应地可有效引入分工经济的经营模式，在降低交易成本的同时，实现规模经营。

其次，假如没有财政在农业公共基础设施领域进行投入，那么村组织会自发筹资建设农业公共基础设施吗？答案显然更多的是"否"。因为农业公共基础设施具有鲜明的共用品（Public Goods）特征，不计损耗折旧，其使用的边际成本为零，因此每个人都期望"搭便车"，除非允许收费，很难出现独立出资人。如果是由农户共同集资，不同地块收益面存在差异，村头受益少，村尾受益多，就如同大厦安装升降梯，高层受益多，解决的办法是高层多付费，低层受益少进而少付费或内部付费。但升降梯损益容易计算，农地耕作的收益不易度量，空间位置是权重，耕作面积是权重，种植类型也是权重，种植水稻玉米可获得收割机进入的好处，种植蔬菜水果则受益于水利建设。即使土地已置换整合，修路整水利后的规模收益亦不可准确预期，农户并不一定愿意承担此风险收益。可见，在农户家庭联产承包责任制下，集资建设农业公共基础设施的谈判成本和讯息成本都高，难以达成合作契约，试图通过农地置换整合再确权，进而推进农地规模经营的难度相当大。即引入外部资金建设农业公共基础设施，承担农地整合的建设成本，降低交易成本，成为农地置换整合后再确权的基本要件。

再次，从精英人物的意图和做法可以知道，农地整合确权目的之一是为了降低农地确权的划界成本，即确权的产权界定成本。若村落农地细碎化程度不足以施行农地整合确权，抑或村落农地异质性程度太高，以至于农地整合确权的难度非常大，那么村落还会实施该政策吗？该问题可以转化为：在何种程度的农地细碎化区间和农地异质性区间才最适合实施农地整合确权？

最后，从升平村书记班贤文在整合确权工作中的经历可以发现，村民团结程度和对制度变迁的一致性意见对于农地整合确权实施具有较大的影响。因此，进一步挖掘影响村落村民团结程度与思想一致性的因素，从中国乡土社会出发，可以推导出村落中宗族因素、姓氏多寡以及势力分布对农地整合确权的实施具有一定程度的促进或抑制作用。

总之，从案例中可以发现，影响农地整合确权的因素主要有三方面：人文因素包括精英人物、宗族因素、姓氏分布等；自然及交通因素，农地细碎化程度、农地异质性、交通条件等；以及农业生产性公共设施和服务。下一章，本研究将使用实证方法验证各种因素对农地整合确权的影响程度。

5　农地整合确权的影响因素及其约束条件：实证检验与分析

上一章，本研究基于广东省清远市阳山县升平村的典型案例，探究了农地整合确权的生成逻辑及其主要影响因素，本章将采取实证分析方法进一步检验农地整合确权的影响因素及其约束条件，以丰富本研究，提升研究科学性。

5.1　数据来源：广东阳山县的农户问卷调查数据

本部分数据源于华南农业大学罗必良教授领衔的团队课题组，于2017年对广东省阳山县实施的农户问卷调查和村庄问卷调查所形成的截面数据。本章主要用于分析研究"农地整合确权"的三重约束条件。

虽然阳山县鼓励农地调整并块后再进行确权，但是仍有一些村落不愿意或没有实施农地置换整合后再确权。阳山县辖12个镇149个行政村，2 933个村民小组（自然村），计有12 639个农户。耕地总面积24 870.40公顷。抽样方法上，利用 random. org 大气噪音生成的真随机数进行赋权重的无重复随机抽样，对阳山县进行抽样。最终，在阳山县抽取80个行政村，每个行政村随机抽取2个村民小组（自然村）。接着，按照农户收入水平分组，每个自然村随机抽取10个农户，预期总样本为160个自然村、1 600个农户。

课题组提前招募校内101名本科学生、硕士生及博士生，进行统一培训，再分组到村入户调研。于2017年1月分赴12个镇80个行政村实行为期10～14天的农户入户问卷调查，在完成问卷清理、回访和信息填补工作后，获得有效问卷1 601份，根据研究需要选取变量及用均值替代相关缺失值后（为降低样本流失，根据变量特征和实际情况，使用自然村样本均值、行政村样本均值抑或镇县样本均值对缺失值进行均值替换，具体变量替换方式见附件"stata dofile"），最后获得有效样本为 1 600 个。利用大气噪音随机抽样法得到样本由北至南均匀分布，具有较强的代表性和较低的选择性偏差。

5.2 变量选择、测度及描述性统计

（1）被解释变量：农地整合确权。选择问项"在确权前是否进行农地整合"，其中"1"表示"农地整合确权"，"0"表示"农地非整合确权"，以此作为衡量农地是否整合确权的变量。由于农地整合确权于 2016 年开始实施，而有关自然及交通条件和农业公共设施等三重约束的变量属于 2016 年整合确权前的情况，有关人文特征不受农地整合确权的影响。因此，农地整合确权与其解释变量间不存在内生性问题。

（2）解释变量。基于前文的理论分析和数理推演，主要包括人文特征、自然及交通特征、农业生产性公共服务和设施等三大类变量。

一是人文特征。考察村落的户均人口、所在村落的人均收入、村庄大姓数量、第一大姓的团结情况、宗族聚会频率、宗族祠堂数量、祠堂日常供奉情况对农地整合确权的影响。村落的户均人口和村落的人均收入主要是探究一个村落中农户的家庭平均规模，以及经济状况对于农地整合确权可能产生的影响。而村庄大姓数量、第一大姓的团结情况、宗族聚会频率、宗族祠堂数量、祠堂日常供奉情况主要影响农地整合确权的谈判成本。若一个村落的宗族分布、势力分布或姓氏分布越多或越复杂，其在整合确权谈判中就越难以达成一致意见，故而可能阻碍农地整合确权的实施。

二是自然及交通特征。自然及交通特征对农地整合确权具有多重的影响。衡量自然及交通特征的变量包括农地细碎化程度、农地异质性、农地肥力评价、农地交通条件评价、村落户均承包地面积、村镇交通条件、村县交通条件以及村落地形特征。其中，农地细碎化程度采用农地破碎度，即农户承包地总块数/农户承包地总面积进行衡量（陈帷胜等，2016）。农地破碎度表达的是"平均每亩农地分散的块数"，农地破碎度越高，表示每亩农地所分散的块数越多，反之亦然。需要说明的是，农地整合确权于 2016 年开始实施，农地破碎度是使用 2015 年年末农户面积和地块数据计

算，即对于已经整合的样本，其农地破碎度是用整合前的地块面积计算。农地异质性利用农户所在村落，不同农户对邻近农地的意愿付出租金的变异系数（标准差系数）作为农地异质性的代理变量，变异系数为标准差与均值之商，是用以衡量组间数据离散程度的常用指标（Zhu et al.，2018b）。用邻近农地的租金评价作为代理的原因，一方面，邻近农地价值与农地自身价值具有较高的同质性。另一方面，农户对自身农地可能存在禀赋效应，若使用农户对自身农地的意愿付出租金（WTP），农地价值则可能被高估。当农地细碎化程度越高、农地异质性越大时，农地整合确权的实施需要处理的地块项目则更加繁杂，产生分歧的概率越大，因而其制度实施的谈判成本和界定成本会越高。而农地肥力评价、农地交通条件评价、村落户均承包地面积、村镇交通路程以及村县交通路程直接决定了整合确权后的制度收益或规模效益。在农地质量较差、交通条件不便的山区地带，由于其农业生产的成本较高，即使整合后进行规模化运作，其所带来的边际效益并不一定可以弥补该地方在自然和交通上的资源禀赋劣势。

三是农业生产性公共服务和设施。升平村的案例已经证明，机耕道路和灌溉设施对于农地整合确权发挥了极大的推动作用。而金融服务，一方面，可能有助于村落修建农业设施。另一方面，是村落实现整合确权后规模化运作的资本保证。因此，希望通过数据分析验证水利设施、机耕道路以及金融服务对整合确权的影响程度。机耕道路和灌溉水利设施两个变量，题项为"近年是否有修建机耕道路"及"近年是否有修建灌溉水利设施"，其中，"0"代表没有修建，"1"代表有修建。而金融服务是以村内金融机构数量和镇内金融机构数量作为代理变量。

变量定义与赋值具体见表 5-1。

表 5-1 变量定义与赋值

变量	变量测度
被解释变量	
农地整合确权	1：农地整合确权；0：农地非整合确权
解释变量	
人文特征	
村落户均人口	Mean（村落中样本农户家庭人口数）

（续）

变量	变量测度
村落人均收入（元）	直接数据
村庄大姓（个）	直接数据
第一大姓团结情况	1：非常不团结；2：不团结；3：一般；4：团结；5：非常团结
宗族聚会频率	宗族聚会频率（年）
宗族祠堂数量	村内宗族祠堂数量（间）
祠堂日常供奉情况	1：全年冷清；2：逢年过节热闹；3：经常使用祠堂举行活动；4：长年都很热闹
自然及交通特征	
农地细碎化程度	承包地总块数/承包地总面积
农地异质性	使用租金变异系数作为代理变量，租金变异系数＝村落中样本农户的租金方差除以租金均值 SD（rent）/Mean（rent）
农地肥力评价	0：很差；1：一般；2：很好
农地交通条件评价	0：很差；1：一般；2：很好
村落户均承包地面积	村落人口/村落承包地面积
村镇交通路程	到镇上所需时间（hours）
村县交通路程	到县上所需时间（hours）
村落地形特征	1：平原；2：丘陵；3：山地
农业生产性公共服务和设施	
灌溉设施	1：有；0：无
机耕道路	1：有；0：无
村内银行	村内银行数量（间）
镇内银行	镇内银行数量（间）

注：表格中的"村"在此仅指自然村。Mean 表示均值计算；SD 表示标准差计算；

从变量描述性统计结果（表5-2）可见，在人文特征因素中，通过单因素 t 检验，变量"第一大姓团结情况""宗族聚会频率""宗族祠堂""祠堂日常供奉情况"与"是否农地整合确权"显示出显著的差异。在自然及交通特征的因素中，"农地细碎化程度""农地异质性""农地肥力评价"以及"山区地形"在"是否农地整合确权"方面显示出显著的差异。在生产性公共设施的因素中，"灌溉设施""机耕道路""村内银行"以及"镇内银行"在"是否农地整合确权"方面展现出显著的差异。

表 5-2 变量均值统计

变量	整合确权				非整合确权				均差	T检验
	均值	方差	最小值	最大值	均值	方差	最小值	最大值		
村落户均人口	5.316	0.642	3.250	7.316	5.304	0.758	3.250	7.316	0.012	−0.255
村落人均收入	6 520	2 948	800	13 000	6 417	3 132	800	19 200	102	−0.480
村庄大姓数量	1.593	0.701	0.000	4.000	1.458	0.704	0.000	4.000	0.135	−2.684***
第一大姓团结情况	4.146	0.533	3.000	5.000	4.303	0.599	3.000	5.000	−0.157	4.027***
宗族聚会频率	2.947	4.484	0.000	35.000	2.381	3.065	0.000	30.000	0.566	−1.827*
宗族祠堂	4.456	5.943	0.000	30.000	2.106	2.952	0.000	17.000	2.350	−5.826***
祠堂日常供奉情况	1.942	0.833	0.000	4.000	1.640	0.994	0.000	4.000	0.302	−4.914***
农地细碎化程度	2.740	2.195	0.000	20.000	3.722	3.647	0.000	50.000	−0.982	5.578***
农地异质性	1.089	0.518	0.449	4.000	1.475	0.825	0.449	4.472	−0.386	9.392***
农地肥力评价	1.019	0.674	0.000	2.000	0.914	0.658	0.000	2.000	0.105	−2.174**
农地交通条件评价	1.129	0.788	0.000	2.000	1.066	0.773	0.000	2.000	0.063	−1.107
村落户均承包地面积	4.827	9.279	0.250	105.000	4.297	9.520	0.000	300.000	0.530	−0.793
村镇交通条件	0.275	0.348	0.010	2.500	0.312	0.297	0.010	2.500	−0.037	1.491
村县交通条件	0.773	0.445	0.300	3.000	0.777	0.431	0.250	3.000	−0.004	0.148
丘陵	0.442	0.498	0.000	1.000	0.451	0.498	0.000	1.000	−0.009	0.245
山区	0.243	0.430	0.000	1.000	0.321	0.467	0.000	1.000	−0.078	2.482**
灌溉设施	0.571	0.496	0.000	1.000	0.400	0.490	0.000	1.000	0.171	−4.796***
机耕道路	0.544	0.499	0.000	1.000	0.293	0.455	0.000	1.000	0.251	−7.088***
村内银行	0.159	0.473	0.000	2.000	0.094	0.325	0.000	3.000	0.065	−2.004**
镇内银行	2.181	0.923	0.000	3.000	1.911	0.932	0.000	3.000	0.270	−4.074***

注：在村落地形变量中，平原作为参照变量。

5.3 模型选择

5.3.1 二项 Logistic 回归模型

由于该部分的被解释变量农地整合确权为"是"与"否"的 0～1 二分类虚拟变量，首先采用应用最为广泛和基础的二项 Logistic 回归模型（Binary Logistic Model）。Logistic 回归模型是广义线性回归分析模型的一类，应用于不同领域中的概率预测。通过 Logistic 回归分析，可以得到解释变量的权重，从而可大致了解约束农地整合确权的因素。同时基于该权值，可以预测一个地方或一个农户被实施整合确权的概率。基于 Logistic 回归模型的广泛应用，故本研究省略 Logistic 回归的模型解析。

5.3.2 非参数模型

非参数模型（Nonpaprametric Model）和半参数模型（Semiparametric Logistic Model）是近年来计量经济学的研究热点。以往大部分研究中，都假定回归模型中的所有解释变量都是线性的，然而，我们并不确定变量之间的具体参数形式。为了克服这个问题，我们首先使用非参数模型进行估计。非参数模型不会在模型中施加任何函数形式的限制，使用广义核回归估计允许在模型中加入连续和分类变量（Racine et al. 2004）。我们假设被解释变量（y_i）受连续解释变量（Z^c）和非连续解释变量（Z^d）（$X=\{x_1, x_2, \cdots\cdots, x_p\}=Z^c \parallel Z^d$）的影响，那么非参数模型可以表达为：

$$y_i = g(Z_i^c, Z_i^d) + u_i \qquad (5-1)$$

其中，$g(.)$ 是未知的函数形式（Li et al. 2007）。进一步地，我们的交叉验证标准函数式为：

$$\min_h \sum_{i=1}^n \left[y_i - \hat{g}_{-1}(Z_i^c, Z_i^d) \right]^2 \qquad (5-2)$$

其中 $\hat{g}_{-1}(Z_i^c, Z_i^d)$ 是 $g(Z_i^c, Z_i^d)$ 的 leave-one-out 估计量，h 是用于构造 $g_{-1}(Z_i^c, Z_i^d)$. 的带宽向量。通过交叉验证获得最佳带宽时的一个假设是带宽不会收敛到零。基于我们的情况，h 值没有收敛到零，故该假设不会影响到我们的非参数平滑估计。

但非参数回归存在致命缺陷，即"维数诅咒"，当解释变量为多元时，回归函数的估计准确度随着解释变量维数提高而减少。此外，非参数模型的结果缺乏实际应用性，其无法得到变量间一个准确的函数式。而半参数模型则是非参数模型与参数模型之间的一个权衡妥协，既拥有非参数模型的灵活性，又继承参数模型的可解释性，是对非参数模型的一个扩展。

5.3.3 Logistic 半参数回归模型

由于非参数模型的结果难以解释，无法准确回答被解释变量和解释变量间的关系，从非参数回归模型中我们只能得到两个变量之间的大致趋势，但这种趋势对于在现实的利用和预测中，并不能作出任何有价值的贡献。半参数模型可以通过结合参数模型和非参数模型来缓解这个问题。对于半参数模型，非参数模型仍然是必不可少的，它找出变量具有独立变量的非参数分布，通过非参数模型，可以获知哪些解释变量对于被解释变量具有非参数关系，从而在半参数模型中，可将其进行非参数化的特殊处理。

我们使用广义加性模型（Generalized Additive Model，GAM）来实现 Logistic 半参数回归。广义加性模型由 Hastie 和 Tibshirani（1990）提出，源于广义线性模型（Generalized Linear Model，GLM），是将广义线性模型中部分线性预测函数转换为未知平滑函数。一方面，它有助于防止模型错误指定，这可能导致错误的结论，另一方面，它提供了关于预测因子和响应变量之间关系的信息，这些信息无法通过非参数模型展现（Hastie，2017）。GAM 半参数过程可以同时处理参数关系和非参数关系，非参数关系矩阵可以从非参数模型中找到。通过指定带入参数关系变量和非参数关系变量，可以使用反向拟合算法来实现模型的平滑和拟合。

由于 GAM 的线性预测器取决于未知的平滑函数和已知参数函数的结合，则一般的 GAM 半参数模型的表达式可以定义为：

$$E(y_{i+j} \mid (x,z)) = G\{c + x_i^{\mathrm{T}}\beta + \sum_{j=1} f_j(z_j)\} \qquad (5-3)$$

G 是一个关键的链接函数；X_i 是已知模型矩阵的行，取决于估计的预测变量；β 是未知参数向量；$x_i^T\beta$ 是模型的预测因子；f_j 是具有未知形式的概率密度函数（Härdleet al.，2012；Wood，2006）。

基于本研究变量情况，我们使用基于 Logit 二项式函数指定参数化部分的分布和链接函数。对于非参数部分，我们使用的平滑方法是 Gauss-Seidel 算法，其用于求解估计方程组 f_j。针对本研究的半参数模型表达式为：

$$\begin{aligned}
E(y_{i+j} \mid (x, z)) &= L_i(x_i; \beta_i) + f_j(z_j) \\
&= [L_1(x_1, \beta_1), \cdots, L_i(x_i, \beta_i), f_1(z_1), \cdots, f_j(z_j)]
\end{aligned}$$
$$(5-4)$$

该函数式是基于其分量为 $E(y_{i+j} \mid (x_i, z_j))$、$L_i = L_i(x_i, \beta_i)$ 以及 $f_j = f_j(z_j)$ 的条件均值函数的 $i+j$ 向量。具有 Logit 链接函数的 GAM 表达式为：

$$\text{Logit } p\ (x_i,\ z_j)\ =\log\Big(\frac{p\ (x_i,\ z_j)}{1-p\ (x_i,\ z_j)}\Big)$$

$$=\beta_0+\beta_1 x_1+\beta_2 x_2+\cdots+\beta_i x_i$$

$$+f_1\ (z_1)\ +f_2\ (z_2)\ +\cdots+f_j\ (z_j)$$

$$(5-5)$$

经过转化可得：

$$p\ (x,\ z)=\frac{\exp\ (\beta_0+\beta_1 x_1+\beta_2 x_2+\cdots+\beta_i x_i+f_1\ (z_1)\ +f_2\ (z_2)\ +\cdots+f_j\ (z_j))}{1+\exp\ (\beta_0+\beta_1 x_1+\beta_2 x_2+\cdots+\beta_i x_i+f_1\ (z_1)\ +f_2\ (z_2)\ +\cdots+f_j\ (z_j))}$$

$$(5-6)$$

其中，f_j 为非参数函数，估计方程 $f_j\ (z_j)$ 可以估计每一个具有非线性影响的解释变量 z_j 对被解释变量农地整合确权的影响。x_i 为对被解释变量具有线性影响的解释变量，β_i 为方程线性部分的待估计参数，其根据 i 对应于每一个解释变量 x_i。进一步地，方程的二项式方差可以表达为：

$$\text{Var}(y_{i+j}\mid(x,z))=p(x,z)(1-p(x,z)) \qquad (5-7)$$

模型的对数似然估计 Log-Likelihood 为：

$$L(p)=\sum_{i,j}\{(y_{i+j}\log p(x_i,z_j)+(1-y_{i+j})\log(1-p(x_i,z_j))\}$$

$$(5-8)$$

5.3.4　模型识别检验

①对比 Logistic 参数模型与非参数模型，我们利用 Hong and White (1995)，Hsiaoet 等 (2007)，Racine 和 Simioni （2009） 等人提出和发展的 Kernel Consistent Model Specification Test 对比和识别参数模型与非参数模型。但是，原始识别模型仅仅可以对比线性回归模型和非参数模型，即参数模型的预测值 y-hat 并不限制在 0 和 1 之间。因此，我们通过调整识别模型，对原始模型的运作代码重新编译，以适应 Logistic 参数模型。简化而言，即是将预测值 y-hat 通过对数化处理限制在 0 和 1 之间，从而达到比较二项 logistic 参数模型和非参数模型的目的。对比二项 Logistic 模型与非参数模型的识别模型的运行代码详见附录 R-studio 运行代码中的运作函数 "Rexnpcmstest"。该模型的原假设是参数模型或二项 Logistic 参数模型优于非参数模型。

将参数模型更优作为零假设，其表示为：

$$H_0: P[E(y_i \mid x_i) = m(x_i, \beta)] = 1 \qquad (5-9)$$

其中 $m()$ 是已知函数式，β 是未知参数的 $p \times 1$ 向量。备择假设否定原假设 H_0，即

$$H_1: P[E(y_i \mid x_i) = m(x_i, \beta)] < 1 \qquad (5-10)$$

设估计值 Ω 的表达式为：

$$\Omega = \frac{2(\hat{h}_1 \cdots \hat{h}_s)}{n^2} \sum_i \sum_{J \neq i} \hat{u}_i^2 \hat{u}_j^2 W_{h,ij}^2 L_{\hat{\gamma},ij}^2 \qquad (5-11)$$

其中，$\hat{h}_1 \cdots \hat{h}_s$ 为非随机值，$\hat{u}_i^2 \hat{u}_j^2 W_{h,ij}^2 L_{\hat{\gamma},ij}^2$ 为参数模型的残差值。因此，可得模型检验值 $\hat{J}_n$，其表达公式为：

$$\hat{J}_n = \frac{n(\hat{h}_1 \cdots \hat{h}_s)^{\frac{1}{2}} \hat{I}_n}{\sqrt{\hat{\Omega}}} \qquad (5-12)$$

其中，$\hat{I}_n$ 为渐近零（正态）分布检验值，$\hat{J}_n$ 服从于 H_0 中 $m()$ 的分布。

②对比 Logistic 参数模型与 Logistic 半参数模型，我们遵循 Poudel 等（2009）、Millimet 等（2003）、Zheng（1996）、Li 和 Wang（1998）的理念和方法对比和识别二项 Logistic 参数模型与半参数二项 logistic 模型。其他学者最近在参数模型和半参数模型的模型识别中使用了类似的方法（Meishan Jiang et al.，2018；Panditet et al.，2013）。其主要通过对比残差平方以及方差变异判断模型的优劣。模型编译方法详见附录 R-studio 运行代码中的运作函数"RextestPSP"。此外，该模型识别模型的原假设是参数模型或二项 Logistic 参数模型优于半参数模型或半参数 Logistic 模型。

5.4 实证检验结果与分析

5.4.1 非参数模型的检验结果

针对该部分使用的非参数模型，采用核回归估计算法（Kernel regression estimate），即给定一组估计点（由被解释变量构成的相关数据），计算解释变量对被解释变量的响应关系，以及使用 Racine（2004）的方法估计带宽，带宽计算标准包括带宽对象、带宽矢量、带宽类型和内核类型

等。若估计分布图显示被解释变量与解释变量间关系是一条平行于横轴的直线，则可以认为其变量之间为参数关系，反之则为非参数关系。从估计结果可见（图5-1），变量农地异质性、村镇交通状况以及农村银行数量对农地整合确权呈现非参数、不规则的非线性关系，故考虑将该部分变量作为非参数矩阵。变量祠堂聚会频率和镇内银行数量虽然具有不稳定的线性关系，在面临将其作为参数矩阵还是非参数矩阵的选择中，显然前者可以获取更多有价值的信息。

最后，由于变量农村银行数量的样本方差过低，在半参数模型中无法识别，故仅将变量农地异质性和村镇交通状况作为非参数关系矩阵带入下一节的半参数模型中进行估计和分析。

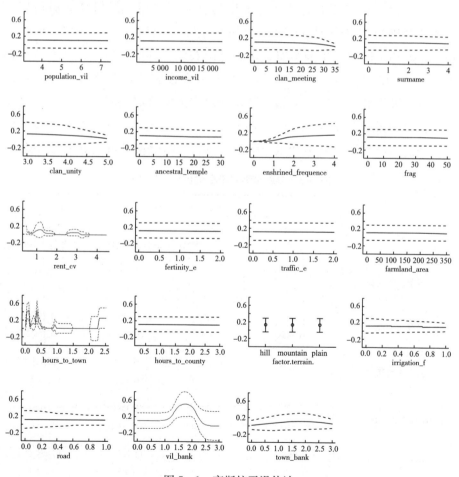

图5-1　高斯核平滑估计

5.4.2 线性回归模型与 Logistic 参数模型的检验结果

(1) 线性回归模型。 利用 R-studio 软件构建线性回归模型，被解释变量为农地整合确权，解释变量包括人文特征、自然及交通条件和生产性公共设施。回归估计结果见表 5-3 的线性参数回归模型。在人文特征中，村落户均人口和第一大姓团结情况对农地整合确权具有显著的负向影响，影响系数分别为-0.032 和-0.072。宗族聚会频率和宗族祠堂对农地整合确权具有显著的正向影响，影响系数分别为 0.006 和 0.017。在自然及交通条件中，农地细碎化和农地差异化对农地整合确权具有显著的抑制作用，在 1% 的统计水平上显著，影响系数分别为-0.005 和-0.060，有趣的是，村镇交通路程对农地整合确权具有抑制作用，但村县交通路程对农地整合确权却具有促进作用，其影响系数分别为-0.060 和 0.097。此外，丘陵和山区对比平原具有显著更低的农地整合确权可能，其系数分别为-0.063 和-0.046。在生产性公共服务和设施中，灌溉设施、机耕道路、村内银行数量以及镇内银行数量均对农地整合确权具有显著的促进作用，其影响系数分别为 0.055、0.099、0.102 以及 0.029。此外，线性回归模型的拟合指标决定系数 R^2 为 13.8%，表明模型具有较好的拟合度。

表 5-3 参数模型和半参数模型估计结果

变量	农地整合确权			
	线性 参数回归模型	Logistic 参数回归模型	线性 半参数回归模型	Logistic 半参数回归模型
村落户均人口	−0.032**	−0.034***	−0.025*	−0.025*
	(0.013)	(0.130)	(0.013)	(0.143)
村落人均收入	0.000	0.000	0.000	0.000
	(0.000)	(0.000)	(0.000)	(0.000)
村庄大姓数量	0.004	0.011	0.001	0.006
	(0.013)	(0.130)	(0.013)	(0.134)
第一大姓团结情况	−0.072***	−0.064***	−0.083***	−0.078***
	(0.015)	(0.152)	(0.016)	(0.164)
宗族聚会频率	0.006**	0.005**	0.006**	0.006***
	(0.003)	(0.021)	(0.003)	(0.022)

（续）

变量	农地整合确权			
	线性 参数回归模型	Logistic 参数回归模型	线性 半参数回归模型	Logistic 半参数回归模型
宗族祠堂	0.017***	0.010***	0.018***	0.012***
	(0.003)	(0.021)	(0.003)	(0.023)
祠堂日常供奉情况	0.001	0.007	−0.008	−0.001
	(0.01)	(0.097)	(0.011)	(0.108)
农地细碎化程度	−0.005**	−0.010**	−0.005**	−0.010**
	(0.002)	(0.042)	(0.003)	(0.042)
农地异质性	−0.060***	−0.067***		
	(0.011)	(0.144)		
农地肥力评价	0.010	0.009	0.009	0.007
	(0.013)	(0.126)	(0.013)	(0.127)
农地交通条件评价	−0.007	−0.008	−0.004	−0.006
	(0.012)	(0.110)	(0.012)	(0.110)
村落户均承包地面积	0.000	0.000	0.000	0.000
	(0.001)	(0.007)	(0.001)	(0.008)
村镇交通路程	−0.060	−0.048		
	(0.041)	(0.41)		
村县交通路程	0.097***	0.078**	0.089**	0.068*
	(0.032)	(0.339)	(0.036)	(0.374)
丘陵	−0.063***	−0.059***	−0.048**	−0.029
	(0.021)	(0.206)	(0.023)	(0.222)
山区	−0.046*	−0.051**	−0.025	−0.020
	(0.024)	(0.239)	(0.027)	(0.265)
灌溉设施	0.055***	0.054***	0.054***	0.052***
	(0.018)	(0.168)	(0.018)	(0.168)
机耕道路	0.099***	0.083***	0.097***	0.077***
	(0.018)	(0.166)	(0.019)	(0.169)
村内银行	0.102***	0.067***	0.111***	0.087***
	(0.025)	(0.214)	(0.027)	(0.235)
镇内银行	0.029***	0.027**	0.036***	0.034***
	(0.011)	(0.106)	(0.011)	(0.111)

（续）

变量	农地整合确权			
	线性 参数回归模型	Logistic 参数回归模型	线性 半参数回归模型	Logistic 半参数回归模型
(Intercept)	0.524***	0.191*	0.429***	0.087
	(0.114)	(1.121)	(0.114)	(1.150)
R^2	0.138		0.133	0.158
N	1 600	1 600	1 600	1 600

注：Logistic 参数模型和半参数 Logistic 模型的系数均为边际效应；括号内的数值为稳健标准误；R. sq 为决定系数；N 为模型的总样本量。在线性半参数模型和 Logistic 半参数模型中，变量农地异质性和村镇交通条件作为非参数矩阵代入模型，由于其拟合的平滑系数对研究并不存在很大意义，故未展现于表中。然而，我们通过拟合平滑曲线的图像展现方式对其趋势进行分析，见图 5 - 2 和图 5 - 3。

（2）二项 Logistic 参数模型。二项 Logistic 回归模型结果与线性回归模型的结果大致相同，仅在系数上存在较少差异。回归估计结果见表 5 - 3 的 Logistic 参数回归模型。在人文特征中，村落户均人口和第一大姓团结情况对农地整合确权具有显著的负向影响，影响系数分别为 -0.034 和 -0.064。宗族聚会频率和宗族祠堂对农地整合确权具有显著的正向影响，影响系数分别为 0.005 和 0.010。在自然及交通条件中，农地细碎化和农地差异化对农地整合确权具有显著的抑制作用，影响系数分别为 -0.010 和 -0.067，两个交通路程变量对农地整合确权的相反的影响依然存在，村镇交通路程对农地整合确权具有抑制作用，但村县交通路程对农地整合确权却具有促进作用，其影响系数分别为 -0.048 和 0.078。对于变量村落地形，丘陵和山区对比平原具有显著更低的农地整合确权概率，其系数分别为 -0.059 和 -0.051。在生产性公共服务和设施中，灌溉设施、机耕道路、村内银行数量以及镇内银行数量均对农地整合确权具有显著的促进作用，其影响系数分别为 0.054、0.083、0.067 以及 0.027。

5.4.3 线性半参数模型与 Logistic 半参数回归模型的检验结果

（1）线性半参数模型。利用 R-studio 软件构建线性半参数模型，回归估计结果见表 5 - 3 的线性半参数回归模型。线性半参数模型中的回归系数与参数的线性回归模型差异具有一定差异，但是半参数线性回归模型的决定系数 R^2 却低于线性回归模型 0.5%。对于半参数的线性回归模型，在人文特征方面，村落户均人口和第一大姓团结情况对农地整合确权具有显著的负向影响，影响系数分别为 -0.025 和 -0.083。宗族聚会频率和宗族祠堂对农地整合确权具有显著的正向影响，影响系数分别为 0.006 和 0.018。在自然及交通条件方面，农地细碎化对农地整合确权具有显著的负向作用，影响系数为 -0.005，村县交通路程对农地整合确权具有促进作用，其影响系数为 0.089。此外，丘陵对平原具有显著更低的农地整合确权可能，其系数分别为 -0.048，但是山区对比平原在农地整合确权可能性上不存在显著差异。在生产性公共服务和设施方面，灌溉设施、机耕道路、村内银行数量以及镇内银行数量均对农地整合确权具有显著的促进作用，其影响系数分别为 0.054、0.097、0.111 以及 0.036。

（2）Logistic 半参数回归模型。利用 R-studio 软件构建线性半参数模型，从估计结果（表 5-3）可见，模型决定系数 R^2 达到 15.8%，对比其他模型而言其拟合度最优。具体而言，在人文特征方面，村落户均人口和第一大姓团结情况对农地整合确权具有显著的负向影响，影响系数分别为 -0.025 和 -0.078。宗族聚会频率和宗族祠堂对农地整合确权具有显著的正向影响，影响系数分别为 0.006 和 0.012。在自然及交通条件方面，农地细碎化对农地整合确权具有显著的负向作用，影响系数为 -0.010，村县交通路程对农地整合确权具有促进作用，其影响系数为 0.068。不同的村落地形特征在农地整合确权实施可能性上不存在显著差异。在生产性公共服务和设施方面，灌溉设施、机耕道路、村内银行数量以及镇内银行数量均对农地整合确权具有显著的促进作用，其影响系数分别为 0.052、0.077、0.087 以及 0.034。

5.4.4 模型识别检验

首先，我们通过参数模型和非参数模型的对比检验 Kernel Consistent Model Specification Test 发现（表 5-4），非参数模型比线性回归模型和二项 Logistic 参数模型显著更优，其判别系数"Jn"值均在 1% 的统计水平上显著。

其次，通过参数模型和半参数模型的识别检验可以发现，线性半参数模型并没有比线性参数模型更优（没有拒绝原假设），但却显著优于二项 Logistic 参数模型。

再者，Logistic 半参数模型比线性参数模型和 Logistic 半参数模型均显著更优，且在 1% 的统计水平上显著。可见，Logistic 半参数模型无论从拟合度 R^2 还是识别检验上看，均优于其他模型。因此，使用 Logistic 半参数模型的估计结果作为最终的分析依据。

表 5-4　模型识别检验

	非参数模型	线性半参数模型	Logistic 半参数模型
线性参数模型	9.645***	−0.597	−1 324.36***
二项 Logistic 参数模型	7.729***	213.992***	2.236**

注：表中所有识别检验的原假设均为参数模型或二项 Logistic 参数模型优于费参数模型或半参数模型；识别检验的系数值和正负符号并无特殊意义，只要通过显著性检验，则可拒绝原假设；对比参数模型与非参数模型，使用重新编译后的 Kernel Consistent Model Specification Test；而对比参数模型与半参数模型，使用自我编译的识别程序（详见附录 R-studio 运行代码中的程序"RextestPSP"）。

5.4.5　实证结果分析

(1) 人文特征。基于 Logistic 半参数回归模型的估计结果发现，村落户均人口对农地整合确权的显著负向影响为−2.5%，即村落户均人口每增加 1 个人时，其农地整合确权的概率下降 2.5%；第一大姓团结情况对农地整合确权的显著负向影响为−7.8%，即第一大姓的团结度每增加 1 个单位时，其农地整合确权的概率下降 7.8%；宗族聚会频率对农地整合确权的显著正向影响为 0.6%，即村落每年宗族聚会每增加 1 次，其农地整合确权的概率上升 0.6%；最后，宗族祠堂数量对农地整合确权的显著正向影响为 1.2%，即村落宗族祠堂数量每增加 1 个，其农地整合确权的概率上升 1.2%；

究其缘由，首先，宗族聚会频率、宗族祠堂数量表达的是，在相同村容量前提下，一个村落的社会网络复杂程度以及交际网络数量。一般而言，团结统一、宗族较高的协作程度有利于新政策的推动，故而理论部分假设宗族聚会频率、第一大姓团结度等变量会促进农地整合确权。但数据显示，虽然宗族聚会频率对农地整合确权具有正向作用，但第一大姓团结程度对农地整合确权具有抑制作用，且宗族祠堂数量越多，农地整合确权的可能性越低。究其缘由，当村落的第一大姓团结度较高和祠堂数量较少时，村落容易出现宗族控制问题，当农地整合确权符合大姓集团利益时候，当然容易实行，但不符合其利益时候，则难以实现。由于农地整合确权是产权格局的再调整，很容易触动原有宗族集团的利益，故而大姓团结度反而会阻碍农地整合确权的实施。换言之，当村内宗族较多、团结程度较低时，村落较少可能出现宗族控制问题，反而有利于农地整合确权的实施。

（2）自然及交通条件。 基于 Logistic 半参数回归模型的估计结果发现，在自然及交通条件的变量中，农地细碎化程度对农地整合确权具有负向的显著影响，影响系数为−1％，即农地细碎化程度每提高 1 个单位，农地整合确权的概率下降 1％；村县交通路程对农地整合确权具有显著的正向影响，影响系数为 6.8％，即当村县交通路程每增加 1 个单位，其农地整合确权的概率增加 6.8％；农地异质性和村镇交通路程对农地整合确权具有非参数和非线性的关系。具体分析农地异质性与农地整合确权的关系，从图 5－2 可见，农地异质性在小于 2 时，其与农地整合确权概率具有显著负相关关系，大于 2 时，其趋势逐渐平缓。当农地异质性趋近于 0 时，农地整合确权实施概率达 25％，然而，当农地异质性等于或大于 2 时，农地整合确权的概率下降并稳定于 2％。可见，农地异质性在总体上对农地整合确权具有明显的抑制作用。具体分析村镇交通路程与农地整合确权的关系，从图 5－3 可见，在村镇交通路程小于 1.5 小时，其与农地整合确权呈现 V 形的相关关系，最低点位于路程 0.6 小时，对应的农地整合确权概率为 6％。当路程大于 0.6 小时后，曲线逐渐上升至整合确权

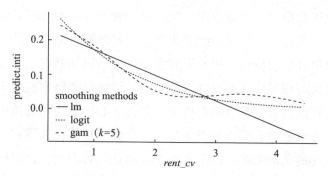

图 5－2 农地异质性对农地整合确权的平滑曲线

注：图中纵轴为农地整合确权的预测概率，横轴为农地异质性的变量值；rent_cv 数值越大，表示农地异质性越大；predict.inti 数值越大，表示农地整合确权的概率越高；lm 为线性平滑曲线、logit 为 logit 平滑曲线，gam（$k=5$）为带宽设置为 5 的广义加性模型的平滑曲线；带宽的设置主要遵从曲线的最佳展现效果为依据，既要稳定识别亦不能过度识别为最佳。

的概率为 20% 左右，并形成平缓的"高原地带"。可见，线性参数模型大幅度地偏离了实际的数据走势，而非参数 GAM 平滑曲线不仅可以反映真实的数据走势，还可以获得比参数平滑曲线更多的信息。因此，半参数模型相比参数模型具有更强的模型拟合性、更精确的分析科学性以及更高的信息抓取性。

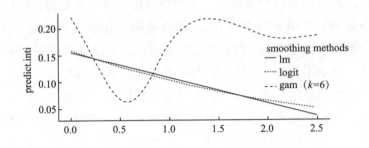

图 5-3　村镇交通路程对农地整合确权的平滑曲线

注：图中纵轴为农地整合确权的预测概率，横轴为村镇交通路程的变量值；hours_to_town 数值越大，表示村镇交通路程越长，其单位为小时；predict.inti 数值越大，表示农地整合确权的概率越高；图中的 lm 为线性平滑曲线、logit 为 logit 平滑曲线，gam（$k=6$）为带宽设置为 6 的广义加性模型的平滑曲线；带宽的设置主要遵从曲线的最佳展现效果为依据，既要稳定识别亦不能过度识别为最佳。

进一步分析，农地细碎化程度和农地异质性分别展现了一个村落农地的数量零散度和质量分布零散度。农户对于农地分配的要求是兼具数量和质量方面的。因此，较严重的细碎化和较大差异的农地异质性，将会导致较高的农地整合确权的谈判成本和界定成本，从而抑制农地整合确权的实施。对于交通路程对农地整合确权的影响，村镇交通路程在 0.5 小时附近的村落具有较低的农地整合确权概率，在镇中心边缘与距离镇中心 1.5 小时的路程实施农地整合确权的概率最高。然而，村县交通路程对农地整合确权具有线性的负向影响，即距离县中心越远，其农地整合确权的概率越高。究其原因，可能是当一个村落距离县、镇中心较近时，其市场化程度较高，从而农业运作和农地流转的交易成本较低，进而降低实施农地整合确权的必要性。然而，对于非常靠近镇中心的村落，其实施整合确权的较高概率，可归咎于在阳山县政府大力推广农地整合确权政策的背景下，旗下镇政府在政策颁布的伊始阶段实施的试点村落。一般试点村落坐落于镇中心附近以便于政府参与和管理，尽管该部分村落相对缺乏实施农地整合确权的必要性，但由于试点所给予的资金资助（修建机耕路、水利设施等）大幅度抵消了农地整合确权的制度成本，使其拥有制度实施的动力。

(3) 农业生产性公共服务和设施。农地生产性公共服务和设施对农地整合确权均具有显著的正向促进作用。Logistic 半参数回归模型的估计结果发现，灌溉设施对农地整合确权的促进作用为 5.2%，即有灌溉设施的村落比无灌溉设施的村落，其实施农地整合确权的概率高 5.2%；机耕道路对农地整合确权的促进作用为 7.7%，即有机耕道路的村落比无机耕道路的村落，其实施农地整合确权的概率高 7.7%；村内银行（金融机构）的数量对农地整合确权的促进作用为 8.7%，即村内银行数量每增加 1个，其实施农地整合确权的概率提高 8.7%；镇内银行（金融机构）的数量对农地整合确权的促进作用为 3.4%，即镇内银行数量每增加 1 个，其实施农地整合确权的概率提高 3.4%。该结果与案例分析和理论推导相一致，农地整合确权的实施在很大程度上依赖于农业生产性服务和设施的支撑。机耕道路和水利设施是农地整合确权后，村落引入规模化、集中化、机械化运作的前提条件，而金融服务使得农业经营主体在规模化过程中具有了资本支撑。

5.5　本章小结

通过 Logistic 半参数模型的实证结果发现，人文特征和自然交通条件对农地整合确权的影响并不如理论预想得那般直接和简单，其同时影响着农地流转交易成本和农地整合确权的谈判成本。是否采用农地整合确权帮助实现农地规模化，取决于农地整合确权带来的边际效益是否高于其制度成本。然而，当农地流转交易成本较低时，一般意味着农地整合确权的边际效益较低。可见，人文特征对农地整合确权的影响路径是多重的。宗族祠堂数量对农地整合确权的正向影响以及宗族团结程度、祠堂聚会频率对农地整合确权的负向作用说明，人文特征在边际上对于流转交易成本的影响要大于在边际上对农地整合确权谈判成本的影响；同理可以解释，在自然及交通方面，离镇和县城越远的地方，农地整合确权的概率越高。其源于距离镇和县较近的地区，农产品流通更为便利，从而带动农地流转市场的发育，使得农地集中流转更为通畅。而农地细碎化程度和农地异质性直接影响农地整合确权的谈判成本和界定成本，细碎化程度和农地异质性越高，农地整合确权概率越低。在农业生产性服务和设施方面，机耕道路、水利设施以及金融服务对农地整合确权的促进作用非常显著，案例推导和理论预想相一致。

6 农地确权对农户农地利用方式的影响分析

农地确权将原本模糊的产权明晰化（罗明忠等，2017），进而对各生产要素产生影响。在向农民授予土地承包经营权后，土地既是资本又是财富。当农民外出务工时，可通过把承包地的经营权转让，换取实物或租金，增加其财产性收入。为此，本章以广东省阳山县和新丰县的农户问卷调查数据为例，将农地利用方式细分为农地耕种方式和耕种作物品种选择两个方面，运用倾向得分匹配（PSM）模型，实证检验农地确权对农地耕种方式和耕种作物品种选择的影响，探讨农地确权对农地利用方式的影响，以利于下文进一步探讨农地确权对农村劳动力转移就业效应的研究。

6.1 理论分析

6.1.1 农地确权与农地耕种方式

结合中国农村的实际情况，农民是"理性人"的假设，以及本研究对象以小农户为主，考虑到小农户难以在农地转入交易中占据主动，且大多数农民是风险规避型，本文将农地耕种方式主要分为三种：农户自耕、农地转出和抛荒（罗明忠等，2017）。根据成本—收益原则，只要收益和成本持平或收益大于成本，农民一般不会放弃土地。2013 年开始的新一轮农村土地确权是稳定农地关系的重大部署。然而，在农村土地市场逐步完善的过程中，禀赋效应和确权制度滞后效应对农地耕种方式的影响是不可忽视的（张韧等，2019）。

（1）农地确权与农户自耕。 稳定的农地产权能够保护资产拥有者的未来收益不被其他人剥夺，强化对未来收益的稳定预期，由此激发农户长期进行农业生产，促进投资及资本形成。农地确权对农户自耕可能具有正向影响，一是加强农地产权排他能力，降低农民保护土地承包经营权的成本，提高地权稳定性（Galiani et al.，2011）。二是促进土地交易自由化，增加农民对未来市场交易的信心（陈江龙等，2003）。三是给予农地抵押贷款职能，增加农民信贷可获得性，为提高农业经营技能提供资金支持（Newman et al.，2015）。

（2）农地确权与农地转出。 农地确权对抑制农地转出的禀赋效应主要来源于中国农村的相关特征：一是差序格局下的乡村"情理"大于"法理"。产权及其交易不仅要基于法律，而且还需要社会道德支撑，特别是村庄，历史因素和可追溯性在产权评估中起着关键作用（罗必良，2017）。对农民而言，保护自身权益需要有足够的社会认可来支持，在农村这种特色环境下，不交易即是最好的止损方式，激发风险规避情绪，此时的禀赋效应很强。二是农民赋予土地人格化。农民终生以农为生，以农为业，已将土地人格化；土地对于农民具有强烈的身份特征，随着农地确权的完成，职业化农民对土地的依赖将继续增加（韩晓宇等，2017）。三是农民是弱势群体。在土地转出交易过程中，农民始终处于一个弱势群体的位置，农地转出过程中失地风险的存在将抑制农户转出农地，失地风险使农民更倾向于留在农业内部持有农地，风险规避心理再次放大，禀赋效应将再次加强。而且，新一轮的确权政策可能存在滞后效应，一方面，尽管国家政策规定土地承包制长久不变，但不少农民对此仍持观望态度。二是目前，还处于农民土地产权意识觉醒和确权政策深入民心阶段，农地流转又存有不确定性，短期内对农地转出可能有一定的负面影响。

（3）农地确权与农地抛荒。 农地确权可能对农地抛荒存在负向影响。传统农民有着强烈的"恋土情结"（刘润秋、宋艳艳，2006），即使老一辈农民工离开农村主要从事非农职业，也不愿放弃耕地承包权（杨国永、许文兴，2015）。实施新一轮确权提高农地产权明晰度，加强农户对产权的排他性，给予产权交易灵活性，增强农民对农地资产价值属性的处置能力，保护农民的根本利益（罗必良等，2014）。面对长久持有农地承包权的利诱，农户愿意承担一定的成本以增强其排他能力和谈判能力，以保全甚至争夺更多、更好的农地承包权。因此，在确权过程中，农民为保护自家农地产权，必将采取相机行为决策，将已弃耕的农地"复耕"是一种重要的产权保护手段，以提升确权过程中的谈判能力，构筑产权界定中的优势地位（罗明忠等，2018）。

6.1.2 农地确权与农地耕种作物品种选择

（1）农地确权与粮食作物耕种选择。 新一轮农地制度改革直接影响农民对农地生产的积极性和投资热情，可能对粮食作物耕种有正向影响。确权之前，农地产权界定尚不清晰，主要表现在集体所有权主体和内涵界定模糊，各权利主体不明确，集体土地所有权难以有效发挥。确权可以避免农民集体土地所有权行使中的"缺席"现象，有利于粮食生产。譬如，农地确权能够激励与粮食生产密切相关的浇灌设备、水渠等公共资源的使用和治理，促进农地合理利用和可持续发展。

（2）农地确权与经济作物耕种选择。 一般而言，经济作物具有区域性强、经济价值高、技术要求高、商品率高的特点，经济作物生产的集约化形式和商业化目的相对较高，综合利用的潜力非常大，需要大量的人财物投入。农地确权通过加强农地细碎化强化了小农经济（贺雪峰，2018），作为小农经济的农民，若选择种植经济作物，一方面，需要技能和技巧。另一方面，一些农户盲目跟风，结果不是产量很低，就是没有市场。所以，农地确权对种植经济作物可能有一定的负向影响。

6.2 研究方法

6.2.1 数据来源

本章数据来源于罗必良教授领衔的团队课题组于 2017 年 1 月对广东省阳山县和新丰县部分农户抽样问卷调查的基础上形成的截面数据。基于本研究需要，剔除无效样本后，样本数为 2795，有效率为 99.82%。

6.2.2 变量设置

（1）被解释变量。 本研究将农地利用方式具体划分为农地耕种方式和耕种作物品种选择两个维度。其中，农地耕种方式包括以下 3 个变量：自耕率、出租率和抛荒率；耕种作物品种选择包括以下 4 个变量：经济作物种植面积、粮食作物种植面积、经济作物占比和粮食作物占比。

（2）解释变量。 以"是否开始确权"对农地确权现状进行测度。由于客观现实因素，农地确权过程包括测绘、公示、签字确认和发放证书，并非一蹴而就，故本文以调查时尚未开始确权的农户样本为"未确权"，农地确权只要是进入土地测绘、公示、签字确认和发放证书中任何一步，均按照"已确权"处理。

（3）控制变量。相关文献表明，除土地确权颁证外，家庭特征和农地特征等都会影响农户土地利用方式（林文声等，2017；Holdenst et al.，2011；许庆等，2017）。借鉴已有研究成果，本书控制变量中家庭特征包含农业收入占比、户主文化程度、存款情况、农业机械拥有情况和将来是否有迁居城镇的计划；农地特征包括经营土地的肥力和灌溉条件（表6-1）。

表6-1 变量定义与描述性统计结果

变量类型	变量名称	定义与赋值	均值	标准差
被解释变量	自耕率	农户自家耕种土地面积/总面积（总面积包括转入土地面积，下同）	0.68	0.36
	转出率	农户转出土地（出租）面积/总面积	0.08	0.20
	抛荒率	弃耕面积/总面积	0.23	0.30
	经济作物面积（公顷）	每个农户家庭经济作物的种植面积	0.30	2.92
	粮食作物面积（公顷）	每个农户家庭粮食作物的种植面积	0.14	0.11
	经济作物占比	每个农户家庭经济作物种植面积/经营面积	0.36	32.31
	粮食作物占比	每个农户家庭粮食作物种植面积/经营面积	0.64	32.31
解释变量	农地是否确权	1=是；0=否	0.77	0.42
控制变量	农业收入占比	农业收入/家庭总收入	0.09	0.29
	户主文化程度	户主受教育年限（年）	6.73	3.38
	未来3年是否有迁居计划	1=没有；2=说不清；3=有	1.23	0.60
	土地肥力	1=比较差；2=一般；3=比较好	1.96	0.67
	灌溉条件	1=比较差；2=一般；3=比较好	2.06	0.79
	是否有农业机械	1=是；0=否	0.29	0.45
	存款余额（万元）	1=无*；2=≤1；3=1～5；4=5～10；5=>10	1.73	0.96
	存款与上年相比	1=减少了；2=差不多；3=增加了	1.91	0.59

＊："无"表示零存款或者负债；如果是"0"，则代表收支相抵。

6.2.3　计量经济模型

首先利用基准 OLS 模型估计农地确权的政策效应，但考虑到单一 OLS 模型不能很好解决样本自选择问题，且难以进行反事实分析，在模型设定和变量选取中，可能存在遗漏变量和测量误差，导致估计偏误，故本书利用反事实因果推断分析和倾向得分匹配法（propensity score matching，PSM）来估计农地确权的政策效果（张永丽等，2018）。本书建立如下模型估计农地确权的政策效应：

$$\ln Y_i = \alpha X_i + \beta_i D_i + \varepsilon_i \qquad (6-1)$$

（6-1）式中：Y_i 是被解释变量；D 为农地确权情况变量，D_i 为第 i 个农户的土地是否确权，$D_i = 1$ 代表已确权，$D_i = 0$ 代表未确权；β_i 为农地确权对农户 i 的政策影响效应；ε_i 是随机分布项。

6.3　实证检验结果与分析

6.3.1　描述性统计分析

如表 6-1 所示，样本平均确权率为 77%，样本农户的平均自耕率为 68%，大多数农户属于自给自足的小农经济；农地出租率是农户转出土地面积与总面积的比值，样本农户农地的平均转出率仅为 8%，农地转出情况不甚理想；样本农户承包土地的平均抛荒率为 23%，说明农村弃耕现象值得关注。经济作物的平均耕种面积约为粮食作物的两倍，但值得注意的是，经济作物平均占比约为粮食作物平均占比的一半。

表 6-2　样本基本情况统计表

变量名称	类型	样本数	占比（%）
户主受教育年限（年）	≤6	1 395	49.91
	6~9	1 050	37.57
	10~12	316	11.31
	>12	34	1.22
未来 3 年是否有向城镇迁居计划	没有	2 417	86.48
	说不清	118	4.22
	有	260	9.30

（续）

变量名称	类型	样本数	占比（％）
	比较差	673	24.08
土地肥力	一般	1 549	55.42
	比较好	573	20.50
	比较差	782	27.98
灌溉条件	一般	1 056	37.78
	比较好	957	34.24
是否有农业机械	是	808	28.91
	否	1 987	71.09
	≤1	2 025	72.45
农业收入占比（％）	1～10	337	12.06
	＞10	433	15.49
	无	1 500	53.67
	≤1	752	26.90
存款余额（万元）	1～5	395	14.13
	5～10	90	3.22
	＞10	58	2.08
	减少了	615	22.00
存款与上年相比	差不多	1 815	64.94
	增加了	365	13.06

　　如表6-2所示，样本中近一半户主的受教育年限在6年及以下，八成以上的农户家庭未来3年没有迁居到城镇的计划，基本上还是选择留在农村。总体而言，农户承包土地的肥力和灌溉条件一般，七成以上的农户家庭没有农业机械，农业收入占家庭收入10％以上的仅占一成五左右。

　　农地确权后，农户自耕率上升，农地转出率下降，抛荒率基本不变。初步说明农地确权会促进农户自耕，抑制农户出租自家承包土地，对抛荒则影响不大。农地确权后粮食作物平均耕种面积和占比均上升，经济作物平均耕种面积虽然有所上升，但其占比下降。初步说明农地确权会促进农户耕种粮食作物，对耕种经济作物影响暂不明显（表6-3）。

表6-3　农地确权与耕种方式、耕种作物品种交叉表

变量名称	是否确权	
	是	否
自耕率（%）	69.00	66.80
转出率（%）	7.64	9.45
抛荒率（%）	23.36	23.75
粮食作物面积（公顷）	0.14	0.13
经济作物面积（公顷）	0.33	0.21
粮食作物占比（%）	64.43	62.88
经济作物占比（%）	35.57	37.12

6.3.2　农地确权与农地耕种方式影响因素分析

模型一是自耕率的回归结果，表明在未控制任何协变量的情况下，平均处理效应为0.022，但未通过显著性检验；模型三是抛荒率的回归结果，显示在未控制任何协变量的情况下，平均处理效应为－0.004，但未通过显著性检验。

模型二是转出率的回归结果，显示在未控制任何协变量的情况下，平均处理效应为－0.018，即农地确权平均能使农地出租率降低1.8%，且在10%水平上显著。由于可能的选择偏差，该结果是不可信的；而且R^2很低，仅为0.001 4（即是否确权仅能解释农地转出率0.14%的变动）。在模型二中加入协变量得到模型四，结果显示，平均处理效应降为－0.016（变化不大），且显著性水平仍为10%，结果比较稳健。在协变量中，除灌溉条件和存款与上年相比未通过显著性检验外，其余协变量均在10%水平以上显著（表6-4）。

表6-4　农地确权与耕种方式的OLS回归结果

变量名称	模型一		模型二		模型三		模型四	
	系数	稳健标准误	系数	稳健标准误	系数	稳健标准误	系数	稳健标准误
农地是否确权	0.022	0.016	－0.018*	0.010	－0.004	0.014	－0.016*	0.010
农业收入占比							－0.041**	0.017

（续）

变量名称	模型一		模型二		模型三		模型四	
	系数	稳健标准误	系数	稳健标准误	系数	稳健标准误	系数	稳健标准误
户主文化程度							0.002*	0.001
迁居计划							0.012*	0.007
土地肥力							0.023***	0.006
灌溉条件							−0.005	0.005
是否有农业机械							−0.046***	0.008
存款余额							0.012***	0.005
存款与上年相比							−0.009	0.007
常数项	0.668***	0.014	0.095***	0.009	0.238***	0.012	0.042*	0.023
Prob>F	0.167		0.067 1		0.773		0.000	
R^2	0.001		0.001 4		0.000		0.027	

注：*、**和***分别表示在10%、5%和1%的水平上显著。下同。

首先，研究对象分为两组：已确权的农户和未确权的农户。然后计算倾向得分值以进行匹配，结果显示大多数变量的标准化偏差在匹配后降低了，并且大多数观测值在共同取值范围内（on support）。表明两组样本各方面特质近似，在进行倾向得分匹配时仅会牺牲少数样本，匹配效果较佳。

表6-5显示，卡尺匹配法后处理组的平均处理效应（ATT）达到—0.019，并且在10%的统计水平上显著。无论是用OLS方法还是使用PSM方法进行政策效应估计，农地确权对农地转出的抑制效应结论仍然成立。并且，使用OLS模型低估了农地确权对农地转出的抑制作用，说明传统线性回归模型没有考虑选择性偏差，而经过倾向得分匹配方法处理后得到了修正选择性偏差后的、更为精准的回归结果，未确权组的农地转出率比已确权组更高，核匹配法也得出相似的结果。可见，农地确权对农地转出率存在显著负向影响。

究其原因，农地确权是对承包经营权的固化，可能会进一步强化农地经营的细碎化格局，不利于转出（贺雪峰，2015）。同时，农地确权增强了农户的"产权垄断特征"（罗必良，2012），但基于农地流转市场的特性，可能无助于改变农户的控制权偏好，反而提高了转出户的禀赋效应，抬高意愿转出交易价格，抑制农地转出（冯华超、刘凡，2018）。另外，农民作为弱势群体，普遍具有风险规避心理，在确权认知还不足以冲破厌损心理的情况下，为避免转出后的"失地"风险，农地确权对农地转出有一定的抑制作用。

表 6 - 5　农地确权对转出率的平均处理效应

匹配方法	ATT	标准差	T 值
卡尺匹配	−0.019	0.0101	−1.93*
核匹配	−0.019	0.0102	−1.88*

注：①卡尺匹配中半径设定为 0.05。核匹配使用默认的核函数与带宽，下同。②根据前文，自耕率和抛荒率均未通过显著性检验，故在这里只计算了转出率。

6.3.3　农地确权与农地耕种作物品种影响因素分析

从表 6 - 6 可见，模型一是耕种粮食作物面积的回归结果，显示在未控制任何协变量的情况下，平均处理效应为 0.124，即农地确权平均能使农户粮食作物耕种面积增加，且在 10% 的水平上显著。由于可能存在选择偏差，此结果并不完全可信；而且 R^2 很低，仅为 0.001（即是否确权仅能解释粮食作物耕种面积 0.1% 的变动）。在模型一中加入协变量后得到模型五，结果显示，平均处理效应增加为 0.130（变化不大），且显著性水平仍为 10%，结果比较稳健。

模型二、三、四分别是经济作物耕种面积、粮食作物耕种面积占比、经济作物耕种面积占比的回归结果。表明在未控制任何协变量的情况下，三者均未通过显著性检验。可能的原因，一是确权之后粮食耕种面积增加，同时存在转入土地的情况，转入土地用来种植经济作物，所以粮食作物耕种面积增加，但占比不一定增加。二是转入的土地种植经济作物和粮食作物占比类似，这样也会造成粮食作物耕种面积增加，但占比不一定增加。三是粮食作物不需要农户家庭长期在家进行经营打理，粮食作物播种后，农民可以出去打工，等农忙的时候回乡进行收割，契合了农民的兼业。如果选择耕种经济作物，如果想获得可观收益，农民要牢牢地被"绑"在土地上。另外，确权后，农民的农地禀赋效应增强，农民倾向于种植粮食作物也不愿意流转出去。

表 6 - 6 农地确权与耕种作物品种的 OLS 回归结果

变量名称	模型一		模型二		模型三		模型四		模型五	
	系数	稳健标准误	系数	稳健标准误	系数	稳健标准误	系数	稳健标准误	系数	稳健标准误
农地是否确权	0.124*	0.073	1.790	1.423	1.549	1.513	−1.549	1.513	0.130*	0.074
农业收入占比									−0.044	0.133
户主文化程度									0.006	0.010
迁居计划									−0.034	0.050
土地肥力									−0.071	0.050
灌溉条件									−0.013	0.045
是否有农业机械									0.079	0.075
存款余额									−0.074**	0.037
存款与上年比									0.042	0.059
常数项	1.956***	0.062	3.154***	0.893	62.884***	1.322	37.116***	1.322	2.150***	0.180
Prob>F	0.088 6		0.208 6		0.305 9		0.305 9		0.276 0	
R^2	0.001 0		0.000 3		0.000 4		0.000 4		0.004 6	

通过传统 OLS 回归结果可见，农地确权与农户粮食作物耕种面积有显著正相关关系，接下来利用 PSM 模型检验其因果关系。为保证结果的稳健性，本部分使用了近邻匹配、卡尺匹配和核匹配这三种匹配方法来估计样本的平均处理效应（ATT）。从回归结果可见，ATT 对应的 t 值均通过显著性检验，说明农地确权对农户耕种粮食作物存在显著正向影响（表 6 - 7）。

表 6 - 7 农地确权对粮食作物耕种面积的平均处理效应

匹配方法	ATT	标准差	T 值
近邻匹配	0.163	0.081	2.00**
卡尺匹配	0.137	0.076	1.81*
核匹配	0.143	0.075	1.92*

6.4 本章小结

本章以广东省阳山县和新丰县的问卷调研数据为例，将农地利用方式细分为农地耕种方式和耕种作物品种选择两个方面，运用倾向得分匹配（PSM）模型，实证检验农地确权对农地利用方式的影响。结果表明，农地确权短期内对农地转出有一定的抑制作用，农地确权对农地转出率的总体影响为-1.9%，总体而言，农地确权对农户转出土地暂未发挥积极作用；农地确权对粮食作物耕种存在显著正向影响。

7　农地确权的劳动力转移就业效应：
　　理论分析与事实证据

　　农地确权作为一种产权改革，必然会促动作为理性经济人的农户的行为。正如前文所言，农户行为动机更接近营利小农或理性小农，农户会在风险可控前提下努力追求收益最大化。基于新迁移理论，本研究所设定的农户并非个体层面的农户，而是基于家庭层面的农户（Stark，1991a），认为农村劳动力转移是一个家庭决策，依赖于户主特征、家庭资源禀赋特征、农地经营特征以及村庄经济特征。为此，本研究以下部分将集中研究农地确权，尤其是农地整合确权对农村劳动力的转移就业效应。本章先从理论上加以论证，并基于农户问卷调查数据提供事实证据。

7.1　数学推演

　　为分析农地确权方式如何影响农村劳动力转移就业，这里做一个简单划分，即把经济体分为农业部门和非农部门，由此，城乡家庭的收入或来自农业部门，抑或来自非农部门。可再进一步假定：城镇家庭收入只来自非农部门，而农村家庭收入既包括农业部门也包括非农部门。如是，城乡收入差距应当取决于农业—非农业部门劳动生产率差异（或称农业—非农部门收入差距），以及农村家庭中从事非农生产的劳动力（也即农村家庭劳动力转移）比例。

　　回到 Gollin 等（2014a）的研究，首先设想一个不存在劳动力市场摩擦的经济带给我们的启示。假定存在一个经典的农业—非农两部门经济，两部门的生产函数为柯布—道格拉斯形式，并且劳动力可以自由流动，劳动力市场是完全竞争的。两部门的生产函数可以表达为：

$$Y_a = A_a L_a^\theta K_a^{1-\theta} \qquad (7-1)$$

$$Y_n = A_n L_n^\theta K_n^{1-\theta} \qquad (7-2)$$

其中：A_a 表示农业生产率水平，下标 a 和 n 分别代表农业和非农部门；Y、L 和 K 分别代表产出、劳动投入和资本投入。这里进一步假定两部门产出中劳动所占的份额相同，皆为 θ。

由于劳动力是自由流动的，因此，农业和非农部门在均衡状态下的工资必然相等。又假定劳动力市场是完全竞争的，那么，工人的工资必然等于其边际产品价值，因此，两个部门的边际产品价值也相等。最后，因为劳动在收入中所占份额相等，最终两部门的劳动生产率也应当相等。用等式表达该结论，即：

$$(Y_a/L_a) \; / \; (Y_n/L_n) = y_a/y_n = 1 \qquad (7-3)$$

当然，这里忽略了价格因素，因此，把产出认为是收入。并认为劳动力同质，每个工人提供 1 单位的劳动，因此 Y_a 和 Y_n 分别代表农业和非农部门的劳动生产率。需要注意的是，要达成上述结论并不依赖于对其他要素市场的假设，也就是说，即使资本市场发生严重错配，只要劳动力市场符合经典的完全竞争假设，两部门的边际产品价值必然相等，最终劳动生产率也会相等。而如果两部门的人均收入不相等，并且数据衡量不存在偏误，那只能出自一种可能——劳动力市场存在摩擦（Gollin et al.，2014a）。

农村土地产权的不完善如何导致劳动力市场摩擦？农业最重要的资本是土地，为方便讨论，在本研究中把农村的土地产权近似于资本品产权。农业和非农部门初始人口数量为 L_r 和 L_u。城市劳动力同质，每人提供 1 单位有效劳动。为考虑农村劳动力转移的异质性问题，放松农村劳动力同质假定，令变量 h 描述不同劳动者所提供的有效劳动，为简化计算，假定 $h \sim U[0.5, 1.5]$，农村初始的劳动资源禀赋为 $L_r \int_{0.5}^{1.5} hdh = L_r$，

从农业部门向非农部门转移的劳动力数量为 mL_r，$m \in (0, 1)$，实际转移的有效劳动数量为 $L_r \int_{1.5-m}^{1.5} hdh = \dfrac{m}{2}(3-m)L_r$。初始土地和资本禀赋分别为 $\overline{K_a}$ 和 $\overline{K_n}$，两部门间的资本流动可以忽略。另外，借鉴 Fergusson（2013）的做法，本研究假定农地产权强度产生两种效应：一是影响农业生产率，弱的产权将降低经济绩效（姚洋，1998，2000）。二是影响劳动力转移成本，较弱的农村土地产权（例如，面临被征用风险、无法转让以及缺乏退出补偿机制等）会增加劳动力转移的额外成本。令农地产权强度

为 $\mu \in [\underline{\mu}, 1]$，$\underline{\mu}$ 是一个接近于零的值，代表农村土地的最低产权强度。当 $\underline{\mu}=1$ 时，农地产权强度达到最高。由于农村劳动力异质性，农业部门的加总生产函数不能简单加总，而是一个积分形式，一个代表性生产者的生产函数形式为：

$$y_a = A_a(\mu)h^\theta \left[\frac{\overline{K_a}}{L_r(1-m)}\right]^{1-\theta} \qquad (7-4)$$

其中 $A_a(\mu)$ 随 μ 单调增，表示农业生产率水平，刻画农地产权的第一种效应。这里假定农村的土地均匀分配给生产者（这大致符合家庭联产承包责任制改革后的中国现状）。

由式（7-4）可以求得代表性生产者的工资和租金：

$$W_a = \theta A_a(\mu)\left[\frac{\overline{K_a}}{hL_r(1-m)}\right]^{1-\theta} \qquad (7-5)$$

$$r_a = (1-\theta) A_a(\mu) \left[\frac{hL_r(1-m)}{\overline{K_a}}\right]^{\theta} \qquad (7-6)$$

事实上，农村劳动力转移至城市非农部门后，和原来就在城市非农部门的劳动力并不能等同：首先，农村劳动力和城市劳动力熟练程度存在差异，城市劳动力熟练程度普遍较高，回报率也较高。其次，农村劳动力转移至城市从事非农工作后，在现行制度下往往和原来就在城市的劳动力处于不同行业，二者并不能完美替代。

为刻画上述现实，采用 CES 函数来描述非农部门最终的有效劳动。非农部门的生产函数表示为：

$$Y_n = An \left\{\beta L_u^\rho + \left[\frac{m}{2}(3-m)L_r\right]^\rho\right\}^{\frac{\theta}{\rho}} \overline{K_n}^{1-\theta} \qquad (7-7)$$

其中 $1/(1-\rho)$ 代表城市非农劳动力和农村转移劳动力之间的替代弹性，用 $\beta>1$ 刻画城市非农劳动力报酬高于农村转移劳动力。

非农部门的城市劳动力以及农村转移劳动力工资水平分别为 W_u 和 W_r，资本报酬为 r_u：

$$W_u = \theta A_n(\mu)\overline{K_n}^{1-\theta}\left\{\beta L_u^\rho + \left[\frac{m}{2}(3-m)L_r\right]^\rho\right\}^{\frac{\theta}{\rho}-1} \beta L_u^{\rho-1}$$

$$(7-8)$$

$$W_r = \theta A_n(\mu)\overline{K_n}^{1-\theta}\left\{\beta L_u^\rho + \left[\frac{m}{2}(3-m)L_r\right]^\rho\right\}^{\frac{\theta}{\rho}-1} \left[\frac{m}{2}(3-m)L_r\right]^\rho L_r^{\rho-1}$$

$$(7-9)$$

$$r_n = (1-\theta)A_n \frac{\left\{\beta L_u^\rho + \left[\frac{m}{2}(3-m)L_r\right]^\rho\right\}^{\frac{a}{\rho}}}{\overline{K}_n^\theta} \quad (7-10)$$

农地产权对劳动力转移成本的影响具体表现为：一是在农户承包权没有完全保障的情况下，农户从事非农工作或进城后（特别是针对整户的劳动力转移），可能担忧面临失去土地的风险。二是由于土地流转市场不完善以及缺乏对农地产权保护，土地流转租金可能被压低，增加劳动力转移的机会成本，这种情况以亲友间的转包最为明显。为考虑上述影响，当农村劳动力转移到非农部门时，由于土地产权强度不同，假定转移到非农部门的劳动力只能获得 μ 倍的土地租金，而剩下的 $(1-\mu)$ 倍土地租金将被从事农业生产的所有农民分享。因而对于农民而言，如果土地均等分配，留在农村从事农业生产获得的收益 V_a 为：

$$V_a = hW_a + r_a\frac{\overline{K}_a}{L_r}\left[1 + \frac{m}{1-m}(1-\mu)\right] \quad (7-11)$$

式（7-11）中，从事农业生产的总收益即为等式右边第一项劳动报酬与第二项地租之和。在后一项地租中，一部分来自农民自有土地，另一部分来自分享。而农村劳动力转移至非农部门所得收益 V_m 为：

$$V_m = hW_r + \mu r_a\frac{\overline{K}_a}{L_r} \quad (7-12)$$

同样，农村劳动力转移至非农部门的收益为非农部门工资及农村土地的部分地租之和。

如果劳动力转移存在一个固定成本 c，只有边际劳动力转移的收益大于其机会成本（即务农收益与转移成本之和）时，转移才会发生。

$$V_m > V_a + c \quad (7-13)$$

而农村劳动力是异质的，潜在收入高的农业劳动者率先跨过机会成本的门槛，从而转移至非农部门，潜在收入低的劳动者将留在农业部门。劳动力转移存在断点，断点处为 $h = 1.5 - m$，此时公式（7-13）变为等式。将公式（7-5）（7-6）（7-9）（7-11）（7-12）带入改写成等号的公式（7-13），可以得到均衡状态下农村劳动力转移和农地产权之间的关系：

$$\frac{W_r(m) - \dfrac{c}{1.5-m}}{W_a(m,\mu)} = (1-\mu)\frac{1-\theta}{\theta} + 1 \quad (7-14)$$

由式（7-14）可知，农村劳动力转移的数量受农地产权强度影响，农地产权强度的影响路径有：一方面，改变农业生产率，提高农地产权强度就提高了农业生产率，使从事农业生产的收益增加，加大了农村劳动力留在农业部门的动力，农地确权增强了农户对农地经营的预期收益，通过地权安全性和地权交易性两种渠道增加了农户农业经营投入和家庭务农时间（林文声等，2018），包括劳动力投入。反之，地权不稳定降低了农户农地经营的预期收益，挫伤了农户农地经营的积极性，促使农户向非农产业进行转移；另一方面，农地产权强度的提升也降低了农村劳动力转移成本，具有促进劳动力转移作用。这两方面效应一正一负，其相对大小决定了最终的总效应，使农村劳动力转移数量并非简单地随 μ 单调递增或者递减。而不同农地确权方式导致的产权强度不同，整合确权方式的产权强度要高于非整合确权方式，由此，导致其对农村劳动力转移的路径有差异。

7.2 理论阐述

7.2.1 两种农地确权方式的产权效应比较

正如前文所述，目前，在中国农地确权实践中，主要有农地非整合确权即一般的农地确权和农地整合确权两种方式，二者具有不同的特点和生成逻辑。农地非整合确权最典型的就是确权到户方式，即按照农户二轮承包时的土地数量和位置进行确权颁证，不在确权前进行土地整合，该方式由于具有操作简单、易被农户接受等优势，成为中国农地确权主要方式。农地整合确权是在确权前，将农户分散而细碎的承包地集中且连片，再进行农地确权。该方式既能保障农民土地权益，又能在不改变集体经济组织制度的前提下促进农地流转，形成农地规模经营，是对农地非整合确权方式的组织性创新（罗明忠、唐超，2018）。由于"确权确股不确地"主要存在于城市周边及发达地区，该地区本身的劳动力转移程度就比较高，该方式的应用范围比较特殊，故不纳入本研究范畴，本研究重点探讨农地整合确权和农地非整合确权两种确权方式对农村劳动力转移就业的影响。

产权理论认为，产权界定能够为行为主体提供行使权利的边界，而有效的边界则依赖于产权制度的合理安排，这种制度安排不仅能实现产权交易，而且能激励行为主体的生产性努力。同样，农地产权的界定是完善农地权能结构的一种正式制度，它通过强化农地产权强度来赋予农户更加有效的产权保障。对农地整合确权来说，其最大的特点是先整合后确权，该方式带来的农地产权强度强化要高于农地非整合确权方式。首先，农地整合确权最大特点是让农地得以适度集中连片，提高了农地的可交易性，通过增加农地可交易权进一步提升了农地产权强度。其次，农地整合确权只是先整合后确权，农地安全性得到了跟农地非整合确权同样的保障，整合确权后的土地在使用权、经营权等方面跟农地非整合确权并无明显差异。比较来看，农地整合确权增强了农地的可交易权，而在使用权和经营权提升方面跟农地非整合确权具有同样的效能，由此，农地整合确权对农地产权强度的提升效能要高于农地非整合确权。

7.2.2　农地确权对劳动力转移效应的理论分析

North（1981）的新经济史学认为，为提升农业劳动生产率、促进剩余劳动力转移，激励二元经济向一元经济转型，有效的农地产权制度安排是重要条件。Janvry 等（2015）发现墨西哥的土地产权与使用权分离能鼓励农村劳动力外出转移。Rupelle 等（2010）研究发现，由于中国承包地可能存在周期性调整，农民需要削减外出务工时间以确保土地调整后承包地的数目和质量，从而引起城乡劳动力不完全迁移。长时间居住村外具有很大的土地流失风险，农地的不稳定使用可能对劳动力转移产生抑制作用，墨西哥农村劳动力迁移行为证实了上面的观点。具体而言：

（1）农地确权的产权强化效应对农村劳动力转移可能带来促进作用。农地确权将提高农民土地产权的安全性，减少土地调整和在征用或流通过程中侵犯农户权利的可能性，从而增加了他们的非农劳动力转移意愿，这就是风险降低效应。农地确权，一方面，使农地产权稳定性提升，承包地基本不存在调整空间。另一方面，土地承包经营权证通过对农户家庭承包地"四至"、空间位置与面积的确认，增强了农地产权强度，提高了农地产权排他能力，使农户对农地的安全感知提升，让其不用担心农地转出风险，进而激励其向非农部门转移（罗明忠等，2018）。农户非农转移，常常会将土地出租或抛荒，在农地产权不明晰的情况下，无论是出租抑或抛荒，在土地调整或被征用过程中，可能面临完全或部分失去土地权利的风险（胡新艳、罗必良，2016）。农地确权颁证不仅降低了村庄农地调整的频率（丰雷等，2013），而且保持了土地承包关系的长期稳定性，在征地过程中，农民的谈判地位和谈判能力得到提高（林文声等，2017），非农转移家庭的土地权利也得到保障。农地确权明确了承包地的"四至"权属、空间位置、面积大小等信息，使得农地流转过程当中发生纷争或农地遭遇承租方侵占的可能性下降，使其能够安心转出农地并外出务工。

（2）**农地确权可能会给农户带来资产增强效应，从而对农村劳动力转移产生积极作用。**资产增强效应是指农地确权可以稳定农户经营农地的收益预期，故而激励其经营农业的积极性，促进农地流转增加，加大土地投入，包含劳动力投入，从而抑制劳动力非农转移。与之相反，不稳定的农地产权存在农户农地收益受损的可能，抑制农户对农地的投入，特别是长期投资。如此一来，会打消农民对农业生产的积极性，农业生产效率下降，导致部分劳动力进入非农部门或外出务工（刘晓宇、张林秀，2008）。

（3）**农地确权的收入效应有利于农村劳动力转移就业。**农地确权的收入效应是指，一方面，农地确权增强了农地出租市场化，确权通过加强农地的产权强度提高了土地资源的内在价值，使得土地租金率大幅上涨（程令国等，2016）。农地转出户能有更多的农地租赁收入，确权后的农地转出可以使农户在保有承包权的同时出租经营权，依然可以将农地作为其非农失业后的就业保障，减少非农就业可能造成的就业保障损失和财产损失，降低转移成本，并激励他们转向非农就业。另一方面，农地确权给予农户农地抵押权和担保权，可以减轻农民工的资金约束。这两方面的收入支持在一定程度上增强了农村劳动力非农转移意愿，界定清晰的土地产权可以通过加强资产融资变现能力来促进农村劳动力转移（李停，2016）。但是，农地出租或抵押贷款带来的收入效应对小规模农户的效果是非常有限的。

可见，农地确权主要是通过降低转出风险、增加收益来促进农村劳动力非农转移。但是，农村劳动力是否转向非农就业主要在于其所带来的成本与收益的比较，当成本大于收益时，农户选择不转移，反之，则转移。农地确权通过影响劳动力转移的成本与收益来影响转移决策。具体而言，一是农地确权保障了农民参与非农就业的前期成本，降低了他们的转移资金阻碍，激励他们转向非农部门。我国农村人多地少，人地矛盾非常尖锐，这样的耕地规模使农户难以实现充分就业，从而导致其从事农业的收入远远低于非农就业收入，因此，农户有从事非农就业的意愿。但是，在农地产权不明确和不稳定的情况下，从事非农就业的农户将面临失去土地承包经营权的风险，从而难以将农地作为其在非农失业后的就业保障，并且，随着国家取消农业税和与农民承包地相关的补贴逐渐增加，农地的财产功能特征变得更加明显。由于自身经济实力的制约，农户抗风险能力较弱，并且户籍制度导致农户难以获得城镇的福利。因此，在地权不稳定的情况下，为了降低从事非农就业可能带来的就业保障损失和财产损失，即便他们有从事非农就业的意愿，也不会真正完全地从农业中转移出来，构成当前中国农户兼业化的重要原因之一。而农地确权可通过降低失地风险来削减转移成本，激励有非农就业技能的农民转向城镇部门。

7.2.3 两种确权方式对劳动力转移的效应比较

(1) 农地整合确权的劳动力转移就业效应。对农地确权方式来说，农地整合确权的产权强度更高，其对农业经营效率提升和农村劳动力转移成本降低两种效应均有增强效应，这两方面效应一正一负，其相对大小决定了农村劳动力的转移数量。

首先，农地整合确权最大特点是让农地得以适度集中连片，有利于农地地块规模扩张（胡新艳等，2018），降低农地经营成本，提高农地经营效率，从而提高了农地经营的预期收益，吸引农村劳动力从事农业经营。整合后的土地更易于耕种，在农地产权得到保障的情况下，会进一步促进农户加大对农业经营的投入，同时也有利于农业的分工深化，为农业生产社会化服务外包提供条件。其次，农地整合确权只是先整合后确权，农地安全性得到了跟农地非整合确权同样的保障，有利于降低农村劳动力转移成本，确权进一步明晰了土地产权，提高了农户的地权安全性，农户不会因转移而失去农地，未来即使村庄发生土地调整或者土地征用等事件，农户的土地权益也不会受到损害，进而降低了农户转移风险。农地确权颁证减少了村庄调整土地的频率，保证了土地承包关系的长期稳定，增强了农户在土地调整或征用中的谈判地位，使转移农户家庭的土地权益得到保障，具体理论分析框架如图 7-1 所示。

(2) 农地非整合确权的劳动力转移就业效应。对农地非整合确权方式来说，其主要通过转移成本降低效应作用于农村劳动力转移，从而促进农

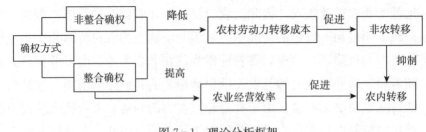

图 7-1　理论分析框架

村劳动力转移，而对农业经营效率提升效应的作用发挥不足。

　　首先，农地非整合确权最大特点是使农户承包权得到进一步保障，当农地产权基本稳定后，降低了农户转移风险（张莉等，2018）。其次，农地非整合确权仍是对原有地块和面积的确权，并未解决农户土地地块细碎、分散且不规则问题，不可避免带来农业经营效率损失（卢华等，2015；秦小红，2016），对农地确权资产增强效应的发挥不足。最后，农地非整合确权方式并不利于提升农地的可交易性。一方面，农地非整合确权没有改变土地的细碎化格局，农地流转的交易费用仍很高。另一方面，农地非整合确权进一步固化了土地使用权和收益权，农民对土地的使用权和收益权再次得到了法律认可，强化了农户土地物权属性，增强了农户对土地的禀赋效应，进而可能抑制农地流转（钟文晶等，2013），这均不利于农地确权生产效率提升效应的发挥。

　　当然，农地确权方式对农村劳动力转移就业影响的作用路径也受其他因素的影响，需要进一步分情况讨论。

　　第一，从农村劳动力个人特征看，年轻劳动力非农就业能力往往较强，对城市生活比较认同，在同等条件下他们更倾向于到城市就业，可能导致这部分劳动力对农村劳动力转移成本降低效应的反应更强烈，而对农业生产效率提高带来的预期收益增加反应一般。相反，中老年劳动力大多具有长时间的务农经历，文化水平较低，安土重迁观念强，对城市生活认同度较低，这可能导致他们对农村劳动力转移成本降低效应的反应一般，而对农业生产效率提高效应的反应强烈。文化水平较高的农村劳动力在城市找到工作的能力更强，这可能导致他们对农村劳动力转移成本降低效应的反应更强烈，而对农业生产效率提高带来的预期收益增加反应一般。相反，文化水平较差的农村劳动力非农就业能力较差，这可能导致他们对农村劳动力转移成本降低效应的反应一般，而对农业生产效率提高效应的反应强烈。

第二，从家庭资源禀赋特征看，拥有土地较多的农村劳动力，农地整合确权后土地规模越大，对农业生产效率的提升越高，加之整合确权后土地的产权安全性更高，长期投资收益可能更高，这可能导致他们对农村劳动力转移成本降低效应的反应一般，而对农业生产效率提高效应的反应强烈。相反，拥有土地较少的农村劳动力，从农业生产效率提升中获得的潜在收益更低，这可能导致他们对农村劳动力转移成本降低效应的反应更强烈，而对农业生产效率提高带来的预期收益增加反应一般。拥有资本较多的农村劳动力在城市安家能力更强，大大缓解了农村劳动力转移的资金约束，可能导致这部分劳动力对农村劳动力转移成本降低效应的反应更强烈，而对农业生产效率提高带来的预期收益增加反应一般；相反，拥有资本较少的农村劳动力在城市安家能力较差，转移的约束较多，这可能导致他们对农村劳动力转移成本降低效应的反应一般，而对农业生产效率提高效应的反应强烈。

第三，从农地经营特征看，对仍在种地的农村劳动力来说，一方面，土地对其的束缚更大。另一方面，更容易从农地整合确权中获利，可能导致他们对农村劳动力转移成本降低效应的反应一般，而对农业生产效率提高效应的反应强烈；而对已经不种地的农村劳动力来说，农业生产效率提升对他们没有直接作用，这可能导致他们对农村劳动力转移成本降低效应的反应更强烈，而对农业生产效率提高带来的预期收益增加反应一般。对农地转入户来说，一方面，土地对其的束缚更大；另一方面，更容易从农地整合确权中获利，可能导致他们对农村劳动力转移成本降低效应的反应一般，而对农业生产效率提高效应的反应强烈；对农地转出户而言，农地整合确权提高了农地可交易性，增加了农地流转价格，土地转出后对其的约束更少，可能导致他们对农村劳动力转移成本降低效应的反应更强烈，而对农业生产效率提升效应的反应一般。对生产环节外包农户来说，服务外包后土地对其转移的约束减少，导致这部分劳动力对农村劳动力转移成本降低效应的反应更强烈，而对农业生产效率提高带来的预期收益增加反应一般；相反，对非生产环节外包农户来说，意味着需要投入更多的劳动力进行农业生产，可能导致这部分劳动力对农村劳动力转移成本降低效应的反应一般，而对农业生产效率提高效应的反应强烈。

第四，从村庄经济发展水平特征看，经济发达村庄内就业机会更多，城乡收入差距较少，农地整合后，其农业生产效率更高，农业经营收入更高，这可能导致他们对农村劳动力转移成本降低效应的反应一般，而对农业生产效率提高效应的反应强烈；相反，贫困村庄内就业机会较少，受城乡收入差距的吸引较大，可能导致他们对农村劳动力转移成本降低效应的反应更强烈，而对农业生产效率提高带来的预期收益增加反应一般。

对于上述理论的推断，还需要通过实证予以验证。本章基于问卷调查数据提供事实证据，包括：数据来源说明，样本描述性统计分析以及数据交叉分析；后面几章将基于本章数据基础上进行实证检验。

7.3 事实证据：基于问卷调查数据的描述性分析

7.3.1 数据来源

本研究所使用的数据来源于华南农业大学罗必良教授领衔的团队课题组，于 2018 年年初，围绕农地确权主题，对广东清远市阳山县和韶关市新丰县开展的农户问卷调研，2 个县都属于粤北山区县，经济欠发达，其中，阳山县部分村实行的是农地整合确权，新丰县实行的是农地非整合确权。调查问卷是团队自行设计并在预调研基础上经多次修改而成。本次农户调研在两县 289 个行政村中随机抽取 140 个样本村，其中阳山县选取了 80 个样本村，新丰县选取了 60 个样本村，每个行政村随机抽取 20 个农户。调研结束后，实际获得有效问卷 2 800 份，经数据清理，以"完成确权签字"为标准筛选出其中已完成农地确权的农户，并删除变量中回答"不清楚"和缺失数据值样本，最终剩余有效样本为 2 056 个。其中，整合确权的样本农户为 323 个，非整合确权的样本农户为 1 733 个。

7.3.2 描述性统计

(1) 户主个体特征。如表 7-1 所示，从户主个体特征看，调研样本的户主多以男性为主，年龄呈现老龄化趋势，文化水平较低，党员和村干部占比较小。表 7-1 的数据显示，户主为男性的样本有 1 879 个，占比为 91.39%，户主为女性的样本有 177 个，占比为 8.61%；年龄在 45 岁以下的样本有 255 个，占比为 12.4%，年龄为 45 岁及以上的样本有 1 801 个，占比为87.6%；户主文化水平为小学及以下的样本有1 649个，占比为80.2%，户主文化水平为初中的样本有205个，占比为10%，户主文化水平为高中及以上的样本有202个，占比为9.8%；户主是党员的样本有283个，占比为13.8%；户主为村干部的样本为205个，占比为10%。

表7-1 户主个体数据统计特征

项目	选项	样本（个）	比率（%）
性别	男	1 879	91.39
	女	177	8.61
年龄	45岁以下	255	12.40
	45岁及以上	1 801	87.60
户主文化水平	小学及以下	1 649	80.20
	初中	205	9.97
	高中及以上	202	9.82
党员	是	283	13.8
	否	1 773	86.2
村干部	是	205	10
	否	1 851	90

（2）农地特征。如表7-2所示，从农地确权方式看，整合确权的样本有323个，占比为15.7%，非整合确权的样本有1 733个，占比为84.3%；从农地经营状态看，仍然从事农业经营的样本为1 465个，占比为71.25%，已经不种地的样本为591个，占比为28.75%；从农地流转特征看，农地转入样本为240个，占比为11.67%，农地转出样本为292个，占比为14.2%；从生产环节外包特征看，雇佣机械的样本为1 251个，占比为60.85%，不雇佣机械的样本为805个，占比为39.15%。综合来看，大多数样本实行的是农地非整合确权方式，大多数农户家庭仍然从事农业经营，农地转入和转出的比例仍然偏低，生产环节外包比例相对较高。

表7-2 农地数据统计特征

项目	选项	样本（个）	比率（%）
农地确权方式	整合确权	323	15.7
	非整合确权	1 733	84.3

（续）

项目	选项	样本（个）	比率（%）
农地经营状态	种地	1 465	71.25
	不种地	591	28.75
农地流转特征	农地转入	240	11.67
	农地转出	292	14.2
生产外包特征	雇佣机械	1 251	60.85
	非雇佣机械	805	39.15

(3) 农村劳动力农内转移特征。如表 7-3 所示，家庭劳动力农内转移比例在 20% 及以下的样本为 1 868 个，占比为 90.9%，家庭劳动力农内转移比例在 20%～40% 的样本为 92 个，占比为 4.5%，家庭劳动力农内转移比例在 40%～60% 的样本为 44 个，占比为 2.1%，家庭劳动力农内转移比例在 60%～80% 的样本为 14 个，占比为 0.7%，家庭劳动力农内转移比例在 80%～100% 的样本为 38 个，占比为 1.8%。可见，样本中向农业产业内进行转移的比例仍然偏低，大部分农村劳动力倾向于非农产业转移。

表 7-3 农村劳动力农内转移数据统计特征

农内转移比例	样本（个）	比率（%）
20% 及以下	1 868	90.9
20%～40%	92	4.5
40%～60%	44	2.1
60%～80%	14	0.7
80%～100%	38	1.8

(4) 农村劳动力就地转移特征。如表 7-4 所示，家庭劳动力就地转移比例在 20% 及以下的样本为 1 899 个，占比为 92.4%，家庭劳动力就地转移比例在 20%～40% 的样本为 59 个，占比为 2.9%，家庭劳动力就地转移比例在 40%～60% 的样本为 50 个，占比为 2.4%，家庭劳动力就地转移比例在 60%～80% 的样本为 23 个，占比为 1.1%，家庭劳动力就地转移比例在 80%～100% 的样本为 25 个，占比为 1.2%。可见，样本中就地转移的比例仍然偏低，大部分农村劳动力倾向于异地转移。

表 7-4　农村劳动力就地转移数据统计特征

就地转移比例	样本（个）	比率（%）
20%及以下	1 899	92.4
20%～40%	59	2.9
40%～60%	50	2.4
60%～80%	23	1.1
80%～100%	25	1.2

（5）农村劳动力迁移意愿及行为特征。表 7-5 显示了农村劳动力迁移的数据统计特征，结果显示，有迁移意愿的样本为 448 个，占比为 21.8%，实际发生迁移的样本为 216 个，占比为 10.5%。可见，调研地区实际发生人口迁移的比例仍然偏低，实现真正意义上的城镇化仍然任重道远。

表 7-5　农村劳动力迁移数据统计特征

项目	选项	样本（个）	比率（%）
转移意愿	是	448	21.8
	否	1 608	78.2
转移行为	是	216	10.5
	否	1 840	89.5

7.4　基于问卷调查数据的交叉分析

7.4.1　农地确权方式与农村劳动力转移交叉分析

（1）农地确权方式与农村劳动力农内转移的交叉分析。表 7-6 反映了不同农地确权方式下农村劳动力农内转移情况。在 2 056 个观测样本中，农地非整合确权的样本有 1 733 个，占比 84.3%，该方式下农村劳动力农内转移占比平均值为 3.841%；整合确权的样本有 323 个，占比 15.7%，该方式下农村劳动力农内转移占比平均值为 5.232%。可见，农地整合确权方式下农村劳动力农内转移占比平均值远远高于农地非整合确权方式，表明农地整合确权可能对农村劳动力农内转移产生促进作用。

表7-6 不同农地确权方式下农村劳动力农内转移情况

确权方式	农村劳动力农内转移占比平均值	频数	百分比（%）
非整合确权	3.841	1 733	84.3
整合确权	5.232	323	15.7
平均值	5.013	2 056	100

（2）农地确权方式与农村劳动力就地转移的交叉分析。 表7-7反映了不同农地确权方式下农村劳动力就地转移情况。2 056个观测样本，农地非整合确权的样本有1 733个，占比84.3%，该方式下农村劳动力就地转移占比平均值为2.83%；农地整合确权的样本有323个，占比15.7%，该方式下农村劳动力就地转移占比平均值为11.986%。可见，农地整合确权方式下农村劳动力就地转移占比平均值远远高于非整合确权方式，表明农地整合确权可能对农村劳动力就地转移产生促进作用。

表7-7 不同农地确权方式下农村劳动力就地转移情况

确权方式	农村劳动力就地转移占比平均值（%）	频数	百分比（%）
非整合确权	2.830	1 733	84.3
整合确权	11.986	323	15.7
平均值	4.266	2 056	100

（3）农地确权方式与农村劳动力迁移意愿的交叉分析。 表7-8反映了不同农地确权方式下农村劳动力迁移意愿情况。2 056个观测样本，非整合确权的样本有1 733个，占比84.3%，该方式下农村劳动力迁移意愿平均值为0.243；整合确权的样本有323个，占比15.7%，该方式下农村劳动力迁移意愿平均值为0.033。可见，整合确权方式下农村劳动力迁移意愿平均值远远低于非整合确权方式，表明农地整合确权可能对农村劳动力迁移意愿产生抑制作用。

表7-8 不同农地确权方式下农村劳动力迁移意愿情况

确权方式	农村劳动力迁移意愿平均值	频数	百分比（%）
非整合确权	0.243	1 733	84.3
整合确权	0.033	323	15.7
平均值	0.215	2 056	100

表7-9反映了不同农地确权方式下农业人口社保购买意愿情况。

2 056个观测样本，农地非整合确权方式下农业人口社保购买意愿平均值为0.706；农地整合确权方式下农业人口社保购买意愿平均值为0.474。可见，农地整合确权方式下农业人口社保购买意愿平均值远低于非整合确权方式，表明农地整合确权可能对农业人口社保购买意愿产生抑制作用。

表7-9　不同农地确权方式下农业人口社保购买意愿情况

确权方式	社保购买意愿平均值	频数	百分比（%）
非整合确权	0.706	1 733	84.3
整合确权	0.474	323	15.7
平均值	0.672	2 056	100

如表7-10所示，2 056个观测样本，农地非整合确权方式下农业人口土地转出意愿平均值为0.205；农地整合确权方式下农业人口土地转出意愿为0.175。可见，整合确权方式下农业人口土地转移意愿平均值远低于非整合确权方式，表明农地整合确权可能对土地转出意愿产生抑制作用。

表7-10　不同农地确权方式下农业人口土地转出意愿情况

确权方式	土地转出意愿平均值	频数	百分比（%）
非整合确权	0.205	1 733	84.3
整合确权	0.175	323	15.7
平均值	0.201	2 056	100

表7-11反映了不同农地确权方式下农业人口理财参与意愿情况。2 056个观测样本，非整合确权方式下农业人口理财参与意愿平均值为0.029；整合确权方式下农业人口理财参与意愿平均值为0.031。可见，整合确权方式下农业人口理财参与意愿平均值高于非整合确权方式，这表明农地整合确权可能对农业人口理财参与意愿产生促进作用。

表7-11　不同农地确权方式下农业人口理财参与意愿情况

确权方式	理财参与意愿平均值	频数	百分比（%）
非整合确权	0.029	1 733	84.3
整合确权	0.031	323	15.7
平均值	0.029	2 056	100

(4) 农地确权方式与农村劳动力迁移行为的交叉分析。 表7-12反映了不同农地确权方式下农村劳动力迁移情况。2 056个观测样本，非整合确权的样本有1 733个，占比84.3%，该方式下农村劳动力迁移概率平均值为0.113；农地整合确权的样本有323个，占比15.7%，该方式下农村劳动力迁移概率平均值为0.061。可见，整合确权方式下农村劳动力迁移概率平均值远远低于非整合确权方式，表明农地整合确权可能对农村劳动力迁移产生抑制作用。

表7-12　不同农地确权方式下农村劳动力迁移情况

确权方式	农村劳动力迁移概率平均值	频数	百分比（%）
非整合确权	0.113	1 733	84.3
整合确权	0.061	323	15.7
平均值	0.105	2 056	100

7.4.2　户主个人特征与农村劳动力转移交叉分析

(1) 户主个人特征与农村劳动力农内转移的交叉分析。 如表7-13所示，2 056个观测样本，年轻劳动力样本有255个，占比12.4%，其农村劳动力农内转移占比平均值为4.484%；中老年劳动力样本1 801个，占比87.6%，其农村劳动力农内转移占比平均值为5.144%；小学及以下文化程度劳动力样本为1 649个，占比80.2%，其农村劳动力农内转移占比平均值为5.054%；中学文化程度劳动力样本205个，占比9.97%，其农村劳动力农内转移占比平均值为5.045%；高中及以上文化程度劳动力样本为202个，占比9.82%，其农村劳动力农内转移占比平均值为5.148%。可见，中老年劳动力和文化水平较高的劳动力更倾向于农内转移，表明年龄和文化程度可能对农村劳动力农内转移产生促进作用。

表7-13　不同个人特征下农村劳动力农内转移情况

个人特征	说明	农村劳动力农内转移占比平均值	频数	百分比（%）
年龄	年轻劳动力	4.484	255	12.4
	中老年劳动力	5.144	1 801	87.6
文化程度	小学及以下	5.054	1 649	80.2
	初中	5.045	205	9.97
	高中及以上	5.148	202	9.82

注：年轻劳动力主要指45岁以下的劳动力，中老年劳动力主要指45岁及以上的劳动力，下同。

（2）户主个人特征与农村劳动力就地转移的交叉分析。表 7 - 14 反映了不同个人特征下农村劳动力就地转移情况。2 056 个观测样本，年轻劳动力样本有 255 个，占比 12.4%，其就地转移占比平均值为 4.647%；中老年劳动力样本 1 801 个，占比 87.6%，其就地转移占比平均值为 4.18%；小学及以下文化程度劳动力样本为 1 649 个，占比 80.2%，其就地转移占比平均值为 4.139%；中学文化程度劳动力样本为 205 个，占比 9.97%，其就地转移占比平均值为 5%；高中及以上文化程度劳动力样本为 202 个，占比 9.82%，其就地转移占比平均值为 4.282%。可见，年轻劳动力和文化水平较高的劳动力更倾向于就地转移，表明年龄可能对农村劳动力就地转移产生抑制作用，文化程度可能对农村劳动力就地转移产生促进作用。

表 7 - 14　不同个人特征下农村劳动力就地转移情况

个人特征	说明	就地转移占比平均值	频数	百分比（%）
年龄	年轻劳动力	4.647	255	12.4
	中老年劳动力	4.18	1 801	87.6
文化程度	小学及以下	4.139	1 649	80.2
	初中	5.000	205	9.97
	高中及以上	4.282	202	9.82

（3）户主个人特征与农村劳动力迁移行为的交叉分析。如表 7 - 15 所示，2 056 个观测样本，年轻劳动力样本有 255 个，占比 12.4%，其迁移概率平均值为 0.122；中老年劳动力样本 1 801 个，占比 87.6%，其迁移概率平均值为 0.103；小学及以下文化程度劳动力样本为 1 649 个，占比 80.2%，其迁移概率平均值为 0.105；初中文化程度劳动力样本为 205 个，占比 9.97%，其迁移概率平均值为 0.122；高中及以上文化程度劳动力样本为 202 个，占比 9.82%，其迁移概率平均值为 0.089。可见，年轻劳动力和文化水平中等的劳动力更倾向于迁移，表明年龄可能对农村劳动力迁移产生抑制作用，文化程度可能对农村劳动力迁移产生促进作用。

表 7 - 15　不同个人特征下农村劳动力迁移情况

个人特征	说明	农村劳动力迁移概率平均值	频数	百分比（%）
年龄	年轻劳动力	0.122	255	12.4
	中老年劳动力	0.103	1 801	87.6

（续）

个人特征	说明	农村劳动力迁移概率平均值	频数	百分比（%）
	小学及以下	0.105	1 649	80.2
文化程度	初中	0.122	205	9.97
	高中及以上	0.089	202	9.82

7.4.3 农地经营特征与农村劳动力转移交叉分析

（1）农地经营特征与农村劳动力农内转移的交叉分析。如表7-16所示，2 056个观测样本，仍然从事农业经营的样本有1 465个，占比71.25%，其农村劳动力农内转移占比平均值为6.55%；不从事农业经营的样本591个，占比28.75%，其农村劳动力农内转移占比平均值为4.62%；农地转入户样本为240个，占比11.67%，其农村劳动力农内转移占比平均值为6.608%；农地转出户样本为292个，占比14.2%，其农村劳动力农内转移占比平均值为5.847%；雇佣机械的样本为1 251个，占比60.85%，其农村劳动力农内转移占比平均值为4.874%；不雇佣机械的样本为805个，占比39.15%，其农村劳动力农内转移占比平均值为5.184%。可见，从农地经营状态看，仍然从事农业经营的农村劳动力更倾向于农内转移；从农地流转特征看，农地转入户更倾向于农内转移；从生产外包特征看，非雇佣机械的农村劳动力更倾向于农内转移。

表7-16 不同农地经营特征下农村劳动力农内转移情况

农地经营特征	说明	农村劳动力农内转移占比平均值	频数	百分比（%）
农地经营状态	种地	6.550	1 465	71.25
	不种地	4.620	591	28.75
农地流转特征	农地转入户	6.068	240	11.67
	农地转出户	5.847	292	14.2
生产外包特征	雇佣机械	4.874	1 251	60.85
	非雇佣机械	5.184	805	39.15

（2）农地经营特征与农村劳动力就地转移的交叉分析。如表7-17所示，2 056个观测样本，仍从事农业经营的样本有1 465个，占比71.25%，就地转移占比平均值为4.62%；不从事农业经营的样本591个，占比

28.75%，就地转移占比平均值为3.294%；农地转入户样本为240个，占比11.67%，其就地转移占比平均值为5.362%；农地转出户样本为292个，占比14.2%，其就地转移占比平均值为3.25%；雇佣机械的样本为1 251个，占比60.85%，其就地转移占比平均值为4.065%；不雇佣机械的样本为805个，占比39.15%，其就地转移占比平均值为4.35%。可见，从农地经营状态看，仍然从事农业经营的农村劳动力更倾向于就地转移；从农地流转特征看，农地转入户更倾向于就地转移；从生产外包特征看，非雇佣机械的农村劳动力更倾向于就地转移。

表7-17 不同农地经营特征下农村劳动力就地转移情况

农地经营特征	说明	就地转移占比平均值	频数	百分比（%）
农地经营状态	种地	4.62	1 465	71.25
	不种地	3.294	591	28.75
农地流转特征	农地转入户	5.362	240	11.67
	农地转出户	3.25	292	14.2
生产外包特征	雇佣机械	4.065	1 251	60.85
	非雇佣机械	4.35	805	39.15

（3）农地经营特征与农村劳动力迁移行为的交叉分析。表7-18反映了不同农地经营特征下农村劳动力迁移情况。2 056个观测样本，仍然从事农业经营的样本有1 465个，占比71.25%，其迁移概率平均值为0.109；不从事农业经营的样本591个，占比28.75%，其迁移概率平均值为0.096；农地转入户样本为240个，占比11.67%，其迁移概率平均值为0.98；农地转出户样本为292个，占比14.2%，其迁移概率平均值0.081；雇佣机械的样本为1 251个，占比60.85%，其迁移概率平均值为0.111；不雇佣机械的样本为805个，占比39.15%，其迁移概率平均值为0.108。可见，从农地经营状态看，不从事农业经营的农户更倾向于迁移；从农地流转特征看，农地转出户更倾向于迁移；从生产外包特征看，雇佣机械的农村劳动力更倾向于迁移。

表7-18 不同农地经营特征下农村劳动力迁移情况

农地经营特征	说明	农村劳动力迁移概率平均值	频数	百分比（%）
农地经营状态	种地	0.109	1 465	71.25
	不种地	0.096	591	28.75

（续）

农地经营特征	说明	农村劳动力迁移概率平均值	频数	百分比（％）
农地流转特征	农地转入户	0.98	240	11.67
	农地转出户	0.081	292	14.2
生产外包特征	雇佣机械	0.111	1 251	60.85
	非雇佣机械	0.108	805	39.15

7.4.4 村庄经济水平特征与农村劳动力转移交叉分析

（1）村庄经济水平特征与农村劳动力农内转移的交叉分析。表 7 - 19 反映了不同村庄经济水平下农村劳动力农内转移情况。2 056 个观测样本，村庄经济水平较差的样本有 314 个，占比 15.27％，其农村劳动力农内转移占比平均值为 2.824％；村庄经济水平一般的样本 1 614 个，占比 78.5％，其农村劳动力农内转移占比平均值为 3.12％；村庄经济水平较高样本为 128 个，占比 6.23％，其农村劳动力农内转移占比平均值为 35.051％。可见，经济水平较高村庄农村劳动力农内转移比例的平均值远远高于经济水平较差的村庄，这表明村庄经济水平可能对农村劳动力农内转移产生促进作用。

表 7 - 19　不同村庄经济水平下农村劳动力农内转移情况

村庄经济水平	农村劳动力农内转移占比平均值	频数	百分比（％）
较差	2.824	314	15.27
一般	3.120	1 614	78.5
较好	35.051	128	6.23

（2）村庄经济水平特征与农村劳动力就地转移的交叉分析。表 7 - 20 反映了不同村庄经济水平下农村劳动力就地转移情况。2 056 个观测样本中，村庄经济水平较差的样本有 314 个，占比 15.27％，其就地转移占比平均值为 4.299％；村庄经济水平一般的样本 1 614 个，占比 78.5％，其就地转移占比平均值为 4.367％；村庄经济水平较高样本为 128 个，占比 6.23％，其就地转移占比平均值为 2.474％。可见，经济水平一般村庄农村劳动力就地转移比例的平均值高于经济水平较差的村庄，这表明村庄经济水平可能对农村劳动力就地转移产生促进作用。

表7-20　不同村庄经济水平下农村劳动力就地迁移情况

村庄经济水平	就地转移占比平均值	频数	百分比（%）
较差	4.299	314	15.27
一般	4.367	1 614	78.5
较好	2.474	128	6.23

（3）村庄经济水平特征与农村劳动力迁移行为的交叉分析。表7-21反映了不同村庄经济水平下农村劳动力迁移情况。2 056个观测样本，村庄经济水平较差的样本有314个，占比15.27%，其迁移概率平均值为0.089；村庄经济水平一般的样本1 614个，占比78.5%，其迁移概率平均值为0.109；村庄经济水平较高样本为128个，占比6.23%，其迁移概率平均值为0.093。可见，经济水平一般村庄的农村劳动力更倾向于迁移，而经济水平较好的村庄，其农村劳动力迁移的概率较低。

表7-21　不同村庄经济水平下农村劳动力迁移情况

村庄经济水平	农村劳动力迁移概率平均值	频数	百分比（%）
较差	0.089	314	15.27
一般	0.109	1 614	78.5
较好	0.093	128	6.23

7.5　本章小结

本章首先通过数理推演和理论分析针对农地确权对农村劳动力转移就业效应进行了分析，然后，基于广东省阳山县和新丰县的农户问卷调查数据的统计特征进行了分析。结果显示：从样本特征看，调研的样本呈老龄化趋势，文化水平较低，党员和村干部占比较小；大多数样本实行的是非整合确权方式，大多数农户家庭仍然从事农业经营，农地转入和转出的比例仍然偏低，生产环节外包比例相对较高；大部分农村劳动力仍然倾向于非农产业转移和异地转移，迁移意愿和实际迁移比例仍然比较低；整合确权方式下农村劳动力农内转移占比和就地转移占比平均值远高于非整合确权方式，整合确权方式下农村劳动力迁移意愿和迁移概率平均值远远低于非整合确权方式，表明整合确权可能对农村劳动力迁移产生抑制作用。综合来看，本章对数据来源和特征进行了基本分析，为下一步的研究奠定了基础。

8 农地确权方式对农村劳动力转移行业选择的影响

本章主要利用广东省阳山县和新丰县农户问卷调查数据，基于效率和成本的视角，实证检验农地确权方式对农村劳动力农内转移的影响，以进一步揭示农地整合确权和农地非整合确权对农村劳动力农业产业内转移的影响及其作用机理。

8.1 研究假说

结合前文理论分析框架，农地确权方式主要通过农业生产效率提高和转移成本降低两条一正一反的路径作用于农村劳动力转移，本章基于农地确权方式影响农村劳动力转移的作用路径，并结合农村劳动力转移行业选择的特点，进一步阐述农地确权方式对农村劳动力转移行业选择的影响。

从农村劳动力转移行业选择看，可分为农内转移和非农产业转移两类。二者具有不同的成本和收益。农内转移成本较低，比如交通成本、社会融入成本等，同时可以解决照顾家人和土地的问题，缓和社会矛盾，但对于农业发展水平较低的地区来说，其农内就业机会不多，导致农村劳动力农内就业空间较窄，另外，农内转移的收益一般较非农转移的收益低。非农转移有利于提高农村劳动力人力资本，获得更多就业机会和更高工资，但转移成本一般较农内转移高，比如社会融入成本、工作搜寻成本以及交通成本等（孔艳芳，2017）。

从前文农地确权方式的特点和影响农村劳动力转移的机制看，其主要通过生产效率提升、转移成本降低效应作用于农村劳动力转移，结合农村劳动力转移行业选择的特点，农地非整合确权方式主要通过农村劳动力转移成本降低效应作用于农村劳动力转移，从而促进了农村劳动力非农转移，抑制了农村劳动力农内转移；农地整合确权通过农村劳动力转移成本降低以及农业生产效率提高作用于农村劳动力农内转移，其具体方向取决于二者的总效应之和。

从农地非整合确权的特点看，非整合确权主要通过转移成本降低效应影响农村劳动力农内转移，对农业生产效率提升效应作用发挥不足，进而抑制了农村劳动力农内转移。首先，农地非整合确权最大的特点是使农户承包权得到进一步保障，当农地产权基本稳定后，降低了农户转移成本（张莉等，2018），确权进一步明晰了土地产权，提高了农户的地权安全性，农户不会因转移而失去农地，未来即使村庄发生土地调整或者土地征用等事情，农户的土地权益也不会受到损害，加之非农产业的高收益预期，非整合确权可能促进农村劳动力非农转移。农地确权颁证减少了村庄调整土地的频率，保证了土地承包关系的长期稳定，增强了农户在土地调整或征用中的谈判地位，使转移的农户家庭的土地权益得到保障。其次，农地非整合确权仍是对原有地块和面积的确权，并未解决农户土地的地块细碎、分散且不规则问题，不可避免带来农业经营效率损失（卢华等，2015；秦小红，2016），对农业生产效率提升效应的发挥不足。最后，农地非整合确权方式并不利于提升农地的可交易性。一方面，非整合确权没有改变土地的细碎化格局，农地流转的交易费用仍然很高。另一方面，非整合确权进一步固化了土地使用权和收益权，农民对土地使用权和收益权再次得到了法律的认可，强化了农户土地物权属性，增强了农户对土地的禀赋效应，进而可能抑制农地流转（钟文晶等，2013），这均不利于提升农业生产效率。可见，农地非整合确权方式通过降低农村劳动力非农转移成本，从而更有利于促进农村劳动力非农转移，从而抑制农村劳动力农内转移。

从农地整合确权特点看，农地整合确权主要通过生产效率提高和转移成本降低效应作用于农村劳动力农内转移，其对农村劳动力农内转移的影响取决于二者总效应之和。首先，整合确权只是先整合后确权，农地安全性得到了跟非整合确权同样的保障，也有利于降低农村劳动力转移成本，农地确权颁证减少了村庄调整土地的频率，保证了土地承包关系的长期稳定，增强了农户在土地调整或征用中的谈判地位，使转移农户家庭的土地权益得到保障。其次，农地整合确权最大特点是让农地得以适度集中连片，提高了农地的可交易性，更有利于促进土地流转，农户可以通过流转增加收入，农地确权颁证为农地抵押、担保提供了基础条件，增加了农户资本获得渠道，有助于缓解农村劳动力转移的资本约束，降低农村劳动力转移成本。另外，农地整合确权有利于农地流转，农地流转促进了农业分工，增加了农业产业内的就业创业机会。分工依赖于市场范围，通过农地流转带动土地经营规模的扩张，将农户生产经营活动卷入分工活动，增加了农业产业内的就业机会（张红宇，2003）。一方面，农地流转有利于新型农业经营主体的培育和发展（张海鹏等，2014；皮修平等，2015），新型农业经营主体的发展过程中增加了农业产业内的就业机会（张琛等，2017），为农村劳动力农内转移提供了就业岗位。另一方面，农地流转可以通过需求方面的收入效应以及供给方面的技术效应和资本深化，推动农业结构变动（匡远配等，2016），进而促进农村产业融合发展。在这一过程中会衍生出许多农业产业内的创业机会，比如电商、社会化服务等，这会吸引农村劳动力向农内进行创业转移，反过来也会提供一部分就业岗位，进一步促进农村劳动力农内转移。最后，整合确权最大特点是让农地得以适度集中连片，有利于农地地块规模扩张（胡新艳等，2018），降低农地经营成本，从而提高了农地经营的预期收益，吸引农村劳动力从事农业经营，从而促进了农村劳动力农内转移。农地确权增强了农户对农地经营的预期收益，通过地权安全性和地权交易性两种渠道增加了农户农业经营投入和家庭务农时间（林文声等，2018），包括劳动力投入。可见，在土地产权安全性增强、农内就业机会增加以及务农预期收益提高的共同作用下，农地整合确权更有利于促进农村劳动力农内转移。据此提出如下假说：

H：农地整合确权促进农村劳动力农内转移。

8.2 变量与模型选择

8.2.1 变量选择与说明

（1）被解释变量。本研究中模型的因变量为劳动力农内转移，具体用家庭农村劳动力农内就业人数占比表示。

（2）解释变量。本章希望分析农地确权方式对农村劳动力农内转移的影响，由此，本研究模型的主要自变量为农地确权方式，参考胡新艳等

（2018）的研究，本章采用农地非整合确权以及整合确权来刻画。

（3）控制变量。借鉴 Ma 等（2015）和 Janvry 等（2015）的研究，本章选取户主年龄、性别、文化程度、是否党员、是否村干部来反映户主特征；选取是否种地、家庭存款、土地面积、土地质量来反映家庭特征；参考仇童伟（2017）的研究，本研究选取所在村庄地形特征、基础设施以及距乡镇政府的距离来描述区域特征。

本章所有变量的定义、赋值及其描述性统计分析结果见表 8-1。

表 8-1　变量的定义、说明与描述性统计分析（N＝2 056）

	变量	变量测度	平均值	标准偏差
被解释变量	农内转移劳动力占比	％	5.013	17.324
解释变量	确权方式	0＝非整合确权；1＝整合确权	0.157	0.364
控制变量	户主年龄	岁	55.737	10.229
	户主性别	0＝女；1＝男	0.914	0.281
	户主文化水平	小学及以下＝1；中学＝2；高中及以上＝3	1.296	0.637
	是否党员	1＝是；0＝否	0.138	0.345
	是否村干部	1＝是；0＝否	0.1	0.3
	是否种地	1＝是；0＝否	0.713	0.453
	家庭存款	1＝无；2＝1 万元及以下；3＝1 万～5 万元；4＝5 万～10 万元；5＝10 万元以上	1.903	1.04
	土地面积	亩	4.256	5.914
	土地质量	0＝比较差；1＝一般；2＝比较好	0.974	0.649
	是否修建水利设施	1＝是；0＝否	0.369	0.483
	是否修建机耕道路	1＝是；0＝否	0.286	0.452
	是否进行土地平整	1＝是；0＝否	0.094	0.292
	村庄经济状况	1＝较差；2＝一般；3＝较好	1.91	0.455
	地形特征	1＝平原；2＝丘陵；3＝山地；4＝高原；5＝盆地	2.184	0.842
	到镇政府的距离	千米	6.75	5.967
	到县政府的距离	千米	31.183	16.214

8.2.2　模型选择与说明

为了估计农地确权方式对农村劳动力农内转移的影响，本研究建立以下模型表达式：

$$y_i = a_0 + a_1 way + \sum_{n=1} a_{2n} D_{n_i} + \zeta_i \qquad (8-1)$$

（8-1）式中 y_i 为被解释变量，表示家庭劳动力农内转移占比；way 表示农地确权方式；D_{n_i} 表示家庭特征和区域特征方面的控制变量；a_0 为常数项，a_1、a_{2n} 为待估计系数；ζ_i 为误差项，服从正态分布。

8.3 模型估计结果与分析

8.3.1 基准回归结果

表8-2报告了农地确权方式对农村劳动力农内转移影响的模型估计结果（有效样本量均为2 056个）。结果表明，确权方式对农村劳动力农内转移有显著正向影响，这一影响在加入其他控制变量时仍然显著，说明农地整合确权显著促进了农村劳动力农内转移，研究假说H得到验证；户主性别以及到镇政府的距离对农村劳动力农内转移有显著正向影响。总体而言，农地整合确权方式促进了农村劳动力农内转移。究其原因，正是如前文理论分析所述，农地整合确权更有利于农地规模化经营，降低农地经营成本，从而提高了农地经营的预期收益，加之确权后农地产权安全性增强，促进了农户对农地的投入，包括劳动力投入，从而促进了农村劳动力向农内转移。

表8-2 确权方式对农村劳动力农内转移影响基准回归结果

变量	(1) 农内转移	(2) 农内转移
确权方式	7.424***	7.791***
	(1.029)	(1.038)
户主年龄		0.0497
		(0.039 1)
户主性别		2.777**
		(1.356)
户主文化水平		−0.019 9
		(0.631)
是否党员		−0.125
		(1.299)

（续）

变量	(1) 农内转移	(2) 农内转移
是否村干部		1.161
		(1.476)
是否种地		0.667
		(0.853)
家庭存款		−0.222
		(0.375)
土地面积		−0.049 8
		(0.064 1)
土地质量		−0.239
		(0.589)
是否修建水利设施		−1.410
		(0.860)
是否修建机耕道路		−0.863
		(0.945)
是否进行土地平整		−0.782
		(1.402)
村庄经济状况		−0.483
		(0.848)
地形特征		0.132
		(0.466)
到镇政府的距离		0.120*
		(0.064 3)
到县政府的距离		−0.037 9
		(0.024 3)
常量	3.841***	0.653
	(0.408)	(3.693)
地区	控制	控制
R^2	0.024	0.036
样本量	2 056	2 056

注：＊、＊＊和＊＊＊分别表示在 10％、5％和 1％的统计水平上显著，标准误皆为稳健标准误，下同。

8.3.2 个人特征异质性分析

如表 8-3 所示，农地整合确权对不同年龄农村劳动力农内转移均有显著正向影响，但对中老年农村劳动力农内转移的影响程度更高。表明农地整合确权对农村劳动力农内转移的影响受劳动力年龄的调节，农地整合确权更有利于促进中老年农村劳动力农内转移。年轻劳动力非农就业能力往往较强，对城市生活比较认同，在同等条件下他们更倾向于到城市就业，因此，农地整合确权对其农内转移的促进作用较低。相反，中老年劳动力大多具有长时间的务农经历，文化水平较低，安土重迁观念强，对城市生活认同度较低，加之土地整合确权后，更利于耕种，因此，农地整合确权对其农内转移的促进作用更强。

表 8-3 年龄分组回归结果

变量	(3) 年轻劳动力（45 岁以下）	(4) 中老年劳动力（45 岁以上）
确权方式	5.858**	8.164***
	(2.744)	(1.126)
控制变量	引入	引入
常量	6.465	4.612
	(7.883)	(2.899)
地区	控制	控制
R^2	0.081	0.037
样本量	255	1 801

由表 8-4 可见，农地整合确权对不同文化程度农村劳动力农内转移均有显著正向影响，但对高中学历农村劳动力农内转移的影响程度更高。表明农地整合确权对农村劳动力农内转移的影响受劳动力文化程度的调节，农地整合确权更有利于促进文化程度高的农村劳动力农内转移。可能的原因是，文化程度较高的农村劳动力更容易识别出农地整合确权的预期收益，吸引他们从事农业经营活动，因此，农地整合确权对其农内转移的促进作用更强。文化水平较低的劳动力，产权意识不强，对农地整合确权的预期收益识别不足，这些都导致整合确权对其农内转移的影响不显著。

表8-4　文化程度分组回归结果

变量	(5) 小学及以下	(6) 初中	(7) 高中及以上
确权方式	7.057***	9.453***	13.97***
	(1.172)	(2.936)	(3.878)
控制变量	引入	引入	引入
常量	3.970	−17.91*	1.397
	(4.229)	(9.661)	(9.350)
地区	控制	控制	控制
R^2	0.032	0.145	0.142
样本量	1 649	205	202

8.3.3　资源禀赋特征异质性分析

从表8-5可见，从土地要素看，确权方式与土地面积交叉项的估计系数不显著，这说明随着土地面积的增加，农地整合确权对农村劳动力农内转移的促进作用变得不明显，但方向为正，这可能是因为整合确权农内转移效应具有滞后性，对当前农内转移的影响不显著。从资本要素看，确权方式与家庭存款交叉项的估计系数显著为正，这说明随着家庭存款的增加，整合确权对农村劳动力农内转移的促进作用在增强，这是因为，随着家庭存款的增加，可以增加对农业的生产投入，更有利于增强农地整合确权对务农收益的促进作用，由此吸引农村劳动力向农内转移。

表8-5　不同资源禀赋特征回归结果

变量	(8) 农内转移	(9) 农内转移
确权方式	9.276***	4.534**
	(1.361)	(2.211)
土地面积	0.037 2	
	(0.063 5)	
确权方式×土地面积	0.085 3	
	(0.211)	
存款		−0.266
		(0.376)

（续）

变量	(8) 农内转移	(9) 农内转移
确权方式×存款		2.680**
		(1.051)
控制变量	引入	引入
常量	−21.57***	−21.13***
	(3.212)	(3.514)
地区	控制	控制
R^2	0.127	0.130
样本量	2 056	2 056

8.3.4　农地经营特征异质性分析

如表 8-6 所示，农地整合确权对种地农村劳动力农内转移有显著正向影响，对不种地农村劳动力农内转移的影响不显著。表明农地整合确权对农村劳动力农内转移的影响受农地经营状态的调节，农地整合确权更有利于促进种地农村劳动力农内转移。对仍然种地的农村劳动力来说，一方面，土地对其的束缚更大；另一方面，更容易从农地整合确权中获利，因此，农地整合确权对其农内转移的促进作用更强。而对不种地的农村劳动力来说，农地整合确权进一步提升了农地的交易性，增强了农地的产权安全性，从而使其更方便地进行土地流转，为其向非农转移提供资金支持，降低了非农转移成本，因此，农地整合确权对其农内转移的促进作用较低。

表 8-6　农地经营状态特征分组回归结果

变量	(10) 不种地	(11) 种地
确权方式	1.131	12.24***
	(0.814)	(1.374)
控制变量	引入	引入
常量	1.471	−30.05***
	(2.466)	(4.854)

（续）

变量	(10) 不种地	(11) 种地
地区	控制	控制
R^2	0.020	0.164
样本量	591	1 465

如表 8-7 所示，农地整合确权对农地转出户和转入户农内转移均有显著正向影响，但对农地转入户农内转移的影响程度更高。表明农地整合确权对农村劳动力农内转移的影响受劳动力农地流转特征的调节，农地整合确权更有利于促进低农地转入户农内转移。对农地转入户来说，一方面，土地对其的束缚更大；另一方面，更容易从农地整合确权中获利，因此，农地整合确权对其农内转移的促进作用更强。而对农地转出户来说，农地整合确权提高了农地可交易性，提升了农地流转价格，为其非农转移提供更多资金支持，降低了其非农转移成本，因此，农地整合确权对其农内转移的促进作用较低。

表 8-7　农地流转特征分组回归结果

变量	(12) 农地转入户	(13) 农地转出户
确权方式	10.09***	6.276 *
	(2.789)	(3.624)
控制变量	引入	引入
常量	−33.48***	−34.32***
	(10.45)	(11.12)
地区	控制	控制
R^2	0.248	0.177
样本量	240	292

如表 8-8 所示，农地整合确权对生产环节外包和非生产环节外包农村劳动力农内转移均有显著正向影响，但对非生产环节外包农村劳动力农内转移的影响程度更高。表明农地整合确权对农村劳动力农内转移的影响受劳动力生产环节外包特征的调节，农地整合确权更有利于降低非生产环节外包农户农内转移。对非生产环节外包农户来说，意味着需要投入更多的劳动力进行农业生产，因此，农地整合确权对其农内转移的促进作用更

强。而对生产环节外包农户来说，生产环节外包将其从农地经营中解放出来，为其非农产业转移提供了条件，因此，农地整合确权对其农内转移的促进作用较低。

表 8-8 生产环节外包特征分组回归结果

变量	(14) 雇佣机械	(15) 不雇佣机械
确权方式	6.466***	12.080***
	(1.559)	(1.409)
控制变量	引入	引入
常量	−5.025	−27.230***
	(6.734)	(4.396)
地区	控制	控制
R^2	0.084	0.177
样本量	805	1 251

8.3.5 村庄经济水平特征异质性分析

如表 8-9 所示，农地整合确权对一般村庄和经济较发达村庄农村劳动力农内转移均有显著正向影响，对贫困村庄农村劳动力农内转移的影响不显著。表明整合确权对农村劳动力农内转移的影响受村庄经济水平的调节，整合确权更有利于促进经济发达村庄农户农内转移。对经济发达村庄农户来说，其村庄内就业机会更多，农地整合使农业生产效率提高，其农业经营收入更高，吸引其向农内转移，因此，整合确权对其农内转移的促进作用更强。而对贫困村庄农户来说，所在村庄内就业机会较少，受城乡收入差距的吸引，其非农转移意愿本身就很强，农地整合确权后，提高了农地的可交易性，方便了农地流转，从而为其非农转移提供了资金支持，因此，农地整合确权对其农内转移的促进作用较低。

表 8-9 村庄经济水平分组回归结果

变量	(16) 较差村庄	(17) 一般村庄	(18) 较好村庄
确权方式	2.043	4.860***	34.510***
	(1.587)	(0.836)	(9.068)

（续）

变量	(16) 较差村庄	(17) 一般村庄	(18) 较好村庄
控制变量	引入	引入	引入
常量	0.053	4.339*	−40.660
	(5.330)	(2.501)	(28.840)
地区	控制	控制	控制
R^2	0.099	0.041	0.502
样本量	314	1 614	128

8.3.6 共线性检验

考虑到上述结果可能存在多重共线性问题，如家庭存款与是否种地、文化水平之间可能存在共线性问题，为此本研究进一步对上述模型估计结果进行了共线性检验（表8-10）。结果显示，最大的 VIF 为 1.41，远小于 10，故上述回归结果不必担心存在多重共线性问题，结果较为可靠。

表 8-10 共线性检验

变量	VIF	1/VIF
确权方式	1.01	0.993 697
户主年龄	1.13	0.888 654
户主性别	1.02	0.981 209
户主文化水平	1.14	0.880 873
是否党员	1.41	0.708 813
是否村干部	1.38	0.725 019
是否种地	1.05	0.952 096
家庭存款	1.07	0.933 911
土地面积	1.01	0.987 919
土地质量	1.03	0.973 670
是否修建水利设施	1.22	0.822 990
是否修建机耕道路	1.29	0.777 732
是否进行土地平整	1.18	0.848 338
村庄经济状况	1.05	0.953 059
地形特征	1.09	0.921 366

（续）

变量	VIF	1/VIF
到镇政府的距离	1.04	0.964 616
到县政府的距离	1.10	0.912 031
平均值	1.13	

8.3.7　稳健性检验

为进一步验证上述结果稳健性，利用 Tobit 模型重新估计了农地确权方式对农村劳动力农内转移的影响。结果发现（表8-11）：核心自变量方面，农地确权方式对农内转移有显著正向影响，与上文实证结果一致，表明核心变量的影响较为稳健。在控制变量方面，到镇政府的距离对农村劳动力农内转移的影响显著为正，与前文实证分析结果保持一致，其他控制变量跟前文的方向也基本一致，表明控制变量的影响稳健。

表 8-11　农地确权方式对农村劳动力农内转移影响的 Tobit 模型回归结果

变量	(19) 农内转移	(20) 农内转移
确权方式	62.540***	65.990***
	(11.13)	(11.170)
户主年龄		0.552
		(0.465)
户主性别		26.430
		(17.540)
户主文化水平		−3.170
		(7.604)
是否党员		12.740
		(14.530)
是否村干部		7.421
		(16.450)
是否种地		12.610
		(10.230)
家庭存款		−3.885
		(4.503)

（续）

变量	(19) 农内转移	(20) 农内转移
土地面积		−0.449
		(0.887)
土地质量		2.974
		(6.799)
是否修建水利设施		−13.980
		(10.250)
是否修建机耕道路		−12.870
		(11.470)
是否进行土地平整		−16.160
		(18.050)
村庄经济状况		−0.881
		(9.814)
地形特征		2.105
		(5.513)
到镇政府的距离		1.532**
		(0.735)
到县政府的距离		−0.559*
		(0.289)
常量	−165.400***	−205.800***
	(13.460)	(46.990)
地区	控制	控制
R^2	0.011	0.019 8
样本量	2 056	2 056

8.3.8 机制验证

结合理论分析和实证检验，确权方式促进农村劳动力农内转移的主要机制是整合确权让农地得以适度集中连片，提高了农地配置效率，通过农田整治，使地块之间的质量及生产收益异质化程度降低，从而提高了农业经营效率，促进了农村劳动力向农内转移。为此，本章用单位土地产出来反映农业生产率，进一步验证上述机制。

表 8-12 报告了农地确权方式、农业生产率对农村劳动力农内转移影响的模型估计结果。模型 22 的估计结果表明，农地整合确权对农业生产率有显著正向影响，说明农地整合确权显著促进了农业生产率的提高。农地整合确权更有利于形成农地规模经营，有利于降低土地生产成本，优化资源配置，提高土地利用效率，上述作用机制得到验证。

模型 23 的估计结果显示，农业生产率对农村劳动力农内转移均有显著正向影响，说明农业生产率的提高和分工深化对农村劳动力农内转移有促进作用。农业生产率的提高有利于增加农户生产经营性收入，提高农业对农村劳动力的吸引力。

模型 21 的回归结果显示，农地整合确权在 1% 的统计水平上显著正向影响农村劳动力农内转移；由模型 24 可知，引入农业生产率变量后，农地整合确权在 10% 统计水平上对农村劳动力农内转移的影响显著为正，农地确权方式在 1% 统计水平上依然显著，但回归系数由 7.791 降为 1.523，结合模型 22 的估计结果，可以得出农业生产率在农地确权方式影响农村劳动力农内转移的关系中具有中介效应。

综合来看，农地整合确权通过提高农业生产率，进而促进农村劳动力农内转移的理论机制得到基本验证。

表 8-12 农地确权方式、农业生产率对农村劳动力农内转移影响的模型估计结果

变量	(21)	(22)	(23)	(24)
	农内转移	农业生产率	农内转移	农内转移
农地确权方式	7.791***	157.9***		1.523*
	(1.038)	−20.8		−0.912
农业生产率			0.034***	0.0416***
			−0.001	−0.001
控制变量		引入		
常数项	0.653	−61.15	−0.274	−3.305**
	(3.693)	−38.73	−0.996	−1.457
观测值	控制	2 056	2 056	2 056
R^2	0.036	0.096	0.633	0.613

8.4 本章小结

本章利用广东省阳山和新丰两个县的农户入户问卷调查数据，运用OLS模型进行实证检验，并采用 Tobit 模型进行稳健性检验，分析了农地确权方式对农村劳动力农内转移的影响。结果表明：整体来看，农地整合确权显著促进了农村劳动力农内转移。从个人特征看，农地整合确权对中老年和中等文化程度的农村劳动力农内转移的促进作用更强；从家庭资源禀赋特征看，土地要素在农地整合确权对农村劳动力农内转移的影响中不具有显著性作用，资本要素增强了农地整合确权对农村劳动力农内转移的促进作用；从土地经营特征看，农地整合确权对种地、农地转入以及非服务外包农户就地转移的促进作用更强，对不种地、农地转出以及服务外包农户农内转移的促进作用较弱；从村庄经济水平看，整合确权对经济发达村庄农村劳动力农内转移的促进作用更强，对贫困村庄农户农内转移的影响不显著。进一步的机制验证发现，农地流转通过提高农业生产率，增强农业对农村劳动力的吸引力，促进了农村劳动力农内转移。

通过本章的研究发现，农地整合确权通过提高农业生产效率，增加农业经营的预期收益，促进了农村劳动力向农内转移，而农地非整合确权有利于降低农村劳动力转移成本，促进了农村劳动力非农转移。

9 农地确权方式对农村劳动力
转移距离的影响

本章主要探讨农地确权方式对农村劳动力转移距离的影响，主要回答以下问题：实施农地整合确权政策对农村劳动力就地转移有怎样的影响？其影响机理何在？农地整合确权政策的实施对新时期促进农村劳动力转移有何启发意义？

9.1 研究假说

结合前文理论分析框架，农地确权方式主要通过农业生产效率提高和转移成本降低两条一正一反的路径作用于农村劳动力转移，本章基于农地确权方式影响农村劳动力转移的作用路径，并结合农村劳动力转移距离的特点，进一步阐述农地确权方式对农村劳动力转移距离的影响。

从农村劳动力转移距离看，可分为就地转移和异地转移两类。二者具有不同的成本和收益。就地转移有利于降低农村劳动力转移成本，比如交通成本、社会融入成本等，同时可以解决照顾家人和土地的问题，缓和社会矛盾，但对于经济不发达地区来说，其经济发展总体水平比较低，就业机会不多，导致农村劳动力就业选择空间较窄（陈昌丽，2012）。异地转移有利于提高农村劳动力人力资本，获得更多就业机会和更高工资，但转移成本一般较就地转移高，比如社会融入成本、工作搜寻成本以及交通成本等（孔艳芳，2017）。从前文农地确权方式影响农村劳动力转移机制看，其主要通过生产效率提升、转移成本降低效应作用于农村劳动力转移，结合农村劳动力转移距离的特点，农地非整合确权方式主要通过农村劳动力转移成本降低效应作用于农村劳动力转移，从而促进了农村劳动力异地转移，抑制了农村劳动力就地转移；农地整合确权通过农村劳动力转移成本降低以及农业生产效率提高作用于农村劳动力就地转移，其具体方向取决于二者的总效应之和。

从农地非整合确权的特点看，农地非整合确权方式通过降低异地转移成本，更有利于促进异地转移，从而抑制农村劳动力就地转移。从农地整合确权特点看，农地整合确权主要通过生产效率提高和转移成本降低效应作用于农村劳动力就地转移，其对农村劳动力就地转移的影响取决于二者总效应之和。在土地产权安全性增强、当地就业机会增加以及务农预期收益提高的共同作用下，整合确权更有利于促进农村劳动力就地转移。据此提出如下假说：

H：农地整合确权促进农村劳动力就地转移。

9.2 变量与模型选择

9.2.1 变量选择与说明

(1) 被解释变量。 本章研究的自变量为农村劳动力就地转移，借鉴罗明忠（2009）的研究，把在本镇或本县做工（包括务农）的农村劳动力，界定为就地转移，在省内外县或外省做工的农村劳动力，界定为异地转移，具体用就地转移劳动力占家庭劳动力的比例来刻画。

(2) 解释变量。 本章希望分析农地确权方式对农村劳动力就地转移的影响，由此，本章模型的主要自变量为农地确权方式，参考胡新艳等（2018）的研究，本章采用非整合确权以及整合确权来刻画。

(3) 控制变量。 借鉴 Ma 等（2015）和 Janvry 等（2015）的研究，本章选取户主年龄、性别、文化程度、是否党员、是否村干部来反映户主特征；选取是否种地、家庭存款、土地面积、土地质量来反映家庭特征；参考仇童伟（2017）的研究，本研究选取所在村庄地形特征、基础设施以及距乡镇政府的距离来描述区域特征。所有变量的定义、赋值及其描述性统计分析结果见表 9-1。

表 9-1 变量的定义、说明与描述性统计分析（N=2 056）

	变量	变量测度	平均值	标准差
被解释变量	就地转移占比	%	4.266	15.834
解释变量	确权方式	0=非整合确权；1=整合确权	0.157	0.364
控制变量	户主年龄	岁	55.737	10.229
	户主性别	0=女；1=男	0.914	0.281

（续）

	变量	变量测度	平均值	标准差
	户主文化水平	小学及以下＝1；中学＝2；高中及以上＝3	1.296	0.637
	是否党员	1＝是；0＝否	0.138	0.345
	是否村干部	1＝是；0＝否	0.100	0.300
	是否种地	1＝是；0＝否	0.713	0.453
	家庭存款	1＝无；2＝1万元及以下；3＝1万～5万元； 4＝5万～10万元；5＝10万元以上	1.903	1.04
	土地面积	亩	4.256	5.914
控制变量	土地质量	0＝比较差；1＝一般；2＝比较好	0.974	0.649
	是否修建水利设施	1＝是；0＝否	0.369	0.483
	是否修建机耕道路	1＝是；0＝否	0.286	0.452
	是否进行土地平整	1＝是；0＝否	0.094	0.292
	村庄经济状况	1＝较差；2＝一般；3＝较好	1.910	0.455
	地形特征	1＝平原；2＝丘陵；3＝山地；4＝高原；5＝盆地	2.184	0.842
	到镇政府的距离	千米	6.750	5.967
	到县政府的距离	千米	31.183	16.214

9.2.2 模型选择与说明

为检验农地确权方式对农业转移人口市民化的影响，本研究采用如下模型进行分析，模型公式为：

$$y_i = a_0 + a_1 \text{way} + \sum_{n=1} a_{2n} D_{n_i} + \zeta_i \qquad (9-1)$$

式（9-1）中 y_i 为因变量，表示农村劳动力就地转移占比；way 表示农地确权方式，D_{n_i} 表示家庭特征和区域特征方面的控制变量，a_0 为常数项，a_1 和 a_{2n} 为待估计系数；ζ_i 为随机扰动项。

9.3　模型估计结果与分析

9.3.1 基准回归结果

表9-2报告了农地确权方式对农村劳动力就地转移影响的模型估计结果（有效样本量均为 2 056 个）。结果表明，农地确权方式对农村劳动

力就地转移有显著正向影响,这一影响在加入其他控制变量时仍然显著,说明农地非整合确权显著抑制了农村劳动力就地转移,农地整合确权显著促进了农村劳动力就地转移,本章研究假说得到验证;是否种地对农村劳动力就地转移有显著正向影响。总体而言,农地整合确权方式显著促进了农村劳动力就地转移。出现这种情况的可能原因是农地整合确权更有利于农地规模化经营,降低农地经营成本,提高了农地经营预期收益,加之农地整合确权后农地产权安全性和可交易性增强,为农业分工和农村产业融合发展提供了条件,增加了当地就业机会,二者均促进了农村劳动力就地转移。仍然从事农业经营的农村劳动力,土地对其转移的束缚更大,更倾向于选择就地转移,以便兼顾农业经营。

表 9-2　农地确权方式对农村劳动力就地转移影响基准回归结果

变量	(1) 就地转移	(2) 就地转移
确权方式	9.157***	9.464***
	(0.931)	(0.939)
户主年龄		0.026 0
		(0.035 3)
户主性别		1.364
		(1.226)
户主文化水平		0.451
		(0.570)
是否党员		−0.657
		(1.174)
是否村干部		−0.948
		(1.335)
是否种地		1.548**
		(0.771)
家庭存款		0.105
		(0.339)
土地面积		−0.055 5
		(0.058 0)
土地质量		−1.071**
		(0.532)

（续）

变量	(1) 就地转移	(2) 就地转移
是否修建水利设施		−0.881
		(0.778)
是否修建机耕道路		1.360
		(0.855)
是否进行土地平整		−2.094*
		(1.268)
村庄经济状况		−0.570
		(0.767)
地形特征		−0.280
		(0.421)
到镇政府的距离		−0.009
		(0.058)
到县政府的距离		0.014
		(0.022)
常量	2.830***	1.088
	(0.369)	(3.339)
地区	控制	控制
R^2	0.044	0.055
样本量	2 056	2 056

注：*、**和***分别表示在10％、5％和1％的统计水平上显著，标准误皆为稳健标准误，下同。

9.3.2　个人特征异质性分析

如表9-3所示，整合确权对不同年龄农村劳动力就地转移均有显著负向影响，但对中老年农村劳动力就地转移的影响程度更高。表明农地整合确权对农村劳动力就地转移的影响受年龄的调节，农地整合确权更有利于促进中老年农村劳动力就地转移。年轻劳动力外地就业能力往往较强，更倾向于到外地城市寻找就业机会，因此，农地整合确权对其就地转移的促进作用不明显。相反，中老年劳动力大多具有长时间的务农经历，文化水平较低，安土重迁观念强，异地转移的社会融入成本较高，加之土地整合确权后，更利于耕种，因此，农地整合确权对其就地转移的促进作用更强。

表 9-3 年龄分组回归结果

变量	(3)	(4)
	年轻劳动力（45岁以下）	中老年劳动力（45岁及以上）
确权方式	8.677***	9.644***
	(2.809)	(1.000)
控制变量	引入	引入
常量	6.465	2.101
	(7.883)	(2.574)
地区	控制	控制
R^2	0.081	0.058
样本量	255	1 801

如表 9-4 所示，农地整合确权对不同文化程度农村劳动力的就地转移均有显著正向影响，对文化程度较高农村劳动力就地转移的影响程度更高。表明农地整合确权对农村劳动力就地转移的影响受劳动力文化程度的调节，农地整合确权更有利于促进文化程度高的农村劳动力就地转移。文化程度较高劳动力的人力资本更高，大多都已经处于较好位置，如当上干部、教师、技术人员等，其大多选择就地转移，迁移倾向较弱（朱农，2005）。相反，文化水平较低的劳动力希望通过异地转移来丰富其人力资本（罗明忠，2009），这些都导致农地整合确权对其就地转移的影响程度较低。

表 9-4 文化程度分组回归结果

变量	(5)	(6)	(7)
	小学及以下	初中	高中及以上
确权方式	9.980***	11.820***	9.258**
	(1.031)	(3.179)	(3.720)
控制变量	引入	引入	引入
常量	−1.707	6.676	9.027
	(3.720)	(10.46)	(8.967)
地区	控制	控制	控制
R^2	0.057	0.107	0.092
样本量	1 649	205	202

9.3.3　资源禀赋特征异质性分析

从表 9-5 可见，从土地要素看，农地确权方式与土地面积交叉项的估计系数不显著，这说明随着土地面积的增加，农地整合确权对农村劳动力就地转移的促进作用变得不明显，可能是因为样本的调研地区处于不发达地区，当地就业机会较少，农村劳动力更倾向于到外地寻求就业机会。从资本要素看，农地确权方式与家庭存款交叉项的估计系数不显著，但方向为负，这说明随着家庭存款的增加，农地整合确权对农村劳动力就地转移的影响变得不显著，这是因为，随着家庭存款的增加，农村劳动力在城市安家落户的能力增强，而大城市就业机会更多，由此农村劳动力更倾向于异地转移。

表 9-5　不同资源禀赋特征回归结果

变量	(8) 就地转移	(9) 就地转移
确权方式	9.657***	7.891***
	(1.077)	(2.000)
土地面积	−0.030 6	
	(0.082 7)	
确权方式×土地面积	−0.049 1	
	(0.116)	
存款		−0.021 5
		(0.367)
确权方式×存款		0.821
		(0.922)
控制变量	引入	引入
常量	2.464	1.116
	(3.071)	(3.340)
地区	控制	控制
R^2	0.054	0.055
样本量	2 056	2 056

9.3.4 农地经营特征异质性分析

如表9-6所示，农地整合确权对不同农地经营状态农村劳动力就地转移均有显著正向影响，但对种地农村劳动力就地转移的影响程度更高。表明整合确权对农村劳动力就地转移的影响受农地经营状态的调节，农地整合确权更有利于促进种地农村劳动力就地转移。对仍然种地的农村劳动力来说，一方面，土地对其转移的束缚更大。另一方面，更容易从农地整合确权中获利，因此，农地整合确权对其就地转移的促进作用更强。而对不种地的农村劳动力来说，农地整合确权进一步提升了农地的交易性，增强了农地的产权安全性，从而使其更方便地进行土地流转，为其异地转移提供资金支持，其异地转移倾向更明显，因此，农地整合确权对其就地转移的促进作用较低。

表9-6 农地经营状态特征分组回归结果

变量	(10) 不种地	(11) 种地
确权方式	4.189***	11.660***
	(1.501)	(1.179)
控制变量	引入	引入
常量	4.510	1.122
	(5.171)	(4.273)
地区	控制	控制
R^2	0.032	0.070
样本量	591	1 465

如表9-7所示，农地整合确权对农地转出户和转入户就地转移均有显著负向影响，但对农地转入户就地转移的影响程度更高。表明农地整合确权对农村劳动力就地转移的影响受劳动力农地流转特征的调节，农地整合确权更有利于促进农地转入户就地转移。对农地转入户来说，一方面，土地对其的束缚更大。另一方面，更容易从农地整合确权中获利，转入土地增加了其农地经营面积，提高了其务农的预期收益，促进其向农业投入更多劳动力，因此，农地整合确权对其就地转移的促进作用更强。而对农地转出户来说，农地整合确权提高了农地可交易性，增加了农地流转价

格，从而为其异地转移提供更多资金支持，降低了其市民化成本，因此，农地整合确权对其就地转移的抑制作用较低。

表9-7 农地流转特征分组回归结果

变量	(12) 农地转入户	(13) 农地转出户
确权方式	16.620***	1.725
	(3.255)	(1.985)
控制变量	引入	引入
常量	16.590	−1.789
	(10.84)	(7.477)
地区	控制	控制
R^2	0.151	0.053
样本量	240	292

如表9-8所示，农地整合确权对生产环节外包和非生产环节外包农村劳动力就地转移均有显著正向影响，但对非生产环节外包农村劳动力就地转移的影响程度更高。表明农地整合确权对农村劳动力就地转移的影响受劳动力生产环节外包特征的调节，农地整合确权更有利于降低非生产环节外包农户就地转移。对非生产环节外包农户来说，意味着需要投入更多的劳动力进行农业生产，因此，农地整合确权对其就地转移的抑制作用更强。而对生产环节外包农户来说，生产环节外包使农村劳动力从农业生产中释放出来，加之本研究的调研地区是不发达地区，当地的就业机会本来就少，释放出来的农村劳动力更可能倾向于异地转移，因此，农地整合确权对其就地转移的抑制作用较低。

表9-8 生产环节外包特征分组回归结果

变量	(14) 雇佣机械	(15) 不雇佣机械
确权方式	7.991***	10.44***
	(1.495)	(1.214)
控制变量	引入	引入
常量	−2.808	2.112
	(6.397)	(4.249)
地区	控制	控制
R^2	0.050	0.066
样本量	805	1 251

9.3.5 村庄经济水平特征异质性分析

由表9-9可见，农地整合确权对一般村庄和经济较差村庄农村劳动力就地转移均有显著负向影响，对经济发达村庄农村劳动力就地转移的影响不显著。表明农地整合确权对农村劳动力就地转移的影响受村庄经济水平的调节，农地整合确权更有利于促进经济不发达村庄农户就地转移。对贫困村庄农户来说，农村劳动力的收入本来就低，对比之下，农地整合确权带来的收益对其从事农业经营的吸引作用更明显，因此，农地整合确权对其就地转移的促进作用更强。

表9-9 村庄经济水平分组回归结果

变量	(16) 较差村庄	(17) 一般村庄	(18) 较好村庄
确权方式	−0.111***	−9.569***	3.812
	(0.105)	(1.068)	(3.350)
控制变量	引入	引入	引入
常量	2.892	−0.322	−7.199
	(8.560)	(3.459)	(11.26)
地区	控制	控制	控制
R^2	0.299	0.056	0.088
样本量	314	1 614	128

9.3.6 稳健性检验

为了进一步验证上述结果的稳健性，利用 Tobit 模型重新估计了农地确权方式对农村劳动力就地转移的影响。结果发现（表9-10）：核心解释变量方面，农地确权方式对农村劳动力就地转移有显著正向影响，与上文实证结果一致，表明核心变量的影响较为稳健。在控制变量方面，到镇政府的距离对农村劳动力就地转移的影响显著为负，与前文实证分析结果保持一致，其他控制变量跟前文的方向也基本一致，表明控制变量的影响稳健。

表 9 - 10　农地确权方式对农村劳动力就地转移影响的 Tobit 模型回归结果

变量	(19) 就地转移	(20) 就地转移
确权方式	66.75***	69.62***
	(10.98)	(11.26)
户主年龄		0.304
		(0.455)
户主性别		23.71
		(17.46)
户主文化水平		5.642
		(7.357)
是否党员		−1.981
		(15.48)
是否村干部		−34.04*
		(19.73)
是否种地		17.98*
		(10.44)
家庭存款		−2.039
		(4.622)
土地面积		−0.967
		(1.121)
土地质量		−11.40
		(6.962)
是否修建水利设施		−5.469
		(10.17)
是否修建机耕道路		12.89
		(11.03)
是否进行土地平整		−27.33
		(18.30)
村庄经济状况		−9.251
		(10.30)
地形特征		−3.904
		(5.606)
到镇政府的距离		−0.355
		(0.767)
到县政府的距离		0.329
		(0.287)
常量	−167.5***	−187.4***
	(14.06)	(46.63)
地区	控制	控制
R^2	0.011 1	0.022 3
样本量	2 056	2 056

9.3.7 机制验证

结合理论分析和实证检验，农地确权方式促进农村劳动力就地转移的主要机制是农地整合确权让农地得以适度集中连片，提高了农地配置效率，通过农田整治，使地块之间的质量及生产收益异质化程度降低，从而提高了农业经营效率，促进了农村劳动力就地转移。为此，本章用单位土地产出来反映农业生产率，进一步验证上述机制。

由表 9-11 可见，模型 22 的估计结果表明，农地整合确权对农业生产率有显著正向影响，说明整合确权显著促进了农业生产率的提高。农地整合更有利于形成农地规模经营，有利于降低土地生产成本，优化资源配置，提高土地利用效率，上述作用机制得到验证。

表 9-11 农地确权方式、农业生产率对农村劳动力就地转移影响的模型估计结果

变量	(21) 就地转移	(22) 农业生产率	(23) 就地转移	(24) 就地转移
农地确权方式	9.464***	157.9***		1.482*
	(0.939)	−20.800		−0.869
农业生产率			0.029***	0.040 2***
			−0.001	−0.001
控制变量		引入		
常数项	1.088	−61.150	−0.287	−3.104**
	(3.339)	−38.730	−0.896	−1.365
观测值	2 056	2 056	2 056	2 056
R^2	0.055	0.096	0.602	0.639

模型 23 的估计结果显示，农业生产率对农村劳动力就地转移有显著正向影响，说明农业生产率的提高对农村劳动力就地转移有促进作用。

模型 21 的回归结果显示，农地整合确权在 1% 的统计水平上显著正向影响农村劳动力就地转移；由模型 24 可知，引入农业生产率变量后，农地整合确权在 10% 统计水平上对农村劳动力就地转移的影响显著为正，农地确权方式在 1% 统计水平上依然显著，但回归系数由 9.464 降为 1.482，结合模型 22 的估计结果，可以得出农业生产率在农地确权方式影响农村劳动力就地转移的关系中具有中介效应，中介效应占总效应的比重

为 67%。

综合来看，农地整合确权通过提高农业生产率，进而促进农村劳动力就地转移的理论机制得到基本验证。

9.4 本章小结

本章利用广东省阳山和新丰两县的农户入户问卷调查数据，运用 OLS 模型进行实证检验，并采用 Tobit 模型进行稳健性检验，分析农地确权方式对农村劳动力就地转移的影响。结果表明：农地整合确权显著促进了农村劳动力就地转移；农地整合确权对中老年和文化程度较高的农村劳动力就地转移的促进作用更强；土地和资本要素在农地整合确权对农村劳动力就地转移的影响中不具有显著性作用；农地整合确权对种地、农地转入以及非服务外包农户就地转移的促进作用更强，对不种地、农地转出以及服务外包农户就地转移的促进作用较弱；农地整合确权对贫困村庄农村劳动力就地转移的促进作用更强，对富裕村庄农户就地转移的影响不显著。进一步的机制验证发现，农地整合确权通过提高农业生产率，增强了农业对农村劳动力的吸引力，促进了农村劳动力就地转移。

通过本章的研究，对农地确权方式如何影响农村劳动力转移有了基本的判断，为下一章研究农村劳动力如何转移即是否迁移奠定了基础。农地整合确权通过有利于提高农业生产效率，增加农业经营的预期收益，促进了农村劳动力就地转移，而农地非整合确权有利于降低农村劳动力转移成本，促进了农村劳动力异地转移。

10 农地确权方式对农村劳动力
迁移的影响

改革开放以来，大量农村劳动力随着城镇化的发展而向城市转移，成为我国经济增长的重要动力之一。农村劳动力迁移，是指农业人口在不同地区之间的流动，表现为居住地的永久性变化，对缓解地区间劳动力需求矛盾和提高全要素生产率有重要作用（蔡昉，2017；张文武等，2018）。根据程名望等（2018）的研究，农村劳动力转移对社会总产出和经济的贡献率分别为 10.21％和 7.93％，可提高 4.49 倍的自身生产率。然而，农业转移人口与城镇居民的福利和待遇仍然不对等，其迁移意愿还很低。据国家统计局数据显示，2018 年我国户籍人口城镇化率仅为 43.37％，低于常住人口城镇化率 16.21 个百分点，二者有着明显差距。由此，如何加快农村劳动力迁移，实现高质量城镇化仍然是中国社会未来很长时期内面临的关键问题之一。与此同时，随着全国农地确权工作的基本完成，如何进一步发挥农地确权的制度效应成为社会各界关注的焦点之一。通过农地确权加快农地流转，进而推动农村劳动力转移，是农地确权的预定政策目标之一，但实现这一目标需要更多研究支撑。因此，在新型城镇化的背景下，研究农地确权方式对农村劳动力迁移的影响，对各级政府"因地制宜"制定促进农业转移人口市民化的政策和发挥农地确权制度效应具有重要意义。鉴于此，本章利用广东省新丰和阳山的农户调查数据，分析农地确权方式对农村劳动力迁移的影响，尝试回答以下问题：农地确权方式对农村劳动力迁移意愿和行为有怎样的影响？其制度效应的作用机制是什么？不同农地经营状态和村庄经济水平下农地确权方式对农村劳动力迁移意愿及行为具有怎样的差异性影响？

10.1 研究假说

结合前文理论分析框架，农地确权方式主要通过农业生产效率提高和转移成本降低两条—正一反的路径作用于农村劳动力转移。本章基于农地确权方式影响农村劳动力转移的作用路径，结合农村劳动力迁移的特点，阐述农地确权方式对农村劳动力转移行业选择的影响。

从农地非整合确权特点看，农地非整合确权主要通过成本降低效应影响农村劳动力迁移意愿和行为，对农业生产效率提高作用不明显，进而增强了农村劳动力迁移意愿，促进了农村劳动力迁移。从农地整合确权的特点看，农地整合确权主要通过生产效率提高和转移成本降低效应作用于农村劳动力迁移，对农村劳动力就地转移的影响取决于二者总效应之和。据此提出如下假说：

H1：农地整合确权对农村劳动力迁移意愿影响的方向不确定。

H2：农地整合确权对农村劳动力迁移影响的方向不确定。

10.2　变量与模型选择

10.2.1　变量选择与说明

（1）被解释变量。考虑到农业人口市民化具有多维度的内涵，本研究分别从农村劳动力迁移意愿、公共服务获得、土地处置方式以及理财方式四个维度来测量农村劳动力迁移意愿，具体分别用"未来 3 年，您家是否有迁居到城镇的计划""是否购买社保""是否有转出土地的意愿"以及"是否购买股票、基金等理财产品"表示。对于农村劳动力迁移行为，本研究用"您家是否有人在城市定居"表示。农业人口市民化不是简单的人口转移，是要让获得城市户籍农民享有与城镇居民等同的公共服务，进而改变农民在城镇的生活方式（申兵等，2011；刘小年等，2017；马晓河等，2018）。为此，本章基于社保参与、土地处置方式以及理财观念的视角，分析农地确权方式对农业人口社保购买意愿、土地转出意愿以及理财产品购买意愿的影响，进一步验证农地确权方式对农村劳动力迁移意愿的影响。社会保险是市民化最重要的公共服务之一，而土地转出为农业人口市民化提供了条件，理财观念是人口市民化生活方式的重要体现，这些反映农业人口市民化的程度。

（2）解释变量。本章主要分析农地确权方式对农村劳动力迁移意愿的影响，参考胡新艳等（2018）的研究，采用非整合确权以及整合确权来刻画。

（3）控制变量。借鉴 Ma 等（2015）和 Janvry 等（2015）的研究，本章选取户主年龄、性别、文化程度、是否党员、是否村干部来反映户主特征；选取是否种地、家庭存款、土地面积、土地质量来反映家庭特征；参考仇童伟（2017）的研究，本研究选取所在村庄地形特征、基础设施以及距乡镇政府的距离来描述区域特征。所有变量的定义、赋值及其描述性统计分析结果见表 10-1。

表 10-1 变量的定义、说明与描述性统计分析

	变量	变量测度	平均值	标准偏差	观测值
	迁移意愿	1＝是；0＝否	0.215	0.411	2 056
	社保参与意愿	1＝是；0＝否	0.672	0.469	2 056
被解释变量	土地转出意愿	1＝是；0＝否	0.201	0.401	2 056
	理财产品购买意愿	1＝是；0＝否	0.029	0.168	2 056
	迁移行为	1＝是；0＝否	0.105	0.306	2 056
解释变量	确权方式	0＝非整合确权；1＝整合确权	0.157	0.364	2 056
	户主年龄	岁	55.737	10.229	2 056
	户主性别	0＝女；1＝男	0.914	0.281	2 056
	户主文化水平	1＝小学及以下；2＝中学；3＝高中及以上	1.296	0.637	2 056
	是否党员	1＝是；0＝否	0.138	0.345	2 056
	是否村干部	1＝是；0＝否	0.100	0.300	2 056
	是否种地	1＝是；0＝否	0.713	0.453	2 056
	家庭存款	1＝无；2＝1万元及以下；3＝1万～5万元；4＝5万～10万元；5＝10万元以上	1.903	1.04	2 056
控制变量	土地面积	亩	4.256	5.914	2 056
	土地质量	0＝比较差；1＝一般；2＝比较好	0.974	0.649	2 056
	是否修建水利设施	1＝是；0＝否	0.369	0.483	2 056
	是否修建机耕道路	1＝是；0＝否	0.286	0.452	2 056
	是否进行土地平整	1＝是；0＝否	0.094	0.292	2 056
	村庄经济状况	1＝较差；2＝一般；3＝较好	1.91	0.455	2 056
	地形特征	1＝平原；2＝丘陵；3＝山地；4＝高原；5＝盆地	2.184	0.842	2 056
	到镇政府的距离	千米	6.75	5.967	2 056
	到县政府的距离	千米	31.183	16.214	2 056

10.2.2 模型选择与说明

由于被解释变量农村劳动力迁移意愿和迁移行为均是二元分类变量，为了检验农地确权方式对农村劳动力转移意愿及行为的影响，本研究采用Logit二值选择模型进行分析，模型公式为：

$$\text{logit}(p_i) = \ln\frac{p_i(y_i=1)}{1-p_i(y_i=1)} = a_0 + a_1\text{way} + \sum_{n=1} a_{2n}D_{n_i} + \zeta_i$$

$$(10-1)$$

$$\text{logit}(p_j) = \ln\frac{p_j(y_j=1)}{1-p_j(y_j=1)} = b_0 + b_1\text{way} + \sum_{n=1} b_{2n}D_{n_j} + \zeta_j$$

$$(10-2)$$

式（10-1）（10-2）中 p_i 代表农村劳动力迁移意愿的概率，p_j 代表农村劳动力迁移行为的概率，y_i、y_j 为因变量，分别表示农村劳动力迁移意愿和行为；way 表示农地确权方式，D_{n_i} 表示家庭特征和区域特征方面的控制变量，a_0 和 b_0 为常数项，a_1、b_1、a_{2n} 和 b_{2n} 为待估计系数；ζ_i、ζ_j 为随机扰动项。

10.3 农地确权方式对农村劳动力迁移意愿的影响分析

10.3.1 基准回归结果

如表10-2所示，农地确权方式对农村劳动力迁移意愿有显著负向影响，这一影响在加入其他控制变量时仍然显著，说明农地非整合确权显著增加了农村劳动力迁移意愿，农地整合确权显著抑制了农村劳动力迁移意愿，研究假说H1得到验证；是否村干部、家庭存款、土地面积、是否修建水利设施、地形特征对农村劳动力迁移意愿有显著正向影响，村庄经济状况对农村劳动力迁移意愿有显著负向影响。

总体而言，农地整合确权方式显著抑制了农村劳动力迁移意愿。究其可能原因是，整合确权更有利于农地规模化经营，降低农地经营成本，从而提高了农地经营的预期收益；随着确权后农地产权安全性的增强，整合确权促进了农户对农地的投入，包括劳动力投入，从而抑制其市民化倾向。

另外，户主为村干部，代表家庭具有较高的社会资本，有利于提高农业人口市民化的可能性；家庭存款越多，为农业人口市民化提供资金支持也越多，越能降低农业人口市民化成本；土地面积越多，家庭从生产环节外包中的获利越多，越有利于提高农业经营性收入，为农业人口市民化提供更有力的资金支持；兴修水利有利于促进农地流转，进而为农业人口市民化创造条件；村庄经济状况越发达，意味着农业人口在村庄内的就业机会越多，在村庄内实现就业的可能性越大，转移的概率越低。

表 10－2　农地确权方式对农村劳动力迁移意愿影响的基准回归结果

变量	(1) 迁移意愿	(2) 迁移意愿
确权方式	－2.233***	－2.965***
	(0.326)	(0.392)
户主年龄		－0.014 5**
		(0.006)
户主性别		0.098
		(0.189)
户主文化水平		－0.106
		(0.118)
是否党员		－0.216
		(0.190)
是否村干部		0.625***
		(0.201)
是否种地		－0.113
		(0.122)
家庭存款		0.313***
		(0.053)
土地面积		0.114***
		(0.017)
土地质量		－0.098
		(0.086)
是否修建水利设施		0.333***
		(0.121)
是否修建机耕道路		0.093
		(0.133)
是否进行土地平整		0.111
		(0.213)

（续）

变量	(1) 迁移意愿	(2) 迁移意愿
村庄经济状况		−0.694***
		(0.139)
地形特征		0.179***
		(0.067)
到镇政府的距离		−0.001
		(0.009)
到县政府的距离		−0.004
		(0.004)
常量	−1.134***	−3.174***
	(0.053)	(0.546)
地区	控制	控制
R^2	0.039	0.119
样本量	2 056	2 056

注：*、**和***分别表示在10%、5%和1%的统计水平上显著，标准误皆为稳健标准误，下同。

10.3.2 个人特征异质性分析

如表10-3所示，农地整合确权对不同年龄的劳动力迁移意愿均有显著负向影响，但对中老年农村劳动力迁移意愿的影响程度更高。表明农地整合确权对农村劳动力迁移意愿的影响受劳动力年龄的调节，农地整合确权更有利于降低中老年农村劳动力迁移意愿。年轻劳动力非农就业能力往往较强，对城市生活比较认同，在同等条件下更倾向城市就业。因此，农地整合确权对其迁移意愿的抑制作用较低。相反，大多数中老年劳动力具有长时间的务农经历，文化水平较低，安土重迁观念强，对城市生活认同度较低，在土地整合确权后更倾向土地耕种，因此，农地整合确权对其迁移意愿的抑制作用更强。

表10-3 年龄分组回归结果

变量	(3) 年轻劳动力（45岁以下）	(4) 中老年劳动力（45岁及以上）
确权方式	−2.191***	−3.080***
	(0.820)	(0.452)

（续）

变量	(3)	(4)
	年轻劳动力（45岁以下）	中老年劳动力（45岁及以上）
控制变量	引入	引入
常量	−4.487***	−4.105***
	(1.217)	(0.459)
地区	控制	控制
伪 R^2	0.196	0.118
样本量	255	1 801

　　如表 10-4 所示，农地整合确权对初中及以上文化程度的农村劳动力迁移意愿有显著负向影响，对小学及以下文化程度的农村劳动力迁移意愿的影响不显著，表明农地整合确权对农村劳动力迁移意愿的影响受劳动力文化程度的调节，有利于降低高文化程度农村劳动力迁移意愿。文化程度较高劳动力更容易识别出农地整合确权的预期收益，倾向从事农业经营活动，抑制了市民化倾向。因此，农地整合确权对其迁移意愿的抑制作用较高。相反，文化水平较低的劳动力，产权意识不强，对农地整合确权的预期收益识别不足，使得农地整合确权对其迁移意愿的影响不显著。

表 10-4　文化程度分组回归结果

变量	(5)	(6)	(7)
	小学及以下	初中	高中及以上
确权方式	−1.240	−2.446**	−3.919***
	(0.456)	(0.999)	(1.516)
控制变量	引入	引入	引入
常量	−2.881***	−4.555***	−3.104
	(0.617)	(1.451)	(2.192)
地区	控制	控制	控制
伪 R^2	0.119	0.204	0.237
样本量	1 649	205	202

10.3.3　资源禀赋特征异质性分析

　　如表 10-5 所示，从土地要素看，农地确权方式与土地面积交叉项的估计系数显著为负，说明农地整合确权随着土地面积增加而抑制农村劳动力迁移意愿。这是因为土地面积越多，农地整合确权后土地规模越大，对农业生产效率的提升越明显；随着农地整合确权提高了土地产权的安全性，农地长期投资收益可能越高，务农可能性就越高，农业市民化倾向就越低。从资本要素看，农地确权方式与家庭存款交叉项的估计系数不显著，方向为正，说明随着家庭存款的增加，农地整合确权对农村劳动力迁移意愿的影响不显著，且方向由负变为正，这是因为，随着家庭存款增加，农业人口在城市安家落户的能力增强，减缓了农地整合确权的抑制作用。

表 10-5 不同资源禀赋特征回归结果

变量	(8) 迁移意愿	(9) 迁移意愿
确权方式	−1.549***	−3.072***
	(0.575)	(0.816)
土地面积	0.175***	
	(0.020)	
确权方式×土地面积	−0.264**	
	(0.132)	
存款		0.312***
		(0.053)
确权方式×存款		0.044
		(0.291)
控制变量	引入	引入
常量	−3.234***	−3.169***
	(0.518)	(0.547)
地区	控制	控制
伪 R^2	0.133	0.119
样本量	2 056	2 056

10.3.4 农地经营特征异质性分析

从表 10-6 可见，农地整合确权对不同农地经营状态农村劳动力迁移意愿均有显著负向影响，对种地劳动力迁移意愿的影响程度更高，表明农地整合确权对农村劳动力迁移意愿的影响受劳动力农地经营状态的调节，有利于降低种地劳动力迁移意愿。对仍然种地劳动力来说，土地对其迁移的束缚更大，农户容易从农地整合确权中获利。因此，农地整合确权对其迁移意愿的抑制作用更强。对不种地劳动力而言，农地整合确权提升了农地的交易性，增强了农地的产权安全性，利于土地流转，为农户市民化提供资金支持，降低了其市民化成本。因此，农地整合确权对农业人口迁移意愿的抑制作用较低。

表 10-6 农地经营状态特征分组回归结果

变量	(10) 不种地	(11) 种地
确权方式	-2.689^{***}	-3.703^{***}
	(0.442)	(0.836)
控制变量	引入	引入
常量	-3.559^{***}	-2.802^{***}
	(0.656)	(0.982)
地区	控制	控制
伪 R^2	0.157	0.110
样本量	591	1 465

如表 10-7 所示，农地整合确权对农地转出户和转入户迁移意愿均有显著负向影响，但对农地转入户迁移意愿的影响程度更高，表明农地整合确权对农村劳动力迁移意愿的影响受劳动力农地流转特征的调节，有利于降低农地转入户迁移意愿。对农地转入户来说，土地对其的束缚越大，农户越容易从农地整合确权中获利。因此，农地整合确权对农业人口迁移意愿的抑制作用更强。而对农地转出户来说，农地整合确权提高了农地交易性，提高了农地流转价格，为农业人口市民化提供更多资金支持，降低了其市民化成本。因此，农地整合确权对农业人口的迁移意愿的抑制作用较低。

表 10-7 农地流转特征分组回归结果

变量	(12) 农地转入户	(13) 农地转出户
确权方式	-4.419^{***}	-2.871^{***}
	(1.694)	(1.063)

（续）

变量	(12) 农地转入户	(13) 农地转出户
控制变量	引入	引入
常量	1.015	−2.421
	(1.709)	(1.601)
地区	控制	控制
伪 R^2	0.158	0.149
样本量	240	292

表 10-8 汇报了农地确权方式对不同生产环节外包特征农村劳动力迁移意愿影响的模型估计结果，结果显示，农地整合确权对生产环节外包和非生产环节外包农村劳动力迁移意愿均有显著负向影响，对非生产环节外包农村劳动力迁移意愿的影响程度更高。表明农地整合确权对农村劳动力迁移意愿的影响受劳动力生产环节外包特征的调节，有利于降低非生产环节外包的农户迁移意愿。对非生产环节外包农户来说，意味着土地需要投入更多的劳动力进行农业生产，此时，农地整合确权对其迁移意愿的抑制作用更强，而对生产环节外包农户来说则相反。

表 10-8　生产环节外包特征分组回归结果

变量	(14) 雇佣机械	(15) 不雇佣机械
确权方式	−2.820***	−3.225***
	(0.456)	(0.749)
控制变量	引入	引入
常量	−3.313***	−3.272***
	(0.680)	(0.940)
地区	控制	控制
伪 R^2	0.136	0.121
样本量	805	1 251

10.3.5　村庄经济水平特征异质性分析

如表 10-9 所示，农地整合确权对一般村庄和经济较发达村庄的劳动力迁移意愿有显著负向影响，对贫困村庄农村劳动力迁移意愿的影响程度更高，表明农地整合确权对农村劳动力迁移意愿的影响受村庄经济水平的调节，有利于降低经济发达村庄农村劳动力迁移意愿。对经济发达村庄农户来说，村庄内就业机会越多，城乡收入差距越少，农地整合后，农业生产效率越高，农业经营收入越高，农户迁移意愿越低，因此，农地整合确权是抑制农业人口迁移意愿的。而对贫困村庄农户来说，所在村庄内就业机会较少，受城乡收入差距的吸引，农业人口迁移意愿本身就很高。农地整合确权提高了农地的可交易性，有利于农户流转农地，从而为其市民化提供了资金支持，故农地整合确权对此类农户的迁移意愿的抑制作用较低。

表 10 - 9　村庄经济水平分组回归结果

变量	(16) 较差村庄	(17) 一般村庄	(18) 较好村庄
确权方式	0.306	−1.931***	−3.658***
	(0.242)	(0.399)	(0.665)
控制变量	引入	引入	引入
常量	3.621	−1.861***	−1.996
	(3.259)	(0.495)	(1.464)
地区	控制	控制	控制
伪 R^2	0.299	0.114	0.277
样本量	314	1 614	128

10.3.6　农地确权方式对农村劳动力迁移意愿影响的进一步验证

农业人口市民化包含人口转移、公共服务均等化、生活方式转变等多项内容（申兵，2011；刘小年，2017）。本研究从公共服务、土地处置以及理财观念三方面分析农地确权方式对农业人口市民化的影响，具体估计结果见表 10 - 10（有效样本量均为 2 056 个）。结果表明，农地确权方式对农业人口社保购买意愿有显著负向影响，说明农地整合确权显著抑制了农业人口社保购买意愿，对农村劳动力迁移意愿有抑制作用。另外，农地确权方式对农业人口的土地转出意愿和理财产品购买意愿的影响还不显著，说明要在生活方式和思想观念上实现农业人口市民化任重道远。

表 10 - 10　农地确权方式对农业人口公共服务、土地处置以及
理财观念影响的模型估计结果

变量	(19) 社保购买意愿	(20) 土地转出意愿	(21) 理财产品购买意愿
确权方式	−0.637***	−0.143	0.004
	(0.084)	(0.139)	(0.168)
控制变量	引入	引入	引入
常量	0.568***	−0.205	−1.833***
	(0.98)	(0.414)	(0.258)
地区	控制	控制	控制
R^2	0.033	0.029	0.047
样本量	2 056	2 056	2 056

10.3.7　共线性检验

考虑到上述结果可能存在多重共线性问题，如家庭存款与是否种地、文化水平之间可能存在共线性问题，为此本研究进一步对上述模型估计结果进行了共线性检验（表 10 - 11）。结果显示，最大的 VIF 为 8.07，远小于 10，故上述回归结果不必担心存在多重共线性问题，结果较为可靠。

表 10 - 11　共线性检验

变量	VIF	1/VIF
确权方式	1.19	0.840 277
户主年龄	8.07	0.123 916
户主性别	5.93	0.168 634
户主文化水平	4.66	0.214 681
是否党员	1.63	0.612 971
是否村干部	1.52	0.656 453
是否种地	3.63	0.275 493
家庭存款	4.53	0.220 834
土地面积	1.53	0.652 738
土地质量	3.30	0.302 67
是否修建水利设施	1.93	0.519 443
是否修建机耕道路	1.80	0.556 468

（续）

变量	VIF	1/VIF
是否进行土地平整	1.3	0.769 572
村庄经济状况	6.22	0.160 772
地形特征	7.86	0.127 281
到镇政府的距离	2.36	0.423 088
到县政府的距离	5.08	0.196 701
平均值	3.68	

10.3.8　稳健性检验

考虑到上文使用的模型可能存在内生性问题，为此，本研究采用倾向匹配得分法分别重新估计了农地确权方式对农村劳动力迁移意愿的影响。在运用倾向匹配模型得分之前，需要先对样本数据是否适用于该模型进行检验。本研究使用最小邻域法对样本数据进行了检验，结果如表 10-12 所示，表明农地整合确权组和农地非整合确权组经过匹配后的样本均值大致接近，匹配后的样本均值偏差率得到降低，匹配结果适用于倾向匹配得分模型。

表 10-12　最小邻域法匹配平衡性检验

控制变量	匹配前均值		匹配后均值		偏差率	T 检验	
	实验组	控制组	实验组	控制组		t 值	$P>t$
户主年龄	55.744	56.215	55.744	54.926	7.700	0.98	0.329
户主性别	1.242 4	1.309 5	1.242 4	1.272 7	−5.000	−0.62	0.537
户主文化水平	0.791 25	0.920 19	0.791 25	0.845 12	−5.400	0.67	0.504
是否党员	0.158 25	0.128 22	0.158 25	0.134 68	6.700	0.81	0.417
是否村干部	0.104 38	0.095 78	0.104 38	0.104 38	0.000	−0.00	1.000
是否种地	0.670 03	0.707 52	0.670 03	0.693 6	−5.100	0.62	0.538
家庭存款	1.805 6	1.879 5	1.805 6	1.831 6	2.500	0.31	0.756
土地面积	4.292 3	4.238	4.292 3	4.228	0.300	0.04	0.968
土地质量	1.064	0.958 81	1.064	1.053 9	1.600	0.19	0.850
是否修建水利设施	0.313 13	0.378 48	0.313 13	0.319 87	−1.400	0.18	0.860
是否修建机耕道路	0.336 7	0.276	0.336 7	0.373 74	−8.000	0.94	0.346
是否进行土地平整	0.232 32	0.073 64	232 32	0.245 79	−3.800	0.38	0.701

（续）

控制变量	匹配前均值		匹配后均值		偏差率	T检验	
	实验组	控制组	实验组	控制组		t 值	P>t
村庄经济状况	2.424	2.006	2.424	2.434	−2.200	−0.240	0.807
地形特征	2.235	2.176	2.235	2.393	−18.500	−1.950	0.052
到镇政府的距离	6.915	6.742	6.915	7.139	−3.500	0.420	0.674
到县政府的距离	35.128	30.608	35.128	34.882	1.500	0.180	0.854

表 10-13　汇报了农地确权方式对农业人口市民化影响的倾向匹配得分模型估计结果，结果显示，采用农地非整合确权农户与农地整合确权农户的迁移意愿概率分别为 0.308 与 0.033 7，ATT 为−0.274；采用农地非整合确权农户与农地整合确权农户的社保参与意愿概率分别为 0.731与 0.47，ATT 为−0.261，且在统计上都显著，说明农地确权方式对农村劳动力迁移意愿具有显著负向影响。采用农地非整合确权与农地整合确权的农户的土地转出意愿概率分别为 0.2 与 0.177，ATT 为−0.023，采用农地非整合确权与农地整合确权的农户的理财产品购买意愿概率分别为0.039 与 0.032，ATT 为−0.007，统计上差异不显著，说明农地确权方式对农户土地转出和理财产品购买意愿影响未通过显著性检验。综合来看，倾向匹配得分模型实证结果与前文基本一致，进一步证明本研究的研究结论具有稳健性。

表 10-13　倾向匹配得分模型估计结果

因变量	实验组	控制组	ATT	标准误	T 值
迁移意愿	0.033 7	0.308	−0.274	0.039	−7.130
社保参与意愿	0.470	0.731	−0.261***	0.042	−6.180
土地转出意愿	0.177	0.200	−0.023	0.036	−0.630
理财产品购买意愿	0.032	0.039	−0.007	0.017	−0.420

10.4　农地确权方式对农村劳动力迁移行为的影响

10.4.1　基准回归结果

表 10-14 报告了农地确权方式对农村劳动力迁移影响的模型估计结

果（有效样本量均为 2 056 个）。结果表明，农地确权方式对农村劳动力迁移行为有显著负向影响，这一影响在加入其他控制变量时仍然显著，说明农地非整合确权显著增加了农村劳动力迁移，农地整合确权显著抑制了农村劳动力迁移，研究假说 H2 得到验证；是否党员、土地面积对农村劳动力迁移有显著负向影响。总体而言，农地整合确权方式显著抑制了农村劳动力迁移，可能是整合确权有利于农地规模化经营，降低了农地经营成本，提高了农地经营的预期收益，增强了农地产权安全性，促进了农户对农地的投入，包括劳动力投入，从而抑制劳动力迁移倾向。另外，是党员的农村劳动力在当地的社会资本较高，在当地更有利于其社会资本的发挥，劳动力迁移倾向较低；土地面积越多，对劳动力的束缚越大，抑制了劳动力的迁移行为。

表 10 - 14　农地确权方式对农村劳动力迁移影响基准回归结果

变量	(1) 人口迁移	(2) 人口迁移
确权方式	−0.673***	−0.638***
	(0.243)	(0.292)
户主年龄		−0.009 89
		(0.007 68)
户主性别		0.070 6
		(0.269)
户主文化水平		−0.099 6
		(0.125)
是否党员		−0.582**
		(0.288)
是否村干部		0.117
		(0.296)
是否种地		0.095
		(0.168)
家庭存款		0.030
		(0.071 8)
土地面积		−0.047 8*
		(0.025 5)

（续）

变量	(1) 人口迁移	(2) 人口迁移
土地质量		−0.105
		(0.114)
是否修建水利设施		0.031 9
		(0.164)
是否修建机耕道路		0.035 7
		(0.180)
是否进行土地平整		−0.021 5
		(0.270)
村庄经济状况		0.086 2
		(0.166)
地形特征		−0.023 3
		(0.090 3)
到镇政府的距离		0.004 07
		(0.012 2)
到县政府的距离		−0.000 672
		(0.004 67)
常量	−2.062***	−1.373*
	(0.075 3)	(0.721)
地区	控制	控制
伪 R^2	0.215	0.016
样本量	2 056	2 056

注：*、**和***分别表示在10％、5％和1％的统计水平上显著，标准误皆为稳健标准误，下同。

10.4.2 个人特征异质性分析

表10-15汇报了农地确权方式对不同年龄农村劳动力迁移影响的模型估计结果，结果显示，农地整合确权对不同年龄的劳动力迁移均有显著负向影响，其中对年轻农村劳动力迁移的影响程度更高。农地整合确权对农村劳动力迁移的影响受劳动力年龄的调节，有利于降低年轻农村劳动力迁移。年轻劳动力一般文化程度较高，学习能力较强，容易识别出农地整合确权背后的潜在收益和就业创业机会，由此倾向农业产业内转移，故农

地整合确权对其迁移的抑制作用较强。相反，中老年劳动力普遍文化程度较低，农地产权观念不强，难以识别农地整合确权背后的潜在收益和就业机会，故农地整合确权对其迁移的抑制作用较弱。

表 10 - 15 年龄分组回归结果

变量	(3) 年轻劳动力（45 岁以下）	(4) 中老年劳动力（45 岁及以上）
确权方式	−2.108**	−0.489*
	(1.047)	(0.253)
控制变量	引入	引入
常量	−1.597	−2.019***
	(1.479)	(0.579)
地区	控制	控制
伪 R^2	0.196	0.012 6
样本量	255	1 801

表 10 - 16 汇报了农地确权方式对不同文化程度农村劳动力迁移影响的模型估计结果，结果显示，农地整合确权对文化程度较低的农村劳动力迁移有显著负向影响，对文化程度较高农村劳动力迁移的影响不显著。这表明，农地整合确权对农村劳动力迁移的影响受劳动力文化程度的调节，对低文化程度农村劳动力迁移有负面效应。文化程度较低的劳动力由于长时间务农而具有明显的安土重迁的观念，当农地整合后，倾向于务农，故农地整合确权对其迁移的抑制作用较高。相反，文化程度较高的劳动力非农就业能力较强，对城市生活比较认同，在同等条件下倾向到城市就业，使得农地整合确权对农业人口迁移的影响不显著。

表 10 - 16 文化程度分组回归结果

变量	(5) 小学及以下	(6) 初中	(7) 高中及以上
确权方式	−0.606**	−1.305	−0.029 2
	(0.273)	(0.800)	(0.935)
控制变量	引入	引入	引入
常量	−2.012**	0.642	−1.191
	(0.824)	(1.879)	(2.113)

（续）

变量	(5) 小学及以下	(6) 初中	(7) 高中及以上
地区	控制	控制	控制
伪 R^2	0.014 9	0.109 5	0.113 2
样本量	1 649	205	202

10.4.3　资源禀赋特征异质性分析

表 10-17 汇报了农地确权方式对不同资源禀赋农村劳动力迁移影响的模型估计结果，结果显示，从土地要素看，农地确权方式与土地面积交叉项的估计系数不显著，说明随着土地面积的增加，农地整合确权对农村劳动力迁移的抑制作用变得不明显，可能是因为土地面积越多，当农地整合确权后更易于流转，为农村劳动力迁移提供资金支持，促进了农村劳动力迁移，使得整合确权对农村劳动力迁移的抑制作用变得不显著。从资本要素看，农地确权方式与家庭存款交叉项的估计系数不显著，但方向为负，说明随着家庭存款增加，农地整合确权对农村劳动力迁移的影响变得不显著。这是因为，随着家庭存款增加，农村劳动力在城市安家落户的能力越强，农户在大城市就业机会越多，此时农户倾向迁移，使得农地整合确权对农村劳动力迁移的抑制作用不显著。

表 10-17　不同资源禀赋特征回归结果

变量	(8) 人口迁移	(9) 人口迁移
确权方式	−0.480	0.145
	(0.434)	(0.524)
土地面积	−0.043 3	
	(0.029 5)	
确权方式×土地面积	−0.041 4	
	(0.095 5)	
存款		0.066 7
		(0.074 5)
确权方式×存款		−0.441
		(0.282)

（续）

变量	(8)	(9)
	人口迁移	人口迁移
控制变量	引入	引入
常量	−1.310**	−1.375*
	(0.661)	(0.721)
地区	控制	控制
伪 R^2	0.015 6	0.017 6
样本量	2 056	2 056

10.4.4 农地经营特征异质性分析

如表 10‑18 所示，农地整合确权对仍从事种地的劳动力迁移有显著负向影响，对不从事农业经营的农村劳动力迁移的影响不显著，表明农地整合确权对农村劳动力迁移的影响受农地经营状态的调节，有利于降低仍然从事农业经营农村劳动力的迁移。农地整合确权主要通过资产增强效应和风险降低效应抑制农村劳动力迁移，对于种地的农户，这两种效应均明显；由于土地束缚较大，农户容易从农地整合确权中获利，故农地整合确权的抑制作用更强。而对于不种地的农户来说，仅存在风险降低效应；整合确权提升了农地的交易性，增强了农地的产权安全性，促进土地流转，为其市民化提供资金支持，降低了其市民化成本，此时对其迁移的抑制作用较低。

表 10‑18 农地经营状态特征分组回归结果

变量	(10)	(11)
	不种地	种地
确权方式	−0.278	−0.847***
	(0.406)	(0.312)
控制变量	引入	引入
常量	−0.649	−1.823**
	(1.322)	(0.872)
地区	控制	控制
伪 R^2	0.040 5	0.020 2
样本量	591	1 465

如表 10 - 19 所示，农地整合确权对农地转出户和转入户迁移的影响不显著。这可能是因为当前农地确权对农地转入户和转出户的影响具有滞后效应，在当期还没有显现。

表 10 - 19　农地流转特征分组回归结果

变量	(12) 农地转入户	(13) 农地转出户
确权方式	−1.249	−1.105
	(0.816)	(0.784)
控制变量	引入	引入
常量	0.231	2.648
	(1.925)	(2.501)
地区	控制	控制
伪 R^2	0.086 3	0.122 7
样本量	240	292

表 10 - 20 汇报了农地确权方式对不同生产环节外包特征农村劳动力迁移影响的模型估计结果，结果显示，农地整合确权对非生产环节外包农村劳动力迁移有显著负向影响，对生产环节外包农村劳动力迁移影响不显著。这表明农地整合确权对农村劳动力迁移的影响受劳动力生产环节外包特征的调节，有利于降低非生产环节外包农村劳动力迁移。对非生产环节外包农户来说，意味着农业生产需要投入更多的劳动力，故农地整合确权的抑制作用更强。对采用生产环节外包农村劳动力来说，土地束缚更少，为其进行迁移提供了条件，农地整合确权则对其迁移的抑制作用更低。

表 10 - 20　生产环节外包特征分组回归结果

变量	(14) 雇佣机械	(15) 不雇佣机械
确权方式	−0.593	−0.659**
	(0.391)	(0.315)
控制变量	引入	引入
常量	−2.595*	−1.070
	(1.529)	(0.913)
地区	控制	控制
伪 R^2	0.034 2	0.017 3
样本量	805	1 251

10.4.5　村庄经济水平特征异质性分析

从表 10-21 可见，农地整合确权对一般村庄农村劳动力迁移有显著负向影响，对贫困和发达村庄农村劳动力迁移的影响不显著。这表明农地整合确权对农村劳动力迁移的影响受村庄经济水平的调节，有利于降低普通村庄农村劳动力迁移。对经济发达村庄农户来说，村庄内就业机会越多，城乡收入差距较少，当农地整合确权后，农业生产效率更高，农业经营收入更高，农村劳动力迁移倾向更低，故农地整合确权的抑制作用更强。

表 10-21　村庄经济水平分组回归结果

变量	(16) 较差村庄	(17) 一般村庄	(18) 较好村庄
确权方式	-0.067 5	-0.703**	-1.568
	(0.594)	(0.255)	(1.426)
控制变量	引入	引入	引入
常量	-3.967**	-1.155	4.917
	(1.844)	(0.739)	(3.471)
地区	控制	控制	控制
伪 R^2	0.069 4	0.019 7	0.215 3
样本量	314	1 614	128

10.4.6　共线性检验

考虑到上述结果可能存在多重共线性问题，如家庭存款与是否种地、文化水平之间可能存在共线性问题，为此本研究进一步对上述模型估计结果进行了共线性检验（表 10-22）。结果显示，最大的 VIF 为 8.07，远小于 10，故上述回归结果不存在多重共线性问题，结果较为可靠。

表 10-22　共线性检验

变量	VIF	1/VIF
确权方式	1.19	0.840 277
户主年龄	8.07	0.123 916
户主性别	5.93	0.168 634
户主文化水平	4.66	0.214 681

（续）

变量	VIF	1/VIF
是否党员	1.63	0.612 971
是否村干部	1.52	0.656 453
是否种地	3.63	0.275 493
家庭存款	4.53	0.220 834
土地面积	1.53	0.652 738
土地质量	3.3	0.302 670
是否修建水利设施	1.93	0.519 443
是否修建机耕道路	1.8	0.556 468
是否进行土地平整	1.3	0.769 572
村庄经济状况	6.22	0.160 772
地形特征	7.86	0.127 281
到镇政府的距离	2.36	0.423 088
到县政府的距离	5.08	0.196 701
平均值	3.68	

10.4.7 稳健性检验

考虑到上文使用的模型可能存在内生性问题，为此，本研究采用倾向匹配得分法估计了农地确权方式对农村劳动力迁移的影响。本研究使用最小邻域法对样本数据进行了检验，结果如表 10 - 23 所示，表明农地整合确权组和农地非整合确权组经过匹配后的样本均值大致接近，匹配后的样本均值偏差率得到降低，匹配结果适用于倾向匹配得分模型。

表 10 - 23　最小邻域法匹配平衡性检验

控制变量	匹配前均值		匹配后均值		偏差率	T 检验	
	实验组	控制组	实验组	控制组		t 值	$P > t$
户主年龄	55.582	55.766	55.547	55.093	4.4	0.55	0.580
户主性别	0.894 74	0.917 48	0.894 41	0.888 2	2.1	0.25	0.800
户主文化水平	1.284 8	1.298 3	1.279 5	1.288 8	−1.5	−0.20	0.844
是否党员	0.133 13	0.138 49	0.133 54	0.149 07	−4.5	−0.56	0.572
是否村干部	0.099 07	0.099 83	0.099 38	0.090 06	3.1	0.40	0.687
是否种地	0.696 59	0.715 52	0.695 65	0.726 71	−6.8	−0.87	0.385

（续）

控制变量	匹配前均值		匹配后均值		偏差率	T 检验	
	实验组	控制组	实验组	控制组		t 值	P>t
家庭存款	1.919 5	1.899 6	1.922 4	1.990 7	−6.6	−0.85	0.397
土地面积	5.016 4	4.114 7	4.466 8	4.193	3.3	0.94	0.346
土地质量	1.006 2	0.967 69	1.006 2	1.021 7	−2.3	−0.29	0.769
是否修建水利设施	0.380 8	0.366 99	0.381 99	0.381 99	0.0	0.00	1.000
是否修建机耕道路	0.287 93	0.285 63	0.288 82	0.357 14	−15.1	1.86	0.064
是否进行土地平整	0.089 78	0.094 63	0.090 06	0.074 53	5.4	0.72	0.474
村庄经济状况	1.894 7	1.912 3	1.897 5	1.894 4	0.7	0.09	0.931
地形特征	2.220 5	2.177 1	2.223 6	2.267 1	−5.2	−0.67	0.501
到镇政府的距离	6.866 9	6.728 7	6.878 9	6.982	−1.7	−0.22	0.827
到县政府的距离	32.124	31.008	32.122	31.75	2.3	0.28	0.781

如表 10-24 所示，采用农地非整合确权农户与农地整合确权农户的
人口迁移概率分别为 0.115 与 0.062，ATT 为 −0.053，且在统计上都显
著，说明农地确权方式对农村劳动力迁移具有显著正向影响。综合来看，
倾向匹配得分模型实证结果与前文基本一致，进一步证明本研究的研究结
论具有稳健性。

表 10-24　倾向匹配得分模型的估计结果

因变量	实验组	控制组	ATT	标准误	T 值
人口迁移	0.062	0.115	−0.053	0.024	−2.17

10.5　本章小结

本章利用广东省阳山和新丰两个县的农户入户问卷调查数据，运用二
元 Logit 模型分别分析了农地确权方式对农村劳动力迁移意愿及行为的影
响，并采用倾向匹配得分模型（PSM）进行稳健性检验。结果表明：迁移
意愿方面，农地非整合确权有利于增强农村劳动力迁移意愿，而农地整合
确权则降低了农村劳动力迁移意愿，这种影响在农村劳动力社保参与意愿
中表现了一致性，而在土地处置方式和理财方式方面还不显著；农地整合
确权对中老年和文化程度较低农村劳动力迁移意愿的抑制作用更强；土地

面积增强了农地整合确权对农村劳动力迁移意愿的抑制作用，而家庭存款则缓解了农地整合确权对农村劳动力迁移意愿的抑制作用；农地整合确权对种地、农地转入以及非服务外包农村劳动力迁移意愿的抑制作用更强，对不种地、农地转出以及服务外包农村劳动力迁移意愿的抑制作用较弱；在经济发达村庄，农地整合确权对农村劳动力迁移意愿的抑制作用更强，对贫困村庄农村劳动力迁移意愿的影响不显著。转移行为方面，农地整合确权显著抑制了农村劳动力迁移；农地整合确权对中老年和文化程度较低农村劳动力迁移的抑制作用更强；土地要素和资本要素对农地整合确权农村劳动力迁移效应作用的发挥不具有显著影响；农地整合确权对仍从事农业经营以及非服务外包的劳动力迁移的抑制作用更强，对不种地、农地转入、农地转出以及服务外包的劳动力迁移的影响不显著；农地整合确权对普通村庄农村劳动力迁移的抑制作用更强，对贫困村庄和发达村庄农村劳动力迁移的影响不显著。

通过本章的研究可知，农地整合确权通过有利于提高农业生产效率，增加农业经营的预期收益，抑制了农村劳动力迁移，而农地非整合确权则相反。

11　结论与展望

本研究基于理论分析和数理推演，通过实地调研，运用案例分析和实证检验方法，重点分析了农地整合确权的生成逻辑、影响因素，比较分析了农地整合确权与非整合确权的异同；基于广东省阳山县和新丰县部分农户的问卷调查数据，实证分析了农地确权对农村劳动力转移的影响；作为拓展研究，还利用了江西省的部分农户问卷调查数据，基于中国农地细碎化条件，实证检验了农地确权对农村劳动力非农转移就业的效应。本章将对研究的结论进行归纳，并对启示加以提炼，提出未来研究展望。

11.1　研究结论

（1）**农地整合确权的生成逻辑。**通过对广东省阳山县升平村的案例分析发现，为了缓解农业运作的细碎化困局和农地确权的细碎化弊端，通过农地整合置换，使得村落农地块数大幅度下降，每块农地的平均面积上升1倍。农地整合确权中最大的掣肘在于农地异质性引致较高的制度变迁谈判成本，升平村在精英人物的推动作用下，将农业生产基础设施作为改制效率装置，平抑了农地异质性、消化了部分谈判成本，促进农地整合确权的成功实施。农地整合确权加之机耕道路和灌溉设施的投入产生了四个逐步响应的制度效应：一是提高农业运作效率，表现为降低了运输、耕作成本，提高了农地单产水平。二是促进了农地流转和规模集中。三是促进村落种植结构转变和产业升级。四是促进乡村建设和村内劳动力就业。

（2）**农地整合确权的影响因素及约束条件。**在新一轮农地确权背景下，广东阳山实施农地整合置换，在一定程度上促进了农业生产效率。然而，农地整合确权存在约束条件。通过调研了解、文献收集和理论分析，推导得出影响农地整合确权的三重因素：人文特征、自然及交通条件、以及农业生产性公共服务和设施。使用 2017 年初广东清远市阳山县 1 600 个样本数量的农户问卷调研数据，结合 Logistic 参数模型、非参数模型以及 Logistic 半参数模型的实证分析结果显示：第一，在人文特征方面，村落户均人口和第一大姓的团结度对农地整合确权具有抑制作用，村落每年宗族聚会和宗族祠堂数量对农地整合确权具有显著促进作用。第二，在自然及交通条件方面，农地细碎化程度对农地整合确权具有抑制作用，村县交通路程对农地整合确权具有促进作用；农地异质性与农地整合确权存在明显的非线性负向关系，村镇交通路程与农地整合确权概率呈现 V 形的相关关系。第三，在农业生产性公共服务与设施方面，修葺了机耕道路和灌溉设施的村落，其农地整合确权的实施概率更高，村内银行数量和镇内银行数量对农地整合确权具有显著促进作用。可见，农地整合确权受多重因素约束和影响，具有一定的实施局限性和情景依赖性。

(3) 基于广东阳山和新丰农户问卷调查数据实证分析表明，农地整合确权显著促进了农村劳动力农内转移。农地整合确权更有利于农地规模化经营，降低农地经营成本，从而提高了农地经营的预期收益，加之确权后农地产权安全性增强，促进了农户对农地的投入，包括劳动力投入，从而促进了农村劳动力农内转移。农地整合确权最大特点是让农地得以适度集中连片，提高了农地的可交易性，有利于农地地块规模扩张，降低农地经营成本，提高了农地经营的预期收益，吸引农村劳动力从事农业经营，从而促进了农村劳动力农内转移。

(4) 进一步分析农地确权方式对不同特征农村劳动力农内转移的影响发现，农地确权方式对农村劳动力农内转移在不同特征农村劳动力中表现了异质性。农地整合确权对不同年龄农村劳动力农内转移均有显著正向影响，但对中老年农村劳动力农内转移的影响程度更高；农地整合确权对不同文化程度农村劳动力农内转移均有显著正向影响，但对初中学历农村劳动力农内转移的影响程度更高；土地要素在农地整合确权对农村劳动力农内转移的影响中不具有调节作用，资本要素增强了农地整合确权对农村劳动力农内转移的促进作用；农地整合确权对种地农村劳动力农内转移有显著正向影响，对不种地农村劳动力农内转移的影响不显著；农地整合确权对农地转出户和转入户农内转移均有显著正向影响，但对农地转入户农内转移的影响程度更高；农地整合确权对生产环节外包和非生产环节外包农村劳动力农内转移均有显著正向影响，但对非生产环节外包农村劳动力农内转移的影响程度更高；农地整合确权对一般村庄和经济较发达村庄农村劳动力农内转移均有显著正向影响，对贫困村庄农村劳动力农内转移的影响不显著。

（5）农地非整合确权显著抑制了农村劳动力就地转移，农地整合确权显著促进了农村劳动力就地转移。 农地整合确权让农地得以适度集中连片，提高了农地的可交易性，更有利于促进土地流转，农户可以通过流转土地增加收入，有助于缓解农村劳动力转移的资本约束，农地流转有利于深化农业分工，增加农业产业内的就业创业机会。一方面，农地流转有利于新型农业经营主体的培育和发展，新型农业经营主体的发展过程中增加了农业产业内的就业机会，为农村劳动力就地转移提供了就业岗位。另一方面，农地流转可以通过需求方面的收入效应以及供给方面的技术效应和资本深化，推动农业结构变动，进而促进农村产业融合发展，在这一过程中会衍生出许多农业产业内的创业机会，比如电商、社会化服务等，吸引农村劳动力向农内进行创业转移，反过来也会提供一部分就业岗位，进一步促进农村劳动力就地转移。

（6）进一步分析农地确权方式对不同特征农村劳动力转移距离的影响发现，农地确权方式对农村劳动力就地转移在不同特征农业人口中表现了差异性。 农地整合确权对不同年龄农村劳动力就地转移均有显著负向影响，但对中老年农村劳动力就地转移的影响程度更高；农地整合确权对不同文化程度农村劳动力就地转移均有显著正向影响，对文化程度较高农村劳动力就地转移的影响程度更高；土地和资本要素在农地整合确权对农村劳动力就地转移的影响中均不具有调节作用；从农地经营状态特征看，农地整合确权对不同农地经营状态农村劳动力的就地转移均有显著正向影响，但对种地农村劳动力就地转移的影响程度更高；农地整合确权对农地转出户和转入户就地转移均有显著负向影响，但对农地转入户就地转移的影响程度更高；农地整合确权对生产环节外包和非生产环节外包农村劳动力就地转移均有显著正向影响，但对非生产环节外包农村劳动力就地转移的影响程度更高；农地整合确权对一般村庄和经济较差村庄农村劳动力就地转移均有显著正负向影响，对经济发达村庄农村劳动力就地转移的影响不显著。

(7) 农地非整合确权有利于增强农村劳动力迁移意愿以及实际迁移的可能性，而农地整合确权则降低了农村劳动力迁移意愿和实际迁移的可能性，这种影响在农业人口社保参与意愿中表现了一致性，而在土地处置方式和理财方式方面还不显著。农地整合确权更有利于农地规模化经营，降低农地经营成本，从而提高了农地经营的预期收益，加之确权后农地产权安全性增强，促进了农户对农地的投入，包括劳动力投入，从而抑制其迁移倾向。农地整合确权只是先整合后确权，农地安全性得到了跟非整合确权同样的保障，也有利于降低农村劳动力迁移风险，增强农村劳动力迁移意愿。其次，整合确权提高了农地的可交易性，农户可以通过流转土地增加收入，有助于缓解农业人口市民化的资本约束，进而促进农村劳动力迁移。最后，农地整合确权有利于农地地块规模扩张，降低农地经营成本，提高了农地经营的预期收益，吸引农村劳动力从事农业经营，从而抑制了农村劳动力迁移。

(8) 进一步分析农地确权方式对不同特征农村劳动力迁移意愿的影响发现，农地确权方式对农村劳动力迁移意愿在不同特征农业人口中表现了差异性。农地整合确权对不同年龄农村劳动力迁移意愿均有显著负向影响，但对中老年农村劳动力迁移意愿的影响程度更高；农地整合确权对初中及以上文化程度的农村劳动力迁移意愿有显著负向影响，对小学及以下文化程度的农村劳动力迁移意愿的影响不显著；土地要素增强了农地整合确权对农村劳动力迁移意愿的抑制作用，资本要素在农地整合确权对农村劳动力迁移意愿的影响中不具有调节作用；农地整合确权对不同农地经营状态农村劳动力迁移意愿均有显著负向影响，但对仍然从事农业经营农村劳动力迁移意愿的影响程度更高；农地整合确权对农地转出户和转入户迁移意愿均有显著负向影响，但对农地转入户迁移意愿的影响程度更高；农地整合确权对生产环节外包和非生产环节外包农村劳动力迁移意愿均有显著负向影响，但对非生产环节外包农村劳动力迁移意愿的影响程度更高；从村庄经济水平特征看，农地整合确权对一般村庄和经济较发达村庄农村劳动力迁移意愿均有显著负向影响，对贫困村庄农村劳动力迁移意愿的影响程度更高。

(9) 进一步分析农地确权方式对不同特征农村劳动力迁移行为的影响发现，农地确权方式对农村劳动力迁移行为的影响在不同特征农业人口中表现了差异性。农地整合确权对不同年龄农村劳动力迁移均有显著负向影响,但对年轻农村劳动力迁移的影响程度更高;农地整合确权对文化程度较低的农村劳动力迁移有显著负向影响,对文化程度较高农村劳动力迁移的影响不显著;农地整合确权对仍然从事农业经营农村劳动力迁移有显著负向影响,对不从事农业经营农村劳动力迁移的影响不显著;农地整合确权对农地转出户和转入户迁移的影响均不显著;农地整合确权对非生产环节外包农村劳动力迁移有显著负向影响,对生产环节外包农村劳动力迁移影响不显著;农地整合确权对一般村庄农村劳动力迁移有显著负向影响,对贫困和发达村庄农村劳动力迁移的影响不显著。

(10)基于实证研究发现,**农地确权不仅对农村劳动力非农就业比例产生直接的显著正向影响,而且通过农地细碎化对非农就业比例产生间接的显著正向影响。**一方面,农地确权提高了农地经营权稳定性预期,增强了农地产权排他性能力,降低农村劳动力非农转移过程中的失地风险,激励农村劳动力参与非农就业。另一方面,农地确权固化了农地细碎化格局,阻碍农地细碎化问题的缓解,抑制农业生产效率提升,导致农业生产成本较高,使农村劳动力务农意愿降低,推动农村劳动力参与非农就业。此外,户主年龄、农地经营规模与灌溉条件对非农就业比例有显著负向影响,而高中及以上学历人数占比、城乡收入差距、村庄交通条件与丘陵地形对农村劳动力非农就业比例的影响显著为正。

11.2 研究启示

(1)**发端于基层组织的农地整合确权也许是破解农地细碎化的一种有效创新。**农地确权不仅是土地产权界定对象的改变,更是进一步将农地产权权利赋予农户个体。具体而言,农地确权在"虚化"农地集体所有权的同时,弱化了村集体在农地流转与集中过程的促进效应。在我国南方细碎化严重的地区,基于流转后的农地集中还有漫长的路要走,一般的农地确权难以"必然地"带来规模化农业生产,化解的关键在于找到合适媒介弥补或强化村集体于农地上的功能,特别是农地集中功能。为此,广东省阳山县 2015—2016 年于农地确权前,组织农户进行农地置换整合,农户的农地由细碎分散变为连片集中,从而大幅度提升了农户分工参与程度和农业生产效率,该模式或许是解决农地确权与细碎化之间矛盾的重要措施之一。

进一步地大胆推断，农地整合确权很可能会成为南方农地细碎化严重地区促进农地规模化、产业化的主要手段。从阳山县其他未实行整合确权的村落的调研看，自升平村成功实施农地整合确权后，其他村落许多村民纷纷要求在本村推行农地整合置换。升平村整合确权的成功发挥了较大的示范效应，在很大程度上降低了其他村落实施农地整合置换的讯息成本和谈判成本，使阳山县农地整合确权的覆盖面逐步增加。

（2）以乡村建设行动为契机，对农村的农业生产性公共设施提供更多关注和扶持。 农业生产性公共设施是农业规模化运作的前提，但基于农业生产性公共设施的公共物品特征，农业生产性公共设施的修建具有较大的困难。其源于农业生产性公共设施在投入建设时存在"搭便车"行为，在建设使用中存在"过度利用"导致的租值耗散等问题。因此，农业生产性公共设施可通过两种渠道搭建，一是由政府引导投入，并搭建完善的设施利用和管理体制，但其缺陷也是明显的，一方面是政府投入资金来源问题，另一方面是在经营主体分散的情景下，公共设施的利用、管理和维护仍然具有较高的难度。较优的折中策略是，由政府和全体村民共同投入，让每个村民享有使用的权利和负有维护的责任，阳山县升平村就是一个典型例子。二是通过将村落农地经营权集中，由少数经营主体实现规模化的生产和投入生产性公共设施，其桎梏在于对大规模经营主体的依赖，大规模经营主体只有在长期稳定经营的预期下，才可能投入资金修建机耕道路和水利设施，这就需要政府能够进一步完善农村土地流转法律体系和构建相应的农地合约纠纷执行手段。相较而言，政府和村落按比例出资可以作为更稳定、更广泛、更优质的选择。因此，政府推动农地整合确权的路径是明确的，即加大对于农业生产基础公共设施的投入比例。一旦农业生产基础公共设施配套完善，村落农地连片化、规模化、产业化会自动演化，接踵而至的积极效应对于乡村振兴必将带来促进作用。

（3）当一项具有负效应的强制性核心制度注定需要被实施时，为保证核心制度的实施和降低实施的阻力，实施主体可以扩充核心制度，利用扩充制度的效率提升弥补核心制度的效率损失。 但是，一方面，制度的叠加必然暗含更高的制度成本。另一方面，即使制度叠加后的效率可能更优，由于信息不完全和预期的不确定，制度变迁存在讯息成本，实施主体并不确定或需要付出成本以获知制度扩充是否能够带来更优效率。阳山县的农地整合确权措施是对湖北沙洋案例的制度复制,使其制度实施具有可见的预期效益,从而降低了阳山县实施农地整合确权的阻力。

进一步地,从农地整合确权的实施约束可见,每项制度的变革和实施都具有其特定的制度空间。在一定情景下,其可能带来效率提升和改进,实现帕累托效率改进。但若不顾时空强制性地广泛执行一项制度,超出制度实施的空间和范围时,有可能引致成本高于收益的不经济局面,不仅不能带来效率改善,还可能导致额外的损失。因此,合理地判断一项政策或制度的实施空间,在经济学上即转化为对一项制度的约束条件的研究,一方面,可为判断政策有效性提供指导;另一方面,可对未来相关政策的优化提供借鉴。

(4)农地确权并不必然促进农村劳动力非农转移。农地确权劳动力转移效应的发挥既要考虑确权进度,也要关注确权方式。农地确权方式是影响农村劳动力转移行业选择、距离以及迁移的重要因素,农地非整合确权有利于增强农村劳动力迁移意愿,而整合确权则降低了农村劳动力迁移意愿。不同农地确权方式的产权强度不同,导致其影响农村劳动力迁移意愿的路径不同。农地整合确权既有利于提高农业经营效率,也有利于降低农业人口市民化成本,而非整合确权更有利降低农业人口市民化成本,但并没有改变农地细碎化格局,对农业经营效率的提升作用不足。有别于已有研究农地确权促进了农村劳动力转移,本研究发现,农地确权并不必然促进农村劳动力转移,农地确权方式是导致其存在异质性的重要因素。

(5)应该鼓励土地向种田能手流转,激励务农经验较少的农村劳动力及时向非农产业分流。对善于务农的农户来说,通过农地流转增加了家庭经营的土地面积,提高了农业经营生产率;对不擅长务农的农户来说,通过转出土地可以获得资金支持,为他们向城镇迁移提供资金支持,从而更好地实现土地资源的整合利用,实现促进土地规模化经营和农村劳动力迁移的双重政策目标。不同确权方式的农内转移效应差异较大,尤其在农地转入户和转出户之间表现了异质性,应鼓励土地向种田能手集中。随着土地面积的增加,农地整合确权会抑制农村劳动力迁移意愿。这是因为土地面积越多,整合确权后土地规模越大,对农业生产效率的提升越高,加之整合确权后土地的产权安全性更高,长期投资收益可能更高,越可能激励劳动力务农。因而，应该鼓励农地流转，一方面，通过农地流转可以增加一部分农户的土地面积，有利于提高他们农业经营生产率，增加他们的农业经营收入。另一方面，部分农户通过转出土地也可以获得资金支持，为他们向城市转移提供资金支持。通过农地流转，可以更好地实现土地资源的整合利用，促进农业经营效率的提升。

(6) 应该加快发展农业社会化服务，促进农业生产环节外包。农业社会化服务增加了农内就业创业机会，促进了农村劳动力农内转移，应重视农业社会化服务市场建设，提高农业社会化服务程度。对不从事农业经营和转出土地的农村劳动力来说，农地整合确权带来的农业经营效率的提升对其没有直接影响，而对从事农业经营和转入土地的农村劳动力来说，土地经营对其的重要性更大，农地整合确权带来的农业经营效率对其的刺激作用更明显，促进其从事农业经营。同样农业机械化的采用，有利于缓解土地经营对农村劳动力转移的束缚，增强农村劳动力迁移意愿。应加快发展农业社会化服务，促进农业生产环节外包，一方面有利于提高农业生产率。另一方面可以使农村劳动力从土地经营中解放出来，增强农村劳动力迁移意愿。应重视农业社会化服务市场建设，提高农业社会化服务程度，加快社会化服务推广，鼓励不擅长种地的农村劳动力退出农地经营，对促进农村劳动力迁移有重要作用。

(7) 要鼓励年轻农村劳动力在农业产业内创业，为农业转型和乡村振兴提供人才支持。农地整合确权更有利于农地规模化经营，降低农地经营成本，从而提高了农地经营的预期收益，加之确权后农地产权安全性增强，促进了农户对农地的投入，包括劳动力投入，从而促进了农村劳动力向农内转移。在当前农村劳动力转移分化的背景下，促进农村劳动力农内转移既有利于稳定农业经营，促进农村经济增长，也有利于为乡村振兴提供人才支持。因而，应鼓励大学生、外出务工青年等优质农村劳动力向农业产业内转移，为其返乡创业提供良好条件，推动农业转型升级和高质量发展。

(8) 支持有条件地区实施土地置换整合，降低土地细碎化程度。农地整合确权更有利于促进农地转入户农内转移。对农地转入户来说，一方面，土地对其的束缚更大。另一方面，更容易从农地整合确权中获利。经土地转入后，农地转入户的经营规模扩大，更有利于农业机械和农业技术的采用，提高农业生产效率。因而，应支持有条件地区实施土地置换整合，降低土地细碎化程度，以降低土地流转成本和生产投入成本，促进农地流转和农村劳动力转移。尤其对土地抛荒较多的地区，农地整合成本较低，实施农地整合阻力较小，应加快推进农地整合。要探索"换地并块""联耕联种"等降低农地细碎化的有效形式，改善农业生产条件，提高农业生产便利程度。可以借鉴"整合确权"的成功案例，加强农业基础设施建设，弱化不同位置地块间的质量差异，鼓励在村庄内部对农户家庭承包土地进行换地并块，减少每户承包地块数，减轻农地确权对缓解农地细碎化难题的不利影响。

(9) 要加快培育新型农业经营主体，推动农村产业融合发展。农地整合确权显著促进了农村劳动力就地转移。农地整合确权更有利于农地规模化经营，降低农地经营成本，提高了农地经营的预期收益，加之整合确权后农地产权安全性和可交易性增强，为农业分工和农村产业融合发展提供了条件，增加了当地就业机会，二者均促进了农村劳动力就地转移。因而，必须加快培育新型农业经营主体，推动乡村旅游、创意农业、农产品加工业等新业态发展，借此提高农业分工水平，促进农村劳动力就地转移。

11.3 研究展望

本研究主要探索了农地确权方式对农村劳动力转移就业的影响，将农地确权方式细分为整合确权和非整合确权两类，将农村劳动力转移就业细分为转移行业选择、转移距离、转移意愿和行为四个方面，从农村劳动力转移就业的划分看，并没全面反映农村劳动力转移就业的内容，需要进一步完善。

由于农村劳动力转移就业行为影响因素复杂多样，本研究的控制变量可能不足以完美囊括所有影响因素，需要未来研究进一步完善。

本研究的样本来源仅限于广东省，未能考虑到地区差异和时空差异，结果难免有偏颇之处，结论推广可能有一定的局限性。因此，扩大样本范围展开新的实证研究将是未来研究工作的一个努力方向。

目前农地确权在全国已经基本完成，考虑到制度变迁效应的滞后性，其现实效应到底如何？现实将提供真实的答案，关键在于始终不渝，坚持跟踪观察和研究，通过实践检验研究的科学性，发现新研究的切入点。

参考文献
REFERENCES

一、中文部分

巴泽尔，1997. 产权的经济分析（中文版）[M]. 上海：上海三联书店、上海人民出版社.

北京大学国家发展研究院综合课题组，周其仁，2010. 还权赋能——成都土地制度改革探索的调查研究[J]. 国际经济评论（02）：54-92，5.

蔡昉，2017. 中国经济改革效应分析——劳动力重新配置的视角[J]. 经济研究，52（07）：4-17.

蔡洁，夏显力，2017. 农地确权真的可以促进农户农地流转吗？——基于关中-天水经济区调查数据的实证分析[J]. 干旱区资源与环境（07）：28-32.

蔡立东，姜楠，2015. 承包权与经营权分置的法构造[J]. 法学研究（03）：31-46.

曹正汉，罗必良，2003. 一套低效率制度为什么能够长期生存下来——广东省中山市崖口村公社体制个案[J]. 经济学家，6（06）：50-55.

陈昌丽，2012. 贵阳市农村劳动力转移就业形态及特征[J]. 中国党政干部论坛（05）：62-63.

陈朝兵，2016. 农村土地"三权分置"：功能作用、权能划分与制度构建[J]. 中国人口·资源与环境，26（04）：135-141.

陈飞，翟伟娟，2015. 农户行为视角下农地流转诱因及其福利效应研究[J]. 经济研究，50（10）：163-177.

陈江华，罗明忠，罗琦，2018. 农地确权对农户参与农机服务供给的影响分析——基于水稻种植户的考察[J]. 农林经济管理学报，17（05）：508-519.

陈江华，罗明忠，2018. 农地确权对水稻劳动密集型生产环节外包的影响——基于农机投资的中介效应[J]. 广东财经大学学报，33（04）：98-111.

陈江龙，曲福田，陈会广，等，2003. 土地登记与土地可持续利用——以农地为例[J]. 中国人口·资源与环境（05）：46-51.

陈金涛，刘文君，2016. 农村土地"三权分置"的制度设计与实现路径探析[J]. 求实（01）：81-89.

陈菁，孔祥智，2016. 土地经营规模对粮食生产的影响——基于中国十三个粮食主产区农户调查数据的分析[J]. 河北学刊（03）：122-128.

陈美球，李志朋，赖运生，2015."确权确股不确地"承包地经营权流转研究[J].土地经济研究（01）：59 - 69.

陈帷胜，冯秀丽，马仁锋，等，2016.耕地破碎度评价方法与实证研究[J].中国土地科学，30（05）：80 - 87.

陈小知，胡新艳，2018.确权方式、资源属性与农地流转效应——基于IPWRA模型的分析[J].学术研究（09）：96 - 103.

陈艺琼，2016.农户家庭劳动力资源多部门配置的增收效应分析[J].农村经济（07）：124 - 129.

陈钊，万广华，陆铭，2010.行业间不平等：日益重要的城镇收入差距成因——基于回归方程的分解[J].中国社会科学（03）：65 - 76，221.

陈昭玖，胡雯，2016.农地确权、交易装置与农户生产环节外包——基于"斯密—杨格"定理的分工演化逻辑[J].农业经济问题（08）：16 - 24，110.

程令国，张晔，刘志彪，2016.农地确权促进了中国农村土地的流转吗[J].管理世界（01）：88 - 98.

程名望，贾晓佳，俞宁，2018.农村劳动力转移对中国经济增长的贡献（1978—2015年）：模型与实证[J].管理世界，34（10）：161 - 172.

道格拉斯·诺斯，2013.理解经济变迁的过程（中文版）[M].北京：人民出版社.

丁文，2015.论土地承包权与土地承包经营权的分离[J].中国法学（03）：159 - 178.

杜奋根，2017.农地集体所有：农地"三权分置"改革的制度前提[J].学术研究（08）：81 - 86.

杜巍，牛静坤，车蕾，2018.农业转移人口市民化意愿：生计恢复力与土地政策的双重影响[J].公共管理学报，15（03）：66 - 77.

丰雷，蒋妍，叶剑平，2013.诱致性制度变迁还是强制性制度变迁？——中国农村土地调整的制度演进及地区差异研究[J].经济研究（06）：4 - 18.

丰雷，任芷仪，张清勇，2019.家庭联产承包责任制改革：诱致性变迁还是强制性变迁[J].农业经济问题（01）：32 - 45.

冯华超，刘凡，2018.农地确权能提升村级土地流转价格吗？——基于全国202个村庄的分析[J].新疆农垦经济（03）：57 - 66.

冯华超，钟涨宝，2019.新一轮农地确权促进了农地转出吗？[J].经济评论（02）：48 - 59.

冯华超，2019.农地确权与农户农地转入合约偏好——基于三省五县调查数据的实证分析[J].广东财经大学学报（01）：69 - 79.

冯远香，刘光远，2013.新疆农地流转与种植结构变化分析——基于区域粮食供给安全视角下[J].农村经济与科技，24（02）：30 - 32.

付江涛，纪月清，胡浩，2016.产权保护与农户土地流转合约选择——兼评新一轮承包地确权颁证对农地流转的影响[J].江海学刊（03）：74 - 80，238.

付江涛，纪月清，胡浩，2016. 新一轮承包地确权登记颁证是否促进了农户的土地流
    转——来自江苏省3县（市、区）的经验证据[J]. 南京农业大学学报（社会科学版）
    （01）：105 - 113，165.

高帆，2009. 分工演进与中国农业发展的路径选择[J]. 学习与探索（01）：139 - 145.

高帆，2009. 在经济结构优化中纾缓就业压力[J]. 理论参考（05）：41 - 42.

高强，张琛，2016. 确权确股不确地的理论内涵、制度约束与对策建议——基于广东省珠
    三角两区一市的案例分析[J]. 经济学家（07）：32 - 40.

高晓红，2000. 二元结构转换与体制转型中的农户粮食种植行为分析[J]. 首都经济贸易大
    学学报（01）：61 - 65.

邰亮亮，冀县卿，黄季焜，2013. 中国农户农地使用权预期对农地长期投资的影响分析
    [J]. 中国农村经济（11）：24 - 33.

桂华，2017. 农民地权诉求与农地制度供给——湖北沙洋县"按户连片"做法与启示[J].
    经济学家，3（03）：90 - 96.

郭亮，2011. 集体所有制的主体为什么是"模糊"的？——中山崖口：一个特殊村庄存在
    的一般意义[J]. 开放时代（07）：78 - 96.

韩家彬，张书凤，刘淑云，等，2018. 土地确权，土地投资与农户土地规模经营——基于
    不完全契约视角的研究[J]. 资源科学，40（10）：2015 - 2028.

韩俊，2018. 以习近平总书记"三农"思想为根本遵循实施好乡村振兴战略[J]. 管理世
    界，34（08）：1 - 10.

韩晓宇，曹波，王晓刚，2017. 农户土地依赖性对农地经营权退出与进入意愿的影响[J].
    江苏农业科学（08）：303 - 308.

何东伟，张广财，2019. 土地确权与农地流转——基于财富效应视角的考察[J]. 产业经济
    评论（01）：91 - 107.

何东霞，易顺，李彬联，等，2014. 宗族制度、关系网络与经济发展——潮汕地区经济落
    后的文化原因研究[J]. 华南师范大学学报（社会科学版）（02）：64 - 72，160.

何一鸣，罗必良，2012. 农地流转，交易成本与产权管制：理论范式与博弈分析[J]. 农村
    经济（01）：7 - 12.

贺雪峰，2015. 农地承包经营权确权的由来，逻辑与出路[J]. 思想战线，41（05）：75 - 80.

贺雪峰，2016. 沙洋的"按户连片"耕种模式[J]. 农村工作通讯（15）：16 - 18.

贺雪峰，2018. 武汉郊区农地的抛荒与确权[J]. 决策（09）：13.

洪炜杰，罗必良，2018. 地权稳定能激励农户对农地的长期投资吗[J]. 学术研究（09）：
    78 - 86，177.

洪炜杰，罗必良，2019. 农地产权安全性对农业种植结构的影响[J]. 华中农业大学学报
    （社会科学版）（03）：32 - 40，159 - 160.

洪炜杰，罗必良，2019. 制度约束、农地调整和劳动力非农转移[J]. 江海学刊（02）：94 -

101，254.

胡新艳，陈小知，米运生，2018. 农地整合确权政策对农业规模经营发展的影响评估——来自准自然实验的证据[J]. 中国农村经济（12）：83-102.

胡新艳，洪炜杰，王梦婷，等，2017. 中国农村三大要素市场发育的互动关联逻辑——基于农户多要素联合决策的分析[J]. 中国人口·资源与环境，27（11）：61-68.

胡新艳，罗必良，王晓海，2013. 农地流转与农户经营方式转变——以广东省为例[J]. 农村经济（04）：28-32.

胡新艳，罗必良，谢琳，2015. 农业分工深化的实现机制：地权细分与合约治理[J]. 广东财经大学学报（01）：33-42.

胡新艳，罗必良，2016. 新一轮农地确权与促进流转：粤赣证据[J]. 改革（04）：85-94.

胡新艳，杨晓莹，罗锦涛，2016. 确权与农地流转：理论分歧与研究启示[J]. 财贸研究（02）：67-74.

胡新艳，朱文珏，罗必良，2016. 产权细分，分工深化与农业服务规模经营[J]. 天津社会科学（04）：93-98.

胡振华，沈杰，胡子悦，2015. 农地产权二元主体视角下"三权分置"的确权逻辑[J]. 中国井冈山干部学院学报（04）：120-130.

胡振华，余庙喜，2015. 基于"企业—政府"视角的农地确权绩效分析[J]. 广西大学学报（哲学社会科学版）（05）：57-65.

黄博，刘祖云，2013. 村民自治背景下的乡村精英治理现象探析[J]. 经济体制改革（03）：86-90.

黄季焜，冀县卿，2012. 农地使用权确权与农户对农地的长期投资[J]. 管理世界（09）：76-81，99，187-188.

黄季焜，2012. 中国的农地制度、农地流转和农地投资[M]. 上海：格致出版社、上海三联书店、上海人民出版社.

黄佩红，李琴，李大胜，2018. 新一轮确权能促进农地流转吗？[J]. 经济经纬（04）：44-49.

黄赛，2019. 规模化经营形势下农地细碎化治理模式的创新——以湖北省沙洋县按户连片耕种模式为例[J]. 知识经济（01）：9-10.

黄宗智，2016. 中国的隐性农业革命（1980—2010）——一个历史和比较的视野[J]. 开放时代（02）：11-35，5.

黄祖辉，王建英，陈志钢，2014. 非农就业、土地流转与土地细碎化对稻农技术效率的影响[J]. 中国农村经济（11）：4-16.

黄祖辉，徐旭初，2015. 中国的农民专业合作社与制度安排[J]. 山东农业大学学报（社会科学版）（04）：15-20，125.

冀县卿，钱忠好，2018. 如何有针对性地促进农地经营权流转？——基于苏、桂、鄂、黑四省（区）99村、896户农户调查数据的实证分析[J]. 管理世界，34（03）：87-97，

183-184.

江雪萍，2014. 农业分工：生产环节的可外包性———基于专家问卷的测度模型[J]. 南方经济（12）：96-9104.

康芳，2015. 农村土地确权对农业适度规模经营的影响[J]. 改革与战略（11）：96-99.

孔艳芳，2017. 农村剩余劳动力转移途径的比较研究———基于2011年浙江省流动人口动态监测数据的实证分析[J]. 山东财经大学学报，29（04）：60-71.

郎秀云，2015. 确权确地之下的新人地矛盾———兼与于建嵘、贺雪峰教授商榷[J]. 探索与争鸣（09）：44-48.

黎红梅，李娟娟，2015. 南方农户种植行为变化的影响因素分析———基于湖南省典型灌区的调查[J]. 农业现代化研究（04）：617-623.

黎元生，2013. 论农业分工深化与产业链延伸拓展[J]. 南京理工大学学报（社会科学版），26（03）：13-19.

李昌平，2013. 地权改革的制度逻辑[J]. 南风窗（25）：55-57.

李德洗，2014. 非农就业对农业生产的影响[D]. 杭州：浙江大学.

李飞，钟涨宝，2017. 人力资本、阶层地位、身份认同与农民工永久迁移意愿[J]. 人口研究，41（06）：58-70.

李江鹏，2019. 基于农地流转、确权与农民增收的关系研究[J]. 中国集体经济（09）：21-22.

李金宁，刘凤芹，杨婵，2017. 确权、确权方式和农地流转———基于浙江省522户农户调查数据的实证检验[J]. 农业技术经济（12）：14-22.

李娟娟，2011. 中国农村土地流转与劳动力转移的关联分析[J]. 改革与战略，27（07）：108-110.

李琴，李大胜，陈风波，2017. 地块特征对农业机械服务利用的影响分析———基于南方五省稻农的实证研究[J]. 农业经济问题（07）：43-52，110-111.

李停，2016. 农地产权对劳动力迁移模式的影响机理及实证检验[J]. 中国土地科学，30（11）：13-21.

李彤，2017. 土地确权是推进"三权分置"和土地流转的基石———《农地确权对耕地保护影响研究》书评[J]. 农业经济问题，38（08）：93-94.

李长健，杨莲芳，2016. 三权分置、农地流转及其风险防范[J]. 西北农林科技大学学报（社会科学版）（04）：49-55.

李哲，李梦娜，2018. 新一轮农地确权影响农户收入吗？———基于CHARLS的实证分析[J]. 经济问题探索，39（08）：182-190.

李祖佩，管珊，2013. "被产权"：农地确权的实践逻辑及启示———基于某土地产权改革试点村的实证考察[J]. 南京农业大学学报（社会科学版）（01）：80-87，102.

梁书民，2006. 中国农业种植结构及演化的空间分布和原因分析[J]. 中国农业资源与区划（02）：29-34.

林文声，秦明，苏毅清，等，2017. 新一轮农地确权何以影响农地流转？——来自中国健康与养老追踪调查的证据[J]. 中国农村经济（07）：29-43.

林文声，秦明，王志刚，2017. 农地确权颁证与农户农业投资行为[J]. 农业技术经济（12）：4-14.

林文声，秦明，郑适，等，2016. 资产专用性对确权后农地流转的影响[J]. 华南农业大学学报（社会科学版），15（06）：1-9.

林文声，王志刚，王美阳，2018. 农地确权、要素配置与农业生产效率——基于中国劳动力动态调查的实证分析[J]. 中国农村经济（08）：64-82.

林文声，杨超飞，王志刚，2016. 农地确权对中国农地经营权流转的效应分析——基于 H 省 2009—2014 年数据的实证分析[J]. 湖南农业大学学报（社会科学版）（01）：15-21.

林毅夫，1991. 关于制度变迁的经济学理论：诱致性制度变迁与强制性制度变迁[M]. 上海：上海三联书店.

刘凤芹，2004. 农村土地制度改革的方案设计[J]. 经济研究参考（19）：34-48.

刘俊杰，张龙耀，王梦珺，等，2015. 农村土地产权制度改革对农民收入的影响——来自山东枣庄的初步证据[J]. 农业经济问题（06）：51-58.

刘恺，罗明忠，2018. 农地确权，集体产权权能弱化及其影响——基于细碎化情景的讨论[J]. 经济经纬（06）：44-50.

刘联洪，2016. 怀远县开展"一户一田"解决土地零碎问题探索[J]. 安徽农学通报（22）：3-5，19.

刘明宇，2004. 分工抑制与农民的制度性贫困[J]. 农业经济问题（02）：53-57，80.

刘润秋，宋艳艳，2006. 农地抛荒的深层次原因探析[J]. 农村经济（01）：31-34.

刘小红，郭忠兴，陈兴雷，2011. 农地权利关系辨析——家庭土地承包经营权与集体土地所有权的关系研究[J]. 经济学家（08）：51-56.

刘小年，2017. 农民工市民化的共时性研究：理论模式、实践经验与政策思考[J]. 中国农村观察（03）：27-41.

刘晓宇，张林秀，2008. 农村土地产权稳定性与劳动力转移关系分析[J]. 中国农村经济（02）：29-39.

刘学华，何巧玲，2008. 从哺育到反哺：30 年农村改革的实践和逻辑——基于经济发展的新古典政治经济学框架[J]. 上海市经济学会学术年刊（01）：101-111.

刘玥汐，许恒周，2016. 农地确权对农村土地流转的影响研究——基于农民分化的视角[J]. 干旱区资源与环境（05）：25-29.

龙登高，2009. 地权交易与生产要素组合：1650—1950[J]. 经济研究（02）：146-156.

卢华，胡浩，2017. 非农劳动供给：土地细碎化起作用吗？——基于刘易斯拐点的视角[J]. 经济评论（01）：148-160.

卢华，胡浩，2015. 土地细碎化、种植多样化对农业生产利润和效率的影响分析——基于江苏农户的微观调查[J].农业技术经济（07）：4-15.

卢华，胡浩，2015.土地细碎化增加农业生产成本了吗？——来自江苏省的微观调查[J].
经济评论（05）：129-140.

芦千文，吕之望，李军，2019.为什么中国农户更愿意购买农机作业服务——基于对中日
两国农户农机使用方式变迁的考察[J].农业经济问题（01）：113-124.

罗必良，仇童伟，2018.中国农业种植结构调整："非粮化"抑或"趋粮化"[J].社会科
学战线（02）：39-51，2.

罗必良，何应龙，汪沙，等，2012.土地承包经营权：农户退出意愿及其影响因素分
析——基于广东省的农户问卷[J].中国农村经济（06）：4-19.

罗必良，洪炜杰，2019.农地调整、政治关联与地权分配不公[J].社会科学战线（01）：60-70.

罗必良，李尚蒲，2018.论农业经营制度变革及拓展方向[J].农业技术经济（01）：4-16.

罗必良，凌莎，钟文晶，2014.制度的有效性评价：理论框架与实证检验——以家庭承包
经营制度为例[J].江海学刊（05）：70-78，238.

罗必良，邹宝玲，何一鸣，2017.农地租约期限的"逆向选择"——基于9省份农户问卷
的实证分析[J].农业技术经济（01）：4-17.

罗必良，2013.产权强度与农民的土地权益：一个引论[J].华中农业大学学报（社会科学
版）（05）：1-6.

罗必良，2019.从产权界定到产权实施——中国农地经营制度变革的过去与未来[J].农业
经济问题（01）：17-31.

罗必良，2009.村庄环境条件下的组织特性、声誉机制与关联博弈[J].改革（02）：72-80.

罗必良，2010.合约的不稳定与合约治理——以广东东进农牧股份有限公司的土地承租为
例[J].中国制度变迁的案例研究（01）：19.

罗必良，2012.合约理论的多重境界与现实演绎：粤省个案[J].改革（05）：66-82.

罗必良，2017.科斯定理：反思与拓展——兼论中国农地流转制度改革与选择[J].经济研
究（11）：178-193.

罗必良，2008.论农业分工的有限性及其政策含义[J].贵州社会科学（01）：80-87.

罗必良，2016.农地确权，交易含义与农业经营方式转型——科斯定理拓展与案例研究
[J].中国农村经济（11）：2-16.

罗必良，2015.农业共营制：新型农业经营体系的探索与启示[J].社会科学家（05）：7-12.

罗必良，2012.土地承包经营权：农户退出意愿及其影响因素分析——基于广东省的农户
问卷[J].中国农村经济（06）：4-19.

罗必良，2014.资源特性、产权安排与交易装置[J].学术界（01）：20-22.

罗富民，段豫川，2013.分工演进对山区农业生产效率的影响研究——基于川南山区县级
数据的空间计量分析[J].软科学，27（07）：83-87.

罗明忠，黄晓彤，陈江华，2018.确权背景下农地调整的影响因素及其思考[J].农林经济

管理学报，17（02）：194 - 202.

罗明忠，黄晓彤，2018. 农地确权会提高农地流转契约的稳定性吗？[J]. 农业现代化研究，39（04）：617 - 625.

罗明忠，刘恺，朱文珏，2018. 产权界定中的农户相机抉择及其行为转变：以农地确权为例[J]. 财贸研究（05）：43 - 53.

罗明忠，刘恺，朱文珏，2017. 确权减少了农地抛荒吗——源自川、豫、晋三省农户问卷调查的 PSM 实证分析[J]. 农业技术经济（02）：15 - 27.

罗明忠，刘恺，2017. 交易成本约束下的农地整合与确权制度空间——广东省阳山县升平村农地确权模式的思考[J]. 贵州社会科学（06）：121 - 127.

罗明忠，刘恺，2015. 农村劳动力转移就业能力对农地流转影响的实证分析[J]. 广东财经大学学报（02）：73 - 84.

罗明忠，罗琦，陈江华，2018. 农业分工、资源禀赋与农村劳动力农业产业内转移[J]. 江苏大学学报（社会科学版），20（02）：13 - 20.

罗明忠，唐超，2018. 农地确权：模式选择、生成逻辑及制度约束[J]. 西北农林科技大学学报（社会科学版），18（04）：12 - 17.

罗明忠，2011. 村民变工人：农村劳动力农业产业内转移及其推进——广东省惠东县莆田村的经验研究[J]. 华东经济管理，25（01）：26 - 30.

罗明忠，2009. 农民的创业意愿及其培育——基于广东部分地区问卷调查的思考[J]. 广东技术师范学院学报（11）：79 - 82.

罗纳德·H·科斯，2013. 从经济学家手中拯救经济学[J]. 经济资料译丛（04）：4 - 5.

罗纳德·H·科斯，2014. 企业、市场与法律（中文版）[M]. 上海：格致出版社、上海三联书店、上海人民出版社.

马超峰，薛美琴，2014. 产权公共领域与农地确权颁证[J]. 中南大学学报（社会科学版）（02）：149 - 153.

马克思，2002. 马克思 1844 年经济学哲学手稿（中文版）[M]. 北京：人民出版社.

马贤磊，仇童伟，钱忠好，2015. 农地产权安全性与农地流转市场的农户参与——基于江苏、湖北、广西、黑龙江四省（区）调查数据的实证分析[J]. 中国农村经济（02）：22 - 37.

马贤磊，曲福田，2010. 新农地制度下的土地产权安全性对土地租赁市场发育的影响[J]. 中国土地科学（09）：4 - 10.

马晓河，胡拥军，2018. 一亿农业转移人口市民化的难题研究[J]. 农业经济问题（04）：4 - 14.

茅于轼，2014. 交易成本是生产价格的成本[J]. 学术界（01）：5 - 7.

冒佩华，徐骥，贺小丹，等，2015. 农地经营权流转与农民劳动生产率提高：理论与实证[J]. 经济研究，50（11）：161 - 176.

米运生，石晓敏，张佩霞，2018. 农地确权与农户信贷可得性：准入门槛视角[J]. 学术研究（09）：87 - 95.

米运生，郑秀娟，曾泽莹，等，2015.农地确权、信任转换与农村金融的新古典发展[J].经济理论与经济管理（07）：63-73.

倪坤晓，谭淑豪，2017.农地确权促进农地投资：文献评述及对中国的启示[J].中国物价（01）：85-87.

聂伟，王小璐，2014.人力资本、家庭禀赋与农民的城镇定居意愿——基于CGSS2010数据库资料分析[J].南京农业大学学报（社会科学版），14（05）：53-61.

彭文英，马思瀛，戴劲，2017.农户土地利用行为及其调控研究[J].首都经济贸易大学学报，19（04）：71-77.

齐元静，唐冲，2017.农村劳动力转移对中国耕地种植结构的影响[J].农业工程学报（03）：233-240.

钱文荣，郑黎义，2011.劳动力外出务工对农户家庭经营收入的影响——基于江西省4个县农户调研的实证分析[J].农业技术经济（01）：48-56.

秦小红，2016.政府引导农地制度创新的法制回应——以发挥市场在资源配置中的决定性作用为视角[J].法商研究（04）：15-23.

仇童伟，罗必良，2017.农地调整会抑制农村劳动力非农转移吗？[J].中国农村观察（04）：57-71.

仇童伟，罗必良，2018.种植结构"趋粮化"的动因何在？——基于农地产权与要素配置的作用机理及实证研究[J].中国农村经济（02）：65-80.

申兵，2011.我国农民工市民化的内涵，难点及对策[J].中国软科学（02）：1-7.

申静，王汉生，2005.集体产权在中国乡村生活中的实践逻辑——社会学视角下的产权建构过程[J].社会学研究（01）：113-148，247.

沈君彬，2018.乡村振兴背景下农民工回流的决策与效应研究——基于福建省三个山区市600位农民工的调研[J].中共福建省委党校学报（09）：93-99.

盛洪，1994.不可投票的和不可交易的[J].读书（03）：19-23.

舒尔茨，2019.改造传统农业（中文版）[M].北京：商务印书馆.

宋才发，2016.建立农村集体土地三权分置制度的法治探讨[J].学习论坛（07）：26-31.

苏岚岚，何学松，孔荣，2018.金融知识对农民农地流转行为的影响——基于农地确权颁证调节效应的分析[J].中国农村经济（08）：17-31.

速水佑次郎，2009.发展经济学：从贫困到富裕（中文版）[M].北京：社会科学文献出版社.

速水佑次郎，2014.农业发展：国际前景（中文版）[M].北京：商务印书馆.

孙邦群，刘强，胡顺平，等，2016.充分释放确权政策红利——湖北沙洋在确权登记工作中推行"按户连片"耕种调研[J].农村经营管理（01）：27-30.

孙友然，彭泽宇，韩紫蕾，2017.流动动因对农民工市民化意愿影响的机理模型与实证研究[J].学习与实践（10）：91-100.

谭砚文，曾华盛，2017.农村土地承包经营权确权的创新模式——来自广东省清远市阳山县的探索[J].农村经济（04）：32-36.

陶然，徐志刚，2005. 城市化，农地制度与迁移人口社会保障[J].经济研究（12）：45-56.

田传浩，李明坤，2014. 土地市场发育对劳动力非农就业的影响：基于浙、鄂、陕的经验[J].农业技术经济（08）：11-24.

田孟，贺雪峰，2015. 中国的农地细碎化及其治理之道[J].江西财经大学学报（02）：88-96.

万宝瑞，2014. 当前我国农业发展的趋势与建议[J].农业经济问题，35（04）：4-7，110.

王海娟，胡守庚，2019. 土地制度改革与乡村振兴的关联机制研究[J].思想战线（02）：114-120.

王海娟，2016. 农地确权政策的供需错位[J].云南行政学院学报，18（05）：17-23.

王继权，姚寿福，2005. 专业化、市场结构与农民收入[J].农业技术经济（05）：13-21.

王京安，罗必良，2003. 解决"三农"问题的根本：基于分工理论的思考[J].南方经济（02）：60-62，47.

王嫚嫚，刘颖，蒯昊，等，2017. 土地细碎化、耕地地力对粮食生产效率的影响——基于江汉平原354个水稻种植户的研究[J].资源科学，39（08）：1488-1496.

王习明，2011. 理念与制度：农地制度变化的机理——2000年以来崖口村公社体制变革研究[J].开放时代（05）：106-121.

王鑫潼，2015. 我国劳动力结构与劳动力配置效率研究[D].北京：北京邮电大学.

王亚新，2015. "四化同步"下的农村土地经营模式探索——基于广东湛江的实践[J].经济地理（08）：157-164.

王勇，陈印军，易小燕，等，2011. 耕地流转中的"非粮化"问题与对策建议[J].中国农业资源与区划，32（04）：13-16.

威廉姆森，2002. 资本主义经济制度（中文版）[M].北京：商务印书馆.

韦鸿，王琦玮，2016. 农村集体土地"三权分置"的内涵、利益分割及其思考[J].农村经济（03）：39-43.

魏娟，赵佳佳，刘天军，2017. 土地细碎化和劳动力结构对生产技术效率的影响[J].西北农林科技大学学报（社会科学版），17（05）：55-64.

温铁军，2000. "三农问题"的世纪反思[J].经济研究参考（01）：23-30.

吴德胜，李维安，2010. 非正式契约与正式契约交互关系研究——基于随机匹配博弈的分析[J].管理科学学报，13（12）：76-85.

徐美银，2018. 人力资本、社会资本与农民工市民化意愿[J].华南农业大学学报（社会科学版），17（04）：53-63.

许庆，刘进，钱有飞，2017. 劳动力流动、农地确权与农地流转[J].农业技术经济（05）：4-16.

亚当·斯密，1996. 国家财富的性质和原因的研究［1776］（中文版）[M].北京：商务印书馆.

杨成林，李越，2016. 市场化改革与农地流转——一个批判性考察[J]. 改革与战略（11）：116 - 120.

杨丹，2012. 农业分工和专业化能否引致农户的合作行为——基于西部 5 省 20 县农户数据的实证分析[J]. 农业技术经济（08）：56 - 64.

杨国永，许文兴，2015. 耕地抛荒及其治理——文献述评与研究展望[J]. 中国农业大学学报（05）：279 - 288.

杨宏银，2015. 湖北沙洋首开全国先河整县推进按户连片耕种的土地确权模式研究[J]. 南方农村，31（05）：4 - 8.

杨继瑞，薛晓，2015. 农地"三权分离"：经济上实现形式的思考及对策[J]. 农村经济（10）：8 - 12.

杨进，吴比，金松青，等，2018. 中国农业机械化发展对粮食播种面积的影响[J]. 中国农村经济（03）：89 - 104.

杨庆育，高军，2015. 中国农地确权制度改革研究——从正当性维度的考察[J]. 政法论丛（06）：30 - 36.

姚洋，1986. 农地制度与农业绩效的实证研究[J]. 中国农村观察（06）：3 - 5.

姚洋，2004. 土地制度和农业发展[M]. 北京：北京大学出版社.

姚洋，2000. 中国农地制度：一个分析框架[J]. 中国社会科学（02）：54 - 65.

叶剑平，丰雷，蒋妍，等，2010. 2008 年中国农村土地使用权调查研究——17 省份调查结果及政策建议[J]. 管理世界（01）：64 - 73.

易小燕，陈印军，2010. 农户转入耕地及其"非粮化"种植行为与规模的影响因素分析——基于浙江、河北两省的农户调查数据[J]. 中国农村观察（06）：2 - 10，21.

殷红霞，宋会芳，2014. 新生代农民工职业转换的影响因素分析——基于陕西省的调查数据[J]. 统计与信息论坛，29（06）：98 - 102.

雍昕，2017. 农民工迁移行为预期研究[J]. 中南大学学报（社会科学版），23（05）：144 - 151.

俞海，黄季焜，Scott Rozelle，等，2003. 土壤肥力变化的社会经济影响因素分析[J]. 资源科学（02）：63 - 72.

俞林，张路遥，许敏，2016. 新型城镇化进程中新生代农民工职业转换能力驱动因素[J]. 人口与经济（06）：102 - 113.

张超，罗必良，2018. 产权管制与贫困：来自改革开放前中国农村的经验证据[J]. 东岳论丛，39（06）：124 - 132.

张军，2014. 农村产权制度改革与农民财产性收入增长[J]. 农村经济（11）：3 - 6.

张雷，高名姿，陈东平，2015. 产权视角下确权确股不确地政策实施原因，农户意愿与对策——以昆山市为例[J]. 农村经济（10）：39 - 44.

张力，郑志峰，2015. 推进农村土地承包权与经营权再分离的法制构造研究[J]. 农业经济问题（01）：79 - 92，111 - 112.

张莉，金江，何晶，等，2018. 农地确权促进了劳动力转移吗？——基于 CLDS 数据的实证分析[J]. 产业经济评论（05）：88-102.

张露，罗必良，2018. 小农生产如何融入现代农业发展轨道？——来自中国小麦主产区的经验证据[J]. 经济研究（12）：144-160.

张茜，屈鑫涛，魏晨，2014. 粮食安全背景下的家庭农场"非粮化"研究——以河南省舞钢市 21 个家庭农场为个案[J]. 东南学术（03）：94-100，247.

张韧，刘建生，刘珽，2019. 农地确权对抑制农地流转的禀赋效应分析[J]. 江苏农业科学（04）：333-339.

张婷，张安录，邓松林，2017. 基于威廉姆森分析范式的农村集体建设用地市场交易成本研究[J]. 中国土地科学，31（02）：11-21.

张文宏，栾博，蔡思斯，2018. 新白领和新生代农民工留城意愿的比较研究[J]. 福建论坛：人文社会科学版（08）：140-147.

张文武，欧习，徐嘉健，2018. 城市规模、社会保障与农业转移人口市民化意愿[J]. 农业经济问题（09）：128-140.

张五常，2014. 经济解释（卷四）——制度的选择[M]. 北京：中信出版社.

张五常，2015. 经济解释[M]. 北京：中信出版社.

张五常，2009. 中国的经济制度[M]. 北京：中信出版社.

张永丽，李青原，郭世慧，2018. 贫困地区农村教育收益率的性别差异——基于 PSM 模型的计量分析[J]. 中国农村经济（09）：110-130.

张宗毅，杜志雄，2015. 土地流转一定会导致"非粮化"吗？——基于全国 1740 个种植业家庭农场监测数据的实证分析[J]. 经济学动态（09）：63-69.

赵翠萍，侯鹏，张良悦，2016. 三权分置下的农地资本化：条件、约束及对策[J]. 中州学刊（07）：38-42.

赵培景，潘博夫，2016. 适应土地确权变化改革水利经管模式——从湖北沙洋农村土地确权看农村水利经营管理模式改革[J]. 农村经济与科技（23）：95-96.

郑爱翔，2018. 新生代农民工职业自我效能对其市民化意愿的影响机制研究——一个有调节的中介效应模型[J]. 农业技术经济（08）：44-53.

郑晶，2005. 农产品优质优价问题的经济学思考[J]. 华南农业大学学报（社会科学版）（01）：6-10.

郑志峰，2014. 当前中国农村土地承包权与经营权再分离的法制框架创新研究——以 2014 年中央一号文件为指导[J]. 求实（10）：82-91.

中国社会科学院农村发展研究所，1998. 论农村集体产权[J]. 中国农村观察（04）：1-22.

中国社会科学院农村发展研究所农村集体产权制度改革研究课题组，张晓山，2015. 关于农村集体产权制度改革的几个理论与政策问题[J]. 中国农村经济（02）：4-12，37.

钟甫宁，纪月清，2009. 土地产权，非农就业机会与农户农业生产投资[J]. 经济研究，44

（12）：43-51.

钟甫宁，陆五一，徐志刚，2016.农村劳动力外出务工不利于粮食生产吗？——对农户要素替代与种植结构调整行为及约束条件的解析[J].中国农村经济（07）：36-47.

钟文晶，罗必良，2013.禀赋效应、产权强度与农地流转抑制——基于广东省的实证分析[J].农业经济问题，34（03）：6-16，110.

周春光，2016.土地确权真的能够促进规模经营吗？——周春光谈土地制度改革的重点与难点[EB/OL].http://www.360doc.com/content/16/0522/14/3591043_561319082.shtml.

周力，王镱如，2019.新一轮农地确权对耕地质量保护行为的影响研究[J].中国人口·资源与环境（02）：63-71.

周其仁，2004.产权与制度变迁[M].北京大学出版社.

周其仁，2009.确权是土地流转的前提与基础[J].农村工作通讯（14）：40.

周其仁，2013.土地收益分配与权利的制度安排[N].经济观察报10-28（048）.

周其仁，1994.中国农村改革：国家和所有权关系的变化[J].中国社会科学季刊，夏季卷.

朱广新，2015.土地承包权与经营权分离的政策意蕴与法制完善[J].法学（11）：88-100.

朱建军，胡继连，2015.农地流转的地权配置效应研究——基于CHARLS数据[J].农业技术经济（07）：36-45.

朱建军，杨兴龙，2019.新一轮农地确权对农地流转数量与质量的影响研究——基于中国农村家庭追踪调查（CRHPS）数据[J].（03）：63-74.

朱农，2005.贫困、不平等和农村非农产业的发展[J].经济学，5（01）：167-188.

诸培新，张建，张志林，2015.农地流转对农户收入影响研究——对政府主导与农户主导型农地流转的比较分析[J].中国土地科学（11）：70-77.

祝仲坤，2017.住房公积金与新生代农民工留城意愿——基于流动人口动态监测调查的实证分析[J].中国农村经济（12）：33-48.

邹宝玲，仇童伟，罗必良，等，2017.农地福利保障如何影响农地转出——基于制度保障与社区保障调节效应的分析[J].上海财经大学学报，19（03）：68-80.

二、英文部分

Abdulai A，Owusu V，Goetz R，2011. Land tenure differences and investment in land improvement measures：Theoretical and empirical analyses[J]. Journal of Development Economics，96（01）：66-78.

Alchain A A，Demsetz H，1972. Production，information costs and economic organization[J]. The American Economic Review，62（02）：21-41.

Arrow K J，1969. The organization of economic activity：issues pertinent to the choice of market versus Nonmarket Allocation[J]. Joint Economic Committee，The Analysisand Evaluation of public Expenditure：The PPB System：Washington：Government Printing

Office (01): 59 - 73.

Atamanov A, Marrit V D B, 2012. International labour migration and local rural activities in the Kyrgyz Republic: determinants and trade - offs [J]. Central Asian Survey, 31 (02): 119 - 136.

Bardhan P, Mookherjee D, Kumar N, et al. , 2012. State - led or market - led green revolution? Role of private irrigation investment vis - a - vis local government programs in West Bengal's farm productivity growth [J]. Journal of Development Economics, 99 (02): 222 - 235.

Barzel Y, 1974. A theory of rationing by waiting [J]. Journal of Law and Economics, 17 (01): 73 - 96.

Benjamin D, Brandt L, 2002. Property rights, labor markets and efficiency in a transitioneconomy: The case of rural china [J]. Canadian Journal of Economics, 35 (04): 689 - 716.

Bontemps C, Racine J S, Simioni M, 2009. Nonparametric vs parametric binary choice models: An empirical investigation [J]. TSE Working Paper (12): 9 - 126.

Brandt L, Huang J K, Guo L, Rozelle S, 2002. Land rights in rural china: Facts, fictions and issues [J]. The China Journal (47): 67 - 97.

Buchanan J M, Tullock G, 1962. The calculus of consent: Logical foundations of constitutional democracy [C]. Ann Arbor: University of Michigan Press.

Carter M R, Olinto P, 2003. Getting institutions "right" for whom? Credit constraints and the impact of property rights on the quantity and composition of investment [J]. american Journal of agricultural Economics, 85 (01): 173 - 186.

Carter M R, Yao Y, 1999. Market versus administrative reallocation of agricultural land in a period of rapid industrialization [R]. Policy Research Working Paper Series 2203, The World Bank.

Chernina E, Dower P C, 2014. Markevich A. Property rights, land liquidity, and internal migration [J]. Journal of Development Economics (110): 191 - 215.

Cheung, Steven N S, 1974. A theory of price control [J]. Journal of Law and Economics, 17 (01): 53 - 72.

Coase R H, 1937. The nature of the firm [J]. Economica, 4 (16): 386 - 405.

Coase R H, 1960. The problem of social cost [J]. Journal of Law and Economics, 03 (10): 1 - 44.

Corts K S, Singh J, 2004. The effect of repeated interaction on contract choice: Evidence from offshore drilling [J]. Journal of Law Economics & Organization, 20 (01): 230 - 260.

Dahlman C J, 1979. The problem of externality [J]. Journal of Legal Studies, 22 (01): 141 -162.

Danson M，Halkier H，Cameron G.（Eds.），2018. Governance，institutional change and regional development [M]. Routledge.

Davis L E，North D C，Smorodin C，1971. Institutional change and American economic growth [M]. CUP Archive.

De B A，Mueller V，2012. Do limitations in land rights transferability influence mobility rates in Ethiopia? [J]. Journal of African Economies（21）：548 – 579.

De J A，Emerick K，Gonzalez – Navarro M，2015. Sadoulet E. Delinking land rights from land use：certification and migration in Mexico [J]. American Economic Review（105）：3125 – 3149

Deininger K，Jin S，2005. The potential of land rental markets in the process of economic development：Evidence from China [J]. Journal of Development Economics，78（01）：241 – 270.

Demsetz H，1988. Theory of the firm revisisted，the [J]. J. l. econ. &Org（01）：141 – 162.

Demsetz H，1967. Toward a theory of property rights [J]. American Economic Review，57（02）：347 – 359.

Demsetz H，1974. Toward a theory of property rights [M]. Classic Papers in Natural Resource Economics. Palgrave Macmillan UK：163 – 177.

Do Quy-Toan，Iyer L，2008. Land titling and rural transition in Vietnam [J]. Economic Development and Cultural Change（56）：531 – 579.

Domeher D，Abdulai R T. Land registration，2012. credit and agricultural investment in Africa [J]. Agricultural Finance Review，72（01）：87 – 103.

Downs A，1957. An economic theory of political action in a democracy [J]. Journal of Political Economy，65（02）：135 – 150.

Ege S，2017. Land tenure insecurity in post – certification Amhara，Ethiopia [J]. Land Use Policy，64：56 – 63.

Fenske J，2011. Land tenure and investment incentives：Evidence from West Africa [J]. Journal of Development Economics，95（02）：137 – 156.

Furubotn E G，Pejovich S，1972. Property rights and economic theory：a survey of recent literature [J]. Journal of economic literature，10（04）：1137 – 1162.

Galiani S，Schargrodsky E，2011. Land property rights and resource allocation [J]. The Journal of Law and Economics，54（S4）：S329 – S345.

Gregory T C，2005. Securing a rural land market：Political – economic determinants of institutional change in china's agriculture sector [J]. Asian Perspective，29（04）：209 – 244.

Grossman S J，Hart O D，1986. The costs and benefits of ownership：A theory of vertical and lateral integration [J]. Journal of political economy，94（04）：691 – 719.

Härdle Wolfgang，Marlene Müller，Stefan Sperlich，2012. Axel Werwatz. Nonparametric and semiparametric models [M]. Springer Science &. Business Media.

Hart O, Moore J, 1990. Property rights and the nature of the firm [J]. Journal of political economy, 98 (06): 1119 - 1158.

Hastie, Trevor J, 2017. Generalized additive models [J]. Statistical models in S. Routledge: 249 - 307.

Hastie T, Tibshirani R, 1990. Exploring the nature of covariate effects in the proportional hazards model [J]. Biometrics, 46 (04): 1005 - 1016.

Ho, Peter, 2001. Who owns china's land? Policies, property rights and deliberate institutional ambiguity [J]. The China Quarterly (166): 394 - 421.

Ho P, Spoor M, 2006. Whose land? The political economy of land titling in transitional e-conomies [J]. Land use policy, 23 (04): 580 - 587.

Ho S, Lin G, 2003. emerging land markets in rural and urban china: Policies and practices [J]. The China Quarterly, 175 (175): 681 - 707.

Holden S T, Deininger K, Ghebru H, 2011. Tenure insecurity, gender, low - cost land certification and land rental market participation in Ethiopia [J]. The Journal of Development Studies, 47 (01): 31 - 47.

Holden S, Yohannes H, 2002. Land redistribution, tenure insecurity and intensity of production: A study of farm households in southern Ethiopia [J]. Land Economics, 78 (04): 573 - 590.

Hong Yongmiao, Halbert White, 1995. Consistent specification testing via nonparametric series regression [J]. Econometrica: Journal of the Econometric Society, 63 (05) 1133 - 1159.

Hsiao C, Li Q, Racine J S, 2007. A consistent model specification test with mixed discrete and continuous data [J]. Journal of Econometrics, 140 (02): 802 - 826.

Janvry A, Emerick K, Gonzalez - Navarro M, 2015. Sadoulet E. Delinking land rights from land use: Certification and migration in mexico [J]. American Economic Review, 105 (10): 3125 - 3149.

Jiang M, Paudel K P, Mi Y, 2018. Factors affecting agricultural land transfer - in in china: A semiparametric analysis [J]. Applied Economics Letters, 25 (19 - 21): 1547 - 1551.

Jin S, Deininger K, 2009. Land rental markets in the process of rural structural transformation: Productivity and equity impacts from China [J]. Journal of Comparative Economics, 37 (04): 629 - 646.

Kimura S, Otsuka K, Sonobe T, 2011. Rozelle S. Efficiency of land allocation through tenancy markets: Evidence from china [J]. Economic Development and Cultural Change, 59 (03): 485 - 510.

Kung J K, 2000. Common property rights and land real locations in rural China: Evidence from a village survey [J]. World Development, 28 (02): 701 – 719.

Lawry S, Samii C, Hall R, et al, 2017. The impact of land property rights interventions on investment and agricultural productivity in developing countries: a systematic review [J]. Journal of Development Effectiveness, 9 (01): 61 – 81.

Lewis W A, 1954. Economic development with unlimited supplies of labour [J]. The Manchester School, 22 (02): 53.

Li Q, Wang S, 1998. A simple consistent bootstrap test for a parametric regression function [J]. Journal of Econometrics, 87 (01): 145 – 165.

Lin J Y, 1989. An economic theory of institutional change: induced and imposed change [J]. Cato Journal, 9 (01): 1 – 33.

Liscow Z D, 2013. Do property rights promote investment but cause deforestation? Quasi-experimental evidence from nicaragua [J]. Journal of Environmental Economics and Management, 65 (02): 241 – 261.

Ma X, Heerink N, Ierland E V, et al, 2013. Land tenure security and land investments in Northwest China [J]. China Agricultural Economic Review, 5 (02): 281 – 307.

Maëlys De La Rupelle, Quheng D, 2009. Shi L, et al. Land rights insecurity and temporary migration in rural China [J]. Social Science Electronic Publishing: 1 – 37.

Maskin E, 2002. On indescribable contingencies and incomplete contracts [J]. European Economic Review, 46 (4 – 5): 725 – 733.

Maskin E, Tirole J, 1999. Unforeseen contingencies and incomplete contracts [J]. Review of Economic Studies, 66: 83 – 114.

Melesse M B, Bulte E H, 2015. Does land registration and certification boost farm productivity? Evidence from Ethiopia [J]. Agricultural Economics, 46 (06): 757 – 768.

Millimet D L, 2003. List J A, Stengos T. The environmental kuznets curve: Real progress or misspecified models? [J]. Review of Economics and Statistics, 85 (04): 1038 – 47.

Mullan K, Grosjean P, Kontoleon A, 2011. Land tenure arrangments and rural – urban migration in china [J]. World Development, 39 (01): 123 – 133.

Neumann J L V, Morgenstern O V, 2007. Theory of games and economic behavior [M]. Princeton university press.

Newman C, Tarp F, 2015. Van d B K. Property rights and productivity: The case of joint land titling in Vietnam [J]. Land Economics, 91 (01): 91 – 105.

Nguyen T T, 2012. Land reform and farm production in the northern uplands of vietnam [J]. Asian Economic Journal, 26 (01): 43 – 61.

Olson M, 1965. Logic of collective action: Public goods and the theory of groups (Harvard economic studies. v. 124) [M]. Harvard University Press.

Otsuka K, Estudillo J P, Sawada Y, 2009. Rural poverty and income dynamics in Asia and Africa [M]. London: Routledge.

Pandit M, Paudel K P, 2013. Mishra A K. Do agricultural subsidies affect the labor allocation decision? Comparing parametric and semiparametric methods [J]. Journal of Agricultural and Resource Economics, 38 (01): 1 - 18.

Poppo L, Zenger T, 2002. Do formal contracts and relational governance function as substitutes or complements [J]. Strategic Management Journa (23): 707 - 725.

Poudel B N, Paudel K P, 2009. Bhattarai K. Searching for an environmental kuznets curve in carbon dioxide pollutant in latin american countries [J]. Journal of Agricultural and Applied Economics, 41 (01): 13 - 27.

Racine J, Li Q, 2004. Nonparametric estimation of regression functions with both categorical and continuous data [J]. Journal of Econometrics, 119 (01): 99 - 130.

Reerink G, Gelder J L V, 2010. Land titling, perceived tenure security, and housing consolidation in the kampongs of Bandung, Indonesia [J]. Habitat International, 34 (01): 78 - 85.

Ruttan V W, 1978. Induced institutional change [J]. Induced Innovation: technology, Institutions, and development. Johns Hopkins University Press: Baltimore: 327 - 357.

Ryall M D, Sampson R C, 2009. Formal contracts in the presence of relational enforcement mechanisms: Evidence from technology development projects [J]. Management Science, 55 (06): 906 - 925

Simon N, 2006. Generalized additive models: An introduction with R. Chapman and hall/crc.

Sitko N J, Chamberlin J, Hichaambwa M, 2014. Does smallholder land titling facilitate agricultural growth?: An analysis of the determinants and effects of smallholder land titling in zambia [J]. World Development: 791 - 802.

Todaro, Gerald J, 1986. The volunteer team physician: When are you exempt from civil liability? [J]. The Physician and sportsmedicine, 14 (02): 147 - 153.

Valsecchi M L, 2014. Property rights and international migration: Evidence from mexico [J]. Journal of Development Economics (110): 276 - 290.

Wang H, Riedinger J, Jin S, 2015. Land documents, tenure security and land rental development: Panel evidence from China [J]. China Economic Review (36): 220 - 235.

Williamson O E, 1975. Markets and hierarchies: Analysis and antitrust implications: A study in the economics of internal organization [J].

Williamson O E, 2007. The economic institutions of capitalism. Firms, markets, relational contracting [M]. Das Summa Summarum des Management. Gabler: 61 - 75.

Williamson O E, 1985. The economic institutions of capitalism [M]. New York: The Free

Press.

Williamson O E, 1976. The economics of internal organization: exit and voice in relation to markets and hierarchies [J]. The American Economic Review, 66 (02): 369 – 377.

Yami M, Snyder K A, 2016. After all, land belongs to the state: examining the benefits ofland registration for smallholders in Ethiopia [J]. Land Degradation & Development, 27 (03): 465 – 478.

Yang T, 1997. China's land arrangements and rural labor mobility [J]. China Economic Review, 8 (02): 101 – 115.

Young A A, 1928. Incraesing returns and eonomic progress [J]. Economic Journal, 38 (152): 527 – 542.

Zhang L, Cheng W, Zhou N, et al, 2019. How did land titling affect China's rural land rental market? Size, composition and efficiency [J]. Land Use Policy, 82: 609 – 619.

Zheng J X, 1996. A consistent test of functional form via nonparametric estimation techniques [J]. Journal of Econometrics, 75 (02): 263 – 289.

Zhu W, Luo B, Paudel K P, 2018. The influence of land titling policy on the rural labor migration to city: Evidence from china [C]. 2018 Annual Meeting, August 5 – 7, Washington, D. C. Agricultural and Applied Economics Association.

后　记

本书是本人主持的国家社科基金重点项目"农地确权方式及其劳动力转移就业效应研究"（17AJL013）的结题成果，并得到广东省自科基金项目"社会化服务视角下小农户与现代农业发展的融合：作用机理与路径"（2020A1515011202）和广东省软科学项目"广东新型职业农民培育的科技和人才支持政策研究"（2019A101002115）的支持。

回想这几年的研究历程，有得到国家社科基金重点项目立项的喜悦，但随后就是对课题研究的坚守与执着，有彷徨，也有顿悟；有迷思，更有快乐。但非常庆幸的是本人是教育部长江学者特聘教授、华南农业大学罗必良教授领衔的教育部创新团队中的一员，从课题立项选题、撰写申请报告到课题研究全过程，罗必良教授都给予了无私的指导和帮助，包括问卷设计和调查，他都是亲自谋划和全程参与；团队中所有成员团结合作，对学术有同样的兴趣和执着，本国家社科重点项目也只是团队诸多农地制度方向的国家自科基金（重点）项目、国家社科基金（重点）项目、教育部创新团队项目和重大项目中的一个。能成为罗老师团队中的一员，是本人的福分。

本项目之所以能得以顺利完成，还得益于本人的博（硕）士生们。非常庆幸，本人遇到了一批颇具团结合作友爱精神的研究生，他们虽然来自不同的学校、经历不一、职业意愿各异、能力有长短，但是，在攻读博（硕）士期间，都一样地努力和拼搏。事实上，本书就是在刘恺博士、唐超博士、万盼盼硕士的博（硕）士学位论文基础上整合而成的，其中第 2 至第 5 章主要是刘恺的博士学位论文；第 6 章主要是万盼盼的硕士学位论文，第 2 章及第 7 章至第 10 章主要是唐超的博士学位论文，罗琦的博士学位论文《资源禀赋、家庭分工与农村劳动力农内转移》、陈江华的博士学位论文《农地确权与农业生产环节外包——以水稻劳动密集型环节为例》以及黄晓彤的硕士学位论文《人际关系对农地流转契约的影响》的部分内容和观点被吸纳进来，成为本书的基础。此外，张雪丽（硕士生）、邱海兰（博士生）、雷显凯（博士生）、项巧赟（硕士生）和邓海莹（硕士生）等也为本课题的完成贡献了力量。

　　一路走来，得到了许多专家、师长、朋友和同事的倾心帮助和支持，唯有怀着感恩的心，且行且珍惜，并继续努力前行。本课题之所以能够得以立项和完成，要感谢国家社科基金评审专家的青睐；还要感谢课题组何一鸣、李尚蒲、谢琳、张沁岚和周文良等老师的鼎力支持和帮助。在课题研究的过程中，阶段性成果的发表得到了许多期刊匿名评审专家和编辑的指导与帮助；本书的出版则得到了华南农业大学经济管理学院和中国农业出版社的支持，在此，一并表示诚挚的谢意。

罗明忠

2021 年 2 月